物联网与嵌入式系统应用开发

主　编◎杨维剑

副主编◎王梅英　符长友　魏　扬

Wulianwang

Yu Qianrushi Xitong

Yingyong Kaifa

西南交通大学出版社

·成都·

内 容 简 介

本书主要介绍了物联网与嵌入式系统的关系以及物联网应用中嵌入式系统的开发。并以 S3C6410 为核心，详细介绍了在 Linux、WinCE6.0、Android 系统软件下，构建嵌入式开发环境、嵌入式系统移植与开发以及软硬件综合调试等内容，最后给出了在物联网应用中常用的嵌入式系统开发实例。本书可作为普通高等学校物联网工程及其相关专业的教材，也可供从事物联网及其相关专业的人士阅读。

图书在版编目（ＣＩＰ）数据

物联网与嵌入式系统应用开发 / 杨维剑主编.—成都：西南交通大学出版社，2017.6
ISBN 978-7-5643-5464-0

Ⅰ.①物… Ⅱ.①杨… Ⅲ.①互联网络－应用－高等学校－教材②智能技术－应用－高等学校－教材③微型计算机－系统开发－高等学校－教材 Ⅳ.①TP393.4②TP18③TP360.21

中国版本图书馆 CIP 数据核字（2017）第 117269 号

物联网与嵌入式系统应用开发

	责任编辑／李芳芳
主　　编／杨维剑	助理编辑／梁志敏
	封面设计／墨创文化

西南交通大学出版社出版发行
（四川省成都市金牛区二环路北一段 111 号西南交通大学创新大厦 21 楼　610031）
发行部电话：028-87600564
网址：http://www.xnjdcbs.com
印刷：成都蓉军广告印务有限责任公司

成品尺寸　185 mm×260 mm
印张　19　字数　499 千
版次　2017 年 6 月第 1 版　　印次　2017 年 6 月第 1 次

书号　ISBN 978-7-5643-5464-0
定价　45.00 元

前　言

物联网专业面向现代信息处理技术，培养从事物联网领域的系统设计、系统分析与科技开发及研究方面的高等工程技术人才。

物联网专业要求学生具有扎实的电子技术、现代传感器和无线网络技术、物联网相关高频和微波技术，有线和无线网络通信理论、信息处理、计算机技术、系统工程等方向的基础理论，同时掌握物联网系统的传感层、传输层与应用层关键设计等专门知识和技能，并且具备在本专业领域跟踪新理论、新知识、新技术的能力以及较强的创新实践能力。

目前物联网技术发展很快，涉及多种网络技术，不同网络各具特点，适用于不同的应用环境，所以，教学大纲要求掌握多种网络技术（3G、GPRS/蓝牙，WiFi，ZIGBEE，专用网络等）、网络间路由和数据处理、无线有线网关设计等新技术。

物联网的核心技术是嵌入式软件技术，教学大纲强调嵌入式软件开发设计能力的重要性。要求学生具有较强的软件设计能力，这对于掌握物联网网络协议栈和实现物联网通信非常重要；同时也要求学生掌握 5 000 ~ 10 000 行无线单片机 C 语言软件开发能力，并且能够全面掌握嵌入式、单片机、无线单片机软件和硬件技术。

让学生同时具有物联网与嵌入式方面的知识和能力，是社会发展的需要。编制一本适合我院物联网专业高年级学生使用的物联网与嵌入式系统应用教材，符合我院人才培养的目的和要求。本书由此应运而生。

本书分为九章：第 1 章着重介绍物联网与嵌入式系统关系，第 2 章着重介绍了基于 S3C6410 嵌入式 CPU 的核心板、SDK 底板原理图设计，第 3 章着重介绍了嵌入式硬件设计与制作，第 4 章着重介绍构建 Tiny6410 建立 Linux 开发环境，第 5 章着重介绍了基于 S3C6410 WindowsCE 6.0 开发环境，第 6 章着重介绍建立 Android 编译环境，第 7 章着重介绍了 Tiny6410 下 linux 系统移植与开发，第 8 章着重介绍了 Tiny6410 下 WindowsCE 6.0 系统移植与开发，第 9 章着重介绍了 Tiny6410 下 Android 系统移植与开发。

本书第 1、2、3、8 章由杨维剑编写，第 4、5 章由王梅英编写，第 6、7 章由符长友编写，第 9 章由魏扬编写，并负责全书的校对。

全书得到了朱文忠、蒋华龙、凌军、居锦武、杨善红、项菲等老师的大力支持、帮助，在此表示衷心的感谢！

全书由杨维剑任主编，王梅英、符长友、魏扬任副主编。由于作者水平有限，加之时间仓促，书中难免有不当之处，敬请读者批评指正。

作　者

2017 年 3 月

目 录

第1章　物联网与嵌入式系统关系

物联网是新一代信息技术的重要组成部分，是互联网与嵌入式系统发展到高级阶段融合的产物。它囊括了多个学科，具有无限多的应用领域。物联网有 3 个源头：智慧源头、网络源头、物联源头。智慧源头是微处理器，网络源头是互联网，物联源头是嵌入式系统。

无论是通用计算机还是嵌入式系统，都可以溯源到半导体集成电路。微处理器的诞生，为人类工具提供了一个归一化的智力内核。在微处理器基础上的通用微处理器与嵌入式处理器，形成了现代计算机知识革命的两大分支，即通用计算机与嵌入式系统的独立发展时代。通用计算机经历了从智慧平台到互联网的独立发展道路；嵌入式系统则经历了智慧物联到局域智慧物联的独立发展道路。物联网是通用计算机的互联网与嵌入式系统单机或局域物联在高级阶段融合后的产物。物联网中，微处理器，以"智慧细胞"形式，赋予物联网"智慧地球"的智力特征。因此，必须从 3 个源头和多学科视角，来科学地定义与诠释物联网。

与嵌入式系统一样，与物联网相关的学科有微电子学科、计算机学科、电子技术学科，以及无限多的对象应用学科。任何一个学科在诠释物联网时都会出现片面性。有专家认为在诠释物联网时要有"瞎子摸象"的精神，综合不同的视角，才能逼近事物的真相。物联网面临无法说清"物联"本质的尴尬境地，其根本原因是现代计算机知识革命进入通用计算机与嵌入式系统的独立发展时代后，嵌入式系统没有独立的形态，人们看到的只是通用计算机，看不到嵌入式系统，也不了解嵌入式系统的物联史。

物联网的物联源头是嵌入式系统。嵌入式系统诞生于嵌入式处理器，距今已有 30 多年历史。早期经历过电子技术领域独立发展的单片机时代，进入 21 世纪，才进入多学科支持下的嵌入式系统时代。从诞生之日起，嵌入式系统就以"物联"为己任，具体表现为：嵌入物理对象中，实现物理对象的智能化。

1.1　单片机与嵌入式关系

1.1.1　嵌入式系统的定义与特点

如果我们了解了嵌入式（计算机）系统的由来与发展，对嵌入式系统就不会产生过多的误解，而能历史地、本质地、普遍适用地定义嵌入式系统。

1. 嵌入式系统的定义

按照历史性、本质性、普遍性要求，嵌入式系统应定义为："嵌入对象体系中的专用计算机系统"。"嵌入性""专用性"与"计算机系统"是嵌入式系统的三个基本要素。对象系统则是指嵌入式系统所嵌入的宿主系统。

2. 嵌入式系统的特点

嵌入式系统的特点与定义不同，它是由定义中的三个基本要素衍生出来的。不同的嵌入式系统其特点会有所差异。与"嵌入性"相关的特点：由于是嵌入对象系统中，必须满足对象系统的环境要求，如物理环境（小型）、电气/气氛环境（可靠）、成本（价廉）等要求。与"专用性"相关的特点：软、硬件的裁剪性；满足对象要求的最小软、硬件配置等。与"计算机系统"相关的特点：嵌入式系统必须是能满足对象系统控制要求的计算机系统。与上两个特点相呼应，这样的计算机必须配置有与对象系统相适应的接口电路。

另外，在理解嵌入式系统定义时，不要与嵌入式设备相混淆。嵌入式设备是指内部有嵌入式系统的产品、设备，例如，内含单片机的家用电器、仪器仪表、工控单元、机器人、手机、PDA 等。

3. 嵌入式系统的种类与发展

按照上述嵌入式系统的定义，只要满足定义中三要素的计算机系统，都可称为嵌入式系统。嵌入式系统按形态可分为设备级（工控机）、板级（单板、模块）、芯片级（MCU、SoC）。有些人把嵌入式处理器当作嵌入式系统，但由于嵌入式系统是一个嵌入式计算机系统，因此，只有将嵌入式处理器构成一个计算机系统，并作为嵌入式应用时，这样的计算机系统才可称作嵌入式系统。

嵌入式系统与对象系统密切相关，其主要技术发展方向是满足嵌入式应用要求，不断扩展对象系统要求的外围电路（如 ADC、DAC、PWM、日历时钟、电源监测、程序运行监测电路等），形成满足对象系统要求的应用系统，所以，嵌入式系统作为一个专用计算机系统，要不断向计算机应用系统发展。因此，可以把定义中的专用计算机系统引申成满足对象系统要求的计算机应用系统。

1.1.2　嵌入式系统的独立发展道路

1. 单片机开创了嵌入式系统独立发展道路

嵌入式系统虽然起源于微型计算机时代，然而，微型计算机的体积、价位、可靠性都无法满足广大对象系统的嵌入式应用要求，因此，嵌入式系统必须走独立发展道路。这条道路就是芯片化道路。将计算机做在一个芯片上，从而开创了嵌入式系统独立发展的单片机时代。

在探索单片机的发展道路时，有过两种模式，即"∑模式"与"创新模式"。"∑模式"本质上是通用计算机直接芯片化的模式，它将通用计算机系统中的基本单元进行裁剪后，集成在一个芯片上，构成单片微型计算机；"创新模式"则完全按嵌入式应用要求设计全新的，满足嵌入式应用要求的体系结构、微处理器、指令系统、总线方式、管理模式等。Intel 公司的 MCS-48、MCS-51 就是按照创新模式发展起来的单片形态的嵌入式系统（单片微型计算机）。MCS-51 是在 MCS-48 探索的基础上，进行全面完善的嵌入式系统。历史证明，"创新模式"是嵌入式系统独立发展的正确道路，MCS-51 的体系结构也因此成为单片嵌入式系统的典型结构体系。

2. 单片机的技术发展史

单片机诞生于 20 世纪 70 年代末，经历了 SCM、MCU、SoC 三大阶段。

（1）SCM 即单片微型计算机（Single Chip Microcomputer）阶段，主要是寻求最佳的单片形态嵌入式系统的最佳体系结构。"创新模式"获得成功，奠定了 SCM 与通用计算机完全不同的发展道路。在开创嵌入式系统独立发展道路上，Intel 公司功不可没。

（2）MCU 即微控制器（Micro Controller Unit）阶段，主要的技术发展方向是：不断扩展满足嵌入式应用中，对象系统要求的各种外围电路与接口电路，突显其对象的智能化控制能力。它所涉及的领域都与对象系统相关，因此，发展 MCU 的重任不可避免地落在电气、电子技术厂家。从这一角度来看，Intel 逐渐淡出 MCU 的发展也有其客观因素。在发展 MCU 方面，最著名的厂家当数 Philips 公司。Philips 公司以其在嵌入式应用方面的巨大优势，将 MCS-51 从单片微型计算机迅速发展到微控制器。因此，当我们回顾嵌入式系统发展道路时，不要忘记 Intel 和 Philips 的历史功绩。

（3）嵌入式系统的独立发展之路，就是寻求应用系统在芯片上的最大化解决；因此，专用单片机的发展自然形成了 SoC 化趋势。随着微电子技术、IC 设计、EDA 工具的发展，基于 SoC 的单片机应用系统设计会有较大的发展。因此，对单片机的理解可以从单片微型计算机、单片微控制器延伸到单片应用系统。

1.1.3　嵌入式系统的两种应用模式

嵌入式系统的嵌入式应用特点，决定了它的多学科交叉特点。作为计算机的内涵，要求计算机领域人员介入其体系结构、软件技术、工程应用方面的研究。然而，了解对象系统的控制要求，实现系统控制模式必须具备对象领域的专业知识。因此，从嵌入式系统发展的历史过程，以及嵌入式应用的多样性中，客观上形成了两种应用模式。

1. 客观存在的两种应用模式

嵌入式计算机系统起源于微型机时代，但很快就进入独立发展的单片机时代。在单片机时代，嵌入式系统以器件形态迅速进入传统电子技术领域中，以电子技术应用工程师为主体，实现传统电子系统的智能化，而计算机专业队伍并没有真正进入单片机应用领域。因此，电子技术应用工程师以自己习惯性的电子技术应用模式，从事单片机的应用开发。这种应用模式最重要的特点是：软、硬件的底层性和随意性；对象系统专业技术的密切相关性；缺少计算机工程设计方法。

虽然在单片机时代，计算机专业淡出了嵌入式系统领域，但随着后 PC 时代的到来，网络、通信技术得以发展；同时，嵌入式系统软、硬件技术有了很大的提升，为计算机专业人士介入嵌入式系统应用开辟了广阔天地。计算机专业人士的介入，形成的计算机应用模式带有明显的计算机的工程应用特点，即基于嵌入式系统软、硬件平台，以网络、通信为主的非嵌入式底层应用。

2. 两种应用模式的并存与互补

由于嵌入式系统最大、最广、最底层的应用是传统电子技术领域的智能化改造，因此，以通晓对象专业的电子技术队伍为主，用最少的嵌入式系统软、硬件开销，以 8 位机为主，带有浓重的电子系统设计色彩的电子系统应用模式会长期存在下去。

另外，计算机专业人士会愈来愈多地介入嵌入式系统应用，但囿于对象专业知识的隔阂，其应用领域会集中在网络、通信、多媒体、商务电子等方面，不可能替代原来电子工程师在控制、仪器仪表、机械电子等方面的嵌入式应用。因此，客观存在的两种应用模式会长期并存下去，在不同的领域中相互补充。电子系统设计模式应从计算机应用设计模式中学习计算机工程方法和嵌入式系统软件技术；计算机应用设计模式应从电子系统设计模式中了解嵌入式系统应用的电路系统特性、基本的外围电路设计方法和对象系统的基本要求等。

3. 嵌入式系统应用的高低端

由于嵌入式系统有过很长的一段单片机的独立发展道路，大多是基于 8 位单片机实现最底层的嵌入式系统应用，带有明显的电子系统设计模式特点。大多数从事单片机应用开发人员都是对象系统领域中的电子系统工程师，加之单片机的出现，立即脱离了计算机专业领域，以"智能化"器件身份进入电子系统领域，没有带入"嵌入式系统"概念。因此，不少从事单片机应用的人，不了解单片机与嵌入式系统的关系，在谈到"嵌入式系统"领域时，往往理解成计算机专业领域的，基于 32 位嵌入式处理器，从事网络、通信、多媒体等的应用。这样，"单片机"与"嵌入式系统"形成了嵌入式系统中常见的两个独立的名词。但由于"单片机"是典型的、独立发展起来的嵌入式系统，从学科建设的角度出发，应该把它统一成"嵌入式系统"。考虑到原来单片机的电子系统底层应用特点，可以把嵌入式系统应用分成高端与低端，把原来的单片机应用理解成嵌入式系统的低端应用，含义为它的底层性以及与对象系统的紧耦合。

1.1.4　单片机与嵌入式区别与联系

1. 硬件组成的区别

单片机是在一块集成电路芯片中包含了微控制器电路，以及一些通用的输入/输出接口器件。从构成嵌入式系统的方式看，根据现代电子技术发展水平，嵌入式系统可以用单片机实现，也可以用其他可编程的电子器件实现。其余硬件器件根据目标应用系统的需求而定。

2. 软件组成的区别

制造商出厂的通用单片机内没有应用程序，所以不能直接运行。增加应用程序后，单片机就可以独立运行。

嵌入式系统一定要有控制软件，实现控制逻辑的方式可以完全用硬件电路，也可以用软件程序。

3. 主次关系的区别

单片机现在已经被认为是通用的电子器件了，单片机自身为主体。

嵌入式系统在物理结构关系上是从属的，是被嵌入安装在目标应用系统内；但在控制关系上却是主导的，是控制目标应用系统运行的逻辑处理系统。尽管可以用不同方式构成嵌入式系统，但是一旦构成之后，嵌入式系统就是一个专用系统。专用系统中，可编程器件的软件可以在系统构建过程中植入，也可以在器件制造过程中直接生成，以降低制造成本。控制逻辑复杂的单片机会需要操作系统软件支持；控制逻辑简单的嵌入式系统也可以不用操作系统软件支持。两者没有简繁区别。

1.2　片上系统（SoC）知识模块

20 世纪 90 年代初，电子产品的开发出现两个显著的特点：产品深度复杂化和上市时限缩短。基于门级描述的电路级设计方法已经赶不上新形势的发展需要，于是基于系统级的设计方法开始进入人们的视野。随着半导体工艺技术的发展，特别是超深亚微米（VDSM，0.25 μm）工艺技术的成熟，使得在一块硅芯片上集成不同功能模块成为可能。这种将各种功能模块集成于一块芯片上的完整系统，就是片上系统（System on Chip，SoC）。SoC 是集成电路发展的必然趋势。

SoC 设计技术始于 20 世纪 90 年代中期，它是一种系统级的设计技术。如今，电子系统的设计已不再是利用各种通用集成电路（Integrated Circuit，IC）进行印刷电路板（Printed Circuit Board，PCB）板级的设计和调试，而是转向以大规模现场可编程逻辑阵列（Field-Programmable Gate Array，FPGA）或专用集成电路（Application-Specific Integrated Circuit，ASIC）为物理载体的系统级的芯片设计。使用 ASIC 为物理载体进行芯片设计的技术称为片上系统技术，即 SoC；使用 FPGA 作为物理载体进行芯片设计的技术称为可编程片上系统技术，即（System on Programmable Chip）。SoC 技术和 SoPC 技术都是系统级芯片设计技术（统称为广义 SoC）。

到目前为止，SoC 还没有一个公认的准确定义，但一般认为它有三大技术特征：采用深亚微米（DSM）工艺技术、IP 核（Intellectual Property Core）复用以及软硬件协同设计。SoC 的开发是从整个系统的功能和性能出发，利用 IP 复用和深亚微米技术，采用软件和硬件结合的设计和验证方法，综合考虑软硬件资源的使用成本，设计出满足性能要求的高效率、低成本的软硬件体系结构，从而在一个芯片上实现复杂的功能，并考虑其可编程特性和缩短上市时间。使用 SoC 技术设计的芯片，一般有一个或多个微处理器以及数个功能模块。各个功能模块在微处理器的协调下，共同完成芯片的系统功能，为高性能、低成本、短开发周期的嵌入式系统设计提供了广阔前景。

SoPC 技术最早是由美国 Altera 公司于 2000 年提出的，是现代计算机辅助设计技术、电子设计自动化（Electronics Design Automation，EDA）技术和大规模集成电路技术高度发展的产物。SoPC 技术的目标是将尽可能大而完整的电子系统在一块 FPGA 中实现，使得所设计的电路在规模、可靠性、体积、功能、性能指标、上市周期、开发成本、产品维护及其硬件升级等多方面实现最优化。SoPC 的设计以 IP 为基础，以硬件描述语言为主要设计手段，借助计算机为平台的 EDA 工具，自动化、智能化地自顶向下地进行。

系统级芯片设计是一种高层次的电子设计方法，设计人员针对设计目标进行系统功能描述，定义系统的行为特性，生成系统级的规格描述。这一过程可以不涉及实现工艺。一旦目标系统以高层次描述的形式输入计算机后，EDA 系统就能以规则驱动的方式自动完成整个设计。为了满足上市时间和性能要求，系统级芯片设计广泛采用软硬件协同设计的方法进行。

1.2.1　软硬件协同设计的背景

系统级芯片设计是微电子设计领域的一场革命，它主要有 3 个关键的支撑技术：

（1）软、硬件的协同设计技术。主要是面向不同目标系统的软件和硬件的功能划分理论（functional partition theory）和设计空间搜索技术。

（2）IP 模块复用技术。IP 是指那些集成度较高并具有完整功能的单元模块，如 MPU、DSP、DRAM、Flash 等模块。IP 模块的再利用，除了可以缩短芯片的设计时间外，还能大大降低设计和制造的成本，提高可靠性。IP 可分为硬 IP 和软 IP。SoPC 中使用的 IP 多数是软 IP。软 IP 可重定制、剪裁和升级，为优化资源和提高性能提供了很大的灵活性。

（3）模块以及模块界面间的综合分析和验证技术。综合分析和验证是难点，要为硬件和软件的协同描述、验证和综合提供一个自动化的集成开发环境。

过去，最常用的设计方法是层次式设计，把设计分为 3 个域：行为域描述系统的功能；结构域描述系统的逻辑组成；物理域描述具体实现的几何特性和物理特性。采用自顶向下的层次式设计方法要完成系统级、功能级、寄存器传输级、门级、电路级、版图级（物理级）的设计，经历系统描述、功能设计、逻辑设计、电路设计、物理设计、设计验证和芯片制造的流程，是一个每次都从头开始的设计过程。传统的 IC 设计方法是先设计硬件，再根据算法设计软件。在深亚微米设计中，硬件的费用是非常大的。当设计完成后，发现错误进行更改时，要花费大量的人力、物力和时间，且设计周期变长。

现在，芯片的设计是建立在 IP 复用的基础之上的，利用已有的芯核进行设计重用，完成目标系统的整体设计以及系统功能的仿真和验证。一般采用从系统行为级开始的自顶向下设计方法，把处理机制、模型算法、软件、芯片结构、电路直至器件的设计紧密结合起来，在单个芯片上完成整个系统的功能。同 IC 组成的系统相比，由于采用了软硬件协同设计的方法，能够综合并全盘考虑整个系统的各种情况，可以在同样的工艺技术条件下实现更高性能的系统指标。既缩短开发周期，又有更好的设计效果，同时还能满足苛刻的设计限制。

1.2.2 软硬件协同设计的发展过程

嵌入式系统设计早期，主要有两种方式：一是针对一个特定的硬件进行软件开发；二是根据一个已有的软件实现其具体的硬件结构。前者是一个软件开发问题；后者是一个软件固化问题。早期的这种设计没有统一的软硬件协同表示方法；没有设计空间搜索，从而不能自动地进行不同的软硬件划分，并对不同的划分进行评估；不能从系统级进行验证，不容易发现软硬件边界的兼容问题；上市周期较长。因此，早期的设计存在各种缺陷和不足。使用软硬件协同设计后，从系统功能描述开始，将软硬件完成的功能作全盘考虑并均衡，在设计空间搜索技术下，设计出不同的软硬件体系结构并进行评估，最终找到较理想的目标系统的软硬件体系结构，然后使用软硬件划分理论进行软硬件划分并设计实现。在设计实现时，始终保持软件和硬件设计的并行进行，并提供互相通信的支持。在设计后期对整个系统进行验证，最终设计出满足条件限制的目标系统。以 FPGA 为基础的 SoPC 的软硬件协同设计，为芯片设计实现提供了更为广阔自由空间。

1.2.3 软硬件协同设计涉及的内容

目前，SoPC 中的软硬件协同设计主要涉及以下内容：系统功能描述方法、设计空间搜索（DSE）支持、资源使用最优化的评估方法、软硬件划分理论、软硬件详细设计、硬件综合和软件编译、代码优化、软硬件协同仿真和验证等几个方面，以及同系统设计相关的低压、低功耗、多层布线、高总线时钟频率、I/O 引脚布线等相关内容。

系统功能描述方法解决系统的统一描述。这种描述应当是对软硬件通用的，目前一般采用系统描述语言的方式。在软硬件划分后，能编译并映射成为硬件描述语言和软件实现语言，为目标系统的软硬件协同工作提供强有力的保证。

设计空间搜索提供了一种实现不同设计方式、理解目标系统的机制，设计出不同的软硬件体系结构，使最优化的设计实现成为可能。

最优化的评估方法解决软硬件的计量和评估指标，从而能够对不同的设计进行资源占用评估，进而选出最优化的设计。

FPGA 的评估可以做到以引脚为基本核算单位。软硬件划分理论从成本和性能出发，决定软硬件的划分依据和方法。基本原则是高速、低功耗由硬件实现；多品种、小批量由软件实现；处理器和专用硬件并用以提高处理速度和降低功耗。划分的方法从两方面着手：一是面向软件，从软件到硬件满足时序要求；二是面向硬件，从硬件到软件降低成本。在划分时，要考虑目标体系结构、粒度、软硬件实现所占用的成本等各种因素。划分完成后，产生软硬件分割界面，供软硬件沟通、验证和测试使用。

软硬件详细设计完成划分后的软件和硬件的设计实现。硬件综合是在厂家综合库的支持下，完成行为级、RTL 以及逻辑级的综合。代码优化完成对设计实现后的系统进行优化，主要是与处理器相关的优化和与处理器无关的优化。与处理器相关的优化受不同的处理器类型影响很大，一般根据处理器进行代码选择、主要是指令的选择；指令的调度（并行、流水线等）、寄存器的分配策略；与处理器无关的优化主要有常量优化、变量优化和代换、表达式优化、消除无用变量、控制流优化和循环内优化等。

软硬件协同仿真和验证完成设计好的系统的仿真和验证，保证目标系统的功能实现、满足性能要求和限制条件，从整体上验证整个系统。

1.2.4　软硬件协同设计的系统结构

软硬件协同设计在实际应用中表现为软硬件协同设计平台的开发。从系统组成的角度，可以用图来表述软硬件协同设计平台的系统组成。其中设计空间搜索部分由体系结构库、设计库、成本库、系统功能描述和系统设计约束条件组成。设计空间搜索的任务是对不同的目标要求找到恰当的解决办法。体系结构库是存放协同设计支持的各种体系结构数据库，一般是通过不同的模型表现出来。到目前为止，使用较多的模型有状态转换模型（有限状态机）、事件驱动模型、物理结构组成模型、数据流程模型和混合模型等。体系结构的丰富程度决定了对目标系统的软硬件协同设计的支持力度。设计库中包含可以使用的程序或网表的设计执行数据库，为新的设计提供参考依据。成本库中提供设计成本的计算方法以及由目标系统的资源消耗、电源消耗、芯片面积、实时要求等组成的数据库，是工作在给定平台上的明确界定。在设计空间搜索中还有一个比较重要的步骤，是对一个给定设计进行评估，主要有评估目标系统的成本、性能、正确性等。经过评估后的设计可以进行软硬件划分，产生硬件描述、软件描述和软硬件界面描述三个部分，以及各个部分的具体实现并优化。最后进行硬件综合、软硬件集成、系统仿真和测试。

1.2.5　软硬件协同设计流程

面向 SoPC 的软硬件协同设计流程从目标系统构思开始。对一个给定的目标系统，经过构思，完成其系统整体描述，然后交给软硬件协同设计的开发集成环境，由计算机自动完成剩余的全部工作。一般而言，还要经过模块的行为描述、对模块的有效性检查、软硬件划分、硬件综合、软件编译、软硬件集成、软硬件协同仿真与验证等各个阶段。其中软硬件划分后产生硬件部分、软件部分和软硬件接口界面三个部分。硬件部分遵循硬件描述、硬件综合与配置、生成硬件组建和配置模块；软件部分遵循软件描述、软件生成和参数化的步骤，生成软件模块。最后把生成的软硬件模块和软硬件界面集成，并进行软硬件协同仿真，以进行系统评估和设计验证。

1.2.6　SoPC 的软硬件协同设计的优势

同 SoPC 相比，SoC 具有如下缺点：首先，使用 ASIC 的试制和流片风险大、成本高、成功率不高，一旦制片后就不能再进行修改。其次，使用 ASIC 设计芯片系统时，由于微控制器、功能模块等 IP 是根据目标系统性能进行选择的，一旦选定，所选择的 IP 的性能就不能再修改，也就基本上决定了目标系统的性能，使得目标系统的性能优化空间相当狭窄，同时也使得设计完成后的目标系统的硬件升级变得不可能。再有，就是这种方式的硬件设计只能是流于拼装和连接选定的硬件系统结构，指令不可更改，根据指令系统来进行编程。设计人员的创造发挥自由度狭小，限制了人的能动性在设计中应有的作用。

SoPC 的可编程特性对这些问题没有限制。SoPC 技术在电子设计上给出了一种以人的基本能力为依据的软硬件综合解决方案；同时涉及底层的硬件系统设计和软件设计，在系统化方面有了广大的自由度。开发者在软硬件系统的综合与构建方面可以充分发挥创造性和想象力，使得多角度、多因素和多结构层面的大幅度优化设计成为可能，使用其可编程特性与 IP 核相结合，可以快速、低廉地开发出不同的协处理器，从而真正实现硬件编程、升级和重构。随着 FPGA 制造工业的发展，这种优势将会更加明显。

1.2.7 支持 SoPC 软硬件协同设计的工具

1. Cadence Virtual Component Codesign（VOC）

第一个为 IP 复用所设计的工业系统级 HW/SW codesign 开发平台环境。在早期设计时就可以确认软硬件划分的临界体系结构。它通过电子供给链进行交流和交换设计信息，为系统库和 SoC 提供必要的框架。

2. System C

一种通过类对象扩展的基于 C/C++ 的建模平台，支持系统级软硬件协同设计仿真和验证，是建立在 C++ 基础上的新型建模方法，方便系统级设计和 IP 交换。在 System C 语言描述中，最基本的构造块是进程。一个完整的系统描述包含几个并发进程，进程之间通过信号互相联系，且可以通过外在时钟确定事件的顺序和进程同步。System C 可以将源码的硬件描述综合成门级网表，以便 IC 实现或综合成一个 Verilog HDL（或 VHDL 的 RTL 描述）从而使 FPGA 综合。用 System C 开发的硬件模型可以用标准的 C++ 编译器来编译，经编译后形成一个可执行的应用程序，设计人员可以通过 console 来观察系统的行为，验证系统功能和结构。

3. 美国 Altera 公司的 Quartus II 软件

一种综合性开发平台，具有强大的平面规划和布局布线能力，可以进行时序和资源优化；是业内唯一支持在系统更新 RAM/ROM 和常量的软件，可以方便地在系统执行试验而不必重新编译设计或重新配置 FPGA 的其余部分，大大减小了设计周期；容易使用，保持了可编程逻辑器件领域上的性能领导地位。作为系统生成工具的 SoPC Builder，集成在 Quartus II 软件的所有版本中。SoPC Builder 提高了 FPGA 设计人员的工作效率。设计人员采用 PCI 接口和 DDR/DDR2 外部存储器，可以迅速生成系统，进行引脚分配，提高设计集成度和可重用性。

软硬件协同设计作为系统级设计的支持技术，理论和技术还在不断地发展和完善中。研究开发功能强大的软硬件协同设计平台，是这一技术逐渐走向成熟的标志，而基于 FPGA 实现的 SoPC 技术相对于基于 ASIC 实现的 SoC 技术，提供了一种更灵活且成本低廉的系统级芯片设计方式。国内外都在研发支持 SoPC 技术的软硬件协同设计平台。在国内，这方面的研究开发已经展开并取得了初步的成果。北京大学计算机系杨芙清院士和程旭教授等，已经成功开发出国内第一个微处理器软硬件协同设计平台；上海嵌入式系统研究所开发的基于 FPGA 实现处理器的 ECNUX 开发平台，1.0 版本已经完成，功能强大的 2.0 版本正在开发过程中。在不久的将来，随着软硬件协同设计技术研究的深入，支持 FPGA 设计实现的功能强大的软硬件协同设计平台将会出现，并加速推进嵌入式系统的设计开发进程。

1.3 无线通信和无线网络知识模块

无线网络（wireless network）是采用无线通信技术实现的网络。无线网络既包括允许用户建立远距离无线连接的全球语音和数据网络，也包括为近距离无线连接进行优化的红外线技术及射频技术。无线网络与有线网络的用途十分类似，最大的不同在于传输媒介的不同，利用无线电技术取代网线，可以和有线网络互为备份。

1.3.1 什么是无线网络

主流应用的无线网络分为通过公众移动通信网实现的无线网络（如 4G，3G 或 GPRS）和无线局域网（WiFi）两种方式。GPRS 手机上网方式，是一种借助移动电话网络接入 Internet 的无线上网方式，因此只要用户所在城市开通了 GPRS 上网业务，就可在任何一个角落通过计算机来上网。

无线网络相对于我们普遍使用的有线网络而言是一种全新的网络组建方式。无线网络在一定程度上扔掉了有线网络必须依赖的网线。这样一来，用户可以在无线网络覆盖的任何一个角落，享受网络的乐趣，而不必迁就于网络接口的布线位置。

1.3.2 技术原理

1. 无线局域网分类

网络按照区域分类可以分为局域网、城域网和广域网。

2. 调制方式

11MbpsDSSS 物理层采用补码键控（CCK）调制模式。CCK 与现有的 IEEE802.11DSSS 具有相同的信道方案，在 2.4 GHz ISM 频段上有三个互不干扰的独立信道，每个信道约占 25 MHz。因此，CCK 具有多信道工作特性。

3. 网络标准

常见标准有以下几种：

■ IEEE802.11a：使用 5 GHz 频段，传输速度 54 Mbps，与 802.11b 不兼容；

■ IEEE 802.11b：使用 2.4 GHz 频段，传输速度 11 Mbps；

■ IEEE802.11g：使用 2.4 GHz 频段，传输速度主要有 54 Mbps、108 Mbps，可向下兼容 802.11b；

■ IEEE802.11n 草案：使用 2.4 GHz 频段，传输速度可达 300 Mbps，标准尚为草案，但产品已层出不穷。

目前 IEEE802.11b 最常用，但 IEEE802.11g 更具下一代标准的实力，802.11n 也在快速发展中。

IEEE802.11b 标准含有确保访问控制和加密两个部分，这两个部分必须在无线 LAN 中的每个设备上配置。拥有成百上千台无线 LAN 用户的公司需要可靠的安全解决方案，可以从一个控制中心进行有效的管理。缺乏集中的安全控制是无线 LAN 只在一些相对较的小公司和特定应用中得到使用的根本原因。

IEEE802.11b 标准定义了两种机理来实现无线 LAN 的访问控制和保密：服务配置标识符（SSID）和有线等效保密（WEP）。还有一种加密的机制是通过透明运行在无线 LAN 上的虚拟专网（VPN）来进行的。

SSID，无线 LAN 中经常用到的一个特性是称为 SSID 的命名编号，它提供低级别上的访问控制。SSID 通常是无线 LAN 子系统中设备的网络名称；用于在本地分割子系统。

WEP，IEEE802.11b 标准规定了一种称为有线等效保密（或称为 WEP）的可选加密方案，提供了确保无线 LAN 数据流的机制。WEP 利用一个对称的方案，在数据的加密和解密过程中使用相同的密钥和算法。

1.3.3　接入设备

在无线局域网里，常见的接入设备有无线网卡、无线网桥、无线天线等。

1. 无线网卡

无线网卡的作用类似于以太网中的网卡，作为无线局域网的接口，实现与无线局域网的连接。无线网卡根据接口类型的不同，主要分为三种类型，即 PCMCIA 无线网卡、PCI 无线网卡和 USB 无线网卡。

PCMCIA 无线网卡仅适用于笔记本电脑，支持热插拔，可以非常方便地实现移动无线接入。同桌面计算机相似，用户可以使用外部天线来加强 PCMCIA 无线网卡。

PCI 无线网卡适用于普通的台式计算机使用。其实 PCI 无线网卡只是在 PCI 转接卡上插入一块普通的 PCMCIA 卡，不需要电缆就可以用户的计算机与别的计算机在网络上通信。无线 NIC 与其他的网卡相似，不同的是，它通过无线电波而不是物理电缆收发数据。无线 NIC 为了扩大它们的有效范围需要加上外部天线。当 AP 变得负载过大或信号减弱时，NIC 能更改与之连接的访问点 AP，自动转换到最佳可用的 AP，以提高性能。

USB 接口无线网卡适用于笔记本电脑和台式机，支持热插拔，如果网卡外置有无线天线，那么，USB 接口就是一个比较好的选择。

2. 无线网桥

无线网桥用于连接两个或多个独立的网络段，这些独立的网络段通常位于不同的建筑内，相距几百米到几十千米。所以说它可以广泛应用于不同建筑物间的互联。根据协议不同，无线网桥可以分为 2.4 GHz 频段的 802.11b、802.11g 和 802.11n 以及采用 5.8 GHz 频段的 802.11a 和 802.11n 的无线网桥。无线网桥有三种工作方式：点对点、点对多点、中继桥接。特别适用于城市中的远距离通信。

在无高大障碍（山峰或建筑）的条件下，一对速组网和野外作业的临时组网。其作用距离取决于环境和天线，现 7 km 的点对点微波互连。一对 27 dBi 的定向天线可以实现 10 km 的点对点微波互连。12 dBi 的定向天线可以实现 2 km 的点对点微波互连；一对只实现到链路层功能的无线网桥是透明网桥，而具有路由等网络层功能、在网络 24 dBi 的定向天线可以实现异种网络互联的设备叫无线路由器，也可作为第三层网桥使用。

无线网桥通常在室外用于连接两个网络，无线网桥不可能只使用一个，必需两个以上，而 AP 可以单独使用。无线网桥功率大，传输距离远（最大可达约 50 km），抗干扰能力强，不自带天线，一般配备抛物面天线实现长距离的点对点连接。

AP 接入点又称无线局域网收发器，用于无线网络的无线 HUB，是无线网络的核心。它是移动计算机用户进入有线以太网骨干的接入点，AP 可以简便地安装在天花板或墙壁上，它在开放空间最大覆盖范围可达 300 m，无线传输速率可以高达 11 Mbps。

3. 无线天线

无线局域网天线可以扩展无线网络的覆盖范围，把不同的办公大楼连接起来。这样，用户可以随身携带笔记本电脑在大楼之间或在房间之间移动。当计算机与无线 AP 或其他计算机相距较远，随着信号的减弱，传输速率明显下降或者根本无法实现与 AP 或其他计算机之间通信时，就必须借助于无线天线对所接收或发送的信号进行增益（放大）。

无线天线有多种类型，常见的有两种：一种是室内天线，优点是方便灵活，缺点是增益小，传输距离短；另一种是室外天线，室外天线的类型比较多，如栅栏式、平板式、抛物状等，其优点是传输距离远，比较适合远距离传输。

1.3.4　主要功能

1. 动态速率转换

当射频情况变差时，可将数据传输速率从 11 Mbps 降低为 5.5 Mbps、2 Mbps 和 1 Mbps。

2. 漫游支持

当用户在楼房或公司部门之间移动时，允许在访问点之间进行无缝连接。IEEE802.11 无线网络标准允许无线网络用户可以在不同的无线网桥网段中使用相同的信道或在不同的信道之间互相漫游。

3. 扩展频谱技术

扩展频谱技术是一种在 20 世纪 40 年代发展起来的调制技术，它在无线电频率的宽频带上发送传输信号，包括跳频扩谱（FHSS）和直接顺序扩谱（DSSS）两种。跳频扩谱被限制在 2 Mbps 数据传输率，并建议用在特定的应用中。对于其他所有的无线局域网服务，直接顺序扩谱是一个更好的选择。在 IEEE802.11b 标准中，允许采用 DSSS 的以太网速率达到 11 Mbps。

4. 自动速率选择功能

IEEE802.11 无线网络标准允许移动用户设置在自动速率选择（ARS）模式下，ARS 功能会根据信号的质量及与网桥接入点的距离自动为每个传输路径选择最佳的传输速率，该功能还可以根据用户的不同应用环境设置成不同的固定应用速率。

5. 电源消耗管理功能

IEEE802.11 定义了 MAC 层的信令方式，通过电源管理软件的控制，使得移动用户能具有最长的电池寿命。电源管理会在无数据传输时使网络处于休眠（低电源或断电）状态，这样可能会丢失数据包。为解决这一问题，IEEE802.11 规定 AP 应具有缓冲区去储存信息，处于休眠的移动用户会定期醒来恢复该信息。

6. 保密功能

仅仅靠普通的直序列扩频编码调制技术不够可靠，如使用无线宽频扫描仪，其信息又容易被窃取。最新的 WLAN 标准采用了一种加载保密字节的方法，使得无线网络具有同有线以太网相同等级的保密性。此密码编码技术早期应用于美国军方无线电机密通信中，无线网络设备的另一端必须使用同样的密码编码方式才可以互相通信，当无线用户利用 AP 接入点连入有线网络时还必须通过 AP 接入点的安全认证。该技术不但可以防止空中窃密，而且也是无线网络认证有效移动用户的一种方法。

7. 信息包重整

当传送帧受到严重干扰时，必定要重传。因此若一个信息包越大，所需重传的耗费也就越大；这时，若减小帧尺寸，把大信息包分割为若干小信息包，即使重传，也只是重传一个小信息包，耗费相对小得多。这样就能大大提高无线网在噪声干扰地区的抗干扰能力。

1.3.5　接入方式

根据不同的应用环境，无线局域网采用的拓扑结构主要有网桥连接型、访问节点连接型、HUB 接入型和无中心型四种。

1. 网桥连接型

该结构主要用于无线或有线局域网之间的互联。当两个局域网无法实现有线连接或使用有线连接存在困难时，可使用网桥连接型实现点对点的连接。在这种结构中局域网之间的通信是通过各自的无线网桥来实现的，无线网桥起到了网络路由选择和协议转换的作用。

2. 访问节点连接型

这种结构采用移动蜂窝通信网接入方式，各移动站点间的通信是先通过就近的无线接收站（访问节点：AP）将信息接收下来，然后将收到的信息通过有线网传入"移动交换中心"，再由移动交换中心传送到所有无线接收站上。这时在网络覆盖范围内的任何地方都可以接收到该信号，并可实现漫游通信。

3. HUB 接入型

在有线局域网中利用 HUB 可组建星型网络结构。同样也可利用无线 AP 组建星型结构的无线局域网，其工作方式和有线星型结构很相似。但在无线局域网中一般要求无线 AP 应具有简单的网内交换功能。

4. 无中心型结构

该结构的工作原理类似于有线对等网的工作方式。它要求网中任意两个站点间均能直接进行信息交换。每个站点既是工作站，也是服务器。

1.3.6　网络分类

1. 个人网

无线个人网（WPAN）是在小范围内相互连接数个装置所形成的无线网络，通常是个人可及的范围内。例如蓝牙连接耳机及膝上计算机，ZigBee 也提供了无线个人网的应用平台。

蓝牙是一个开放性的、短距离无线通信技术标准。该技术并不是另一种无线局域网（WLAN）技术，它面向的是移动设备间的小范围连接，因而本质上说它是一种代替线缆的技术。它可以用来在较短距离内取代目前多种线缆连接方案，穿透墙壁等障碍，通过统一的短距离无线链路，在各种数字设备之间实现灵活、安全、低成本、小功耗的话音和数据通信。

蓝牙力图做到：像线缆一样安全；和线缆一样低成本；可以同时连接移动用户的众多设备，形成微微网（piconet）；支持不同微微网间的互联，形成 scatternet；支持高速率；支持不同的数据类型；满足低功耗、致密性的要求，以便嵌入小型移动设备；最后，该技术必须具备全球通用性，以方便用户徜徉于世界的各个角落。

从专业角度看，蓝牙是一种无线接入技术。从技术角度看，蓝牙是一项创新技术，它带来一个富有生机的产业，已被业界看作整个移动通信领域的重要组成部分。蓝牙不仅仅是一个芯片，也是一个网络，不远的将来，由蓝牙构成的无线个人网将无处不在。它还是 GPRS 和 3G 的推动器。

2. 区域网

无线区域网（Wireless Regional Area Network，WRAN）基于认知无线电技术，IEEE802.22定义了适用于 WRAN 系统的空中接口。WRAN 系统工作在 47～910 MHz 高频段/超高频段的电视频带内的，由于已经有用户（如电视用户）占用了这个频段，因此 802.22 设备必须要探测出使用相同频率的系统以避免干扰。

3. 城域网

无线城域网是连接数个无线局域网的无线网络型式。

2003 年 1 月，一项新的无线城域网标准 IEEE802.16a 正式通过。致力于此标准研究的组织是 WiMax 论坛——全球微波接入互操作性（Worldwide Interoperability for Microwave Access）组织。作为一个非营利性的产业团体，WiMax 由 Intel 及其他众多领先的通信组件及设备公司共同创建。截至 2004 年 1 月底，其成员数由之前的 28 个迅速增长到超过 70 个，特别吸引了AT&T、电讯盈科等运营商，以及西门子移动及我国的中兴通讯等通信厂商的参与。WiMax 总裁兼主席 LaBrecque 认为，这是该组织发展的一个里程碑。

无线通信（wireless communication）是利用电磁波信号可以在自由空间中传播的特性进行信息交换的一种通信方式。在移动中实现的无线通信又通称为移动通信，人们把二者合称为无线移动通信。

1.3.7 主要分类

无线通信主要包括微波通信和卫星通信。微波是一种无线电波，传送的距离一般只有几十千米，但微波的频带很宽，通信容量很大。微波通信每隔几十千米要建一个微波中继站。卫星通信是利用通信卫星作为中继站在地面上两个或多个地球站之间或移动体之间建立微波通信联系。

1.3.8 研发进展

NFC（Near Field Communication）是近场通信，又称近距离无线通信，是一种短距离的高频无线通信技术，允许电子设备之间进行非接触式点对点数据传输交换数据。由免接触式射频识别（RFID）演变而来，与使用较多的蓝牙技术相比，NFC 使用更加方便，成本更低，能耗更低，建立连接的速度也更快，只需 0.1 s。但是 NFC 的使用距离比蓝牙要短得多，有的只有 10 cm,

传输速率也比蓝牙低许多。

1.3.9　发展影响

无线技术给人们带来的影响是无可争议的。如今每一天大约有 15 万人成为新的无线用户，全球范围内的无线用户数量已经超过 2 亿。这些人包括大学教授、仓库管理员、护士、商店负责人、办公室经理和卡车司机。

从 20 世纪 70 年代，人们就开始了无线网的研究。在整个 80 年代，伴随着以太局域网的迅猛发展，具有不用架线、灵活性强等优点的无线网以己之长补"有线"所短，赢得了特定市场的认可，但也正是因为当时的无线网是作为有线以太网的一种补充，遵循了 IEEE802.3 标准，使直接架构于 802.3 上的无线网产品存在着易受其他微波噪声干扰、性能不稳定、传输速率低且不易升级等弱点，不同厂商的产品相互也不兼容，这一切都限制了无线网的进一步应用。

这样，制定一个有利于 WiFi 自身发展的标准就提上了议事日程。到 1997 年 6 月，IEEE 终于通过了 802.11 标准。802.11 标准是 IEEE 制定的无线局域网标准，主要是对网络的物理层（PH）和媒质访问控制层（MAC）进行了规定，其中对 MAC 层的规定是重点。各厂商的产品在同一物理层上可以互操作，逻辑链路控制层（LLC）是一致的，即 MAC 层以下对网络应用是透明的。这样就使得无线网的两种主要用途——（同网段内）多点接入和多网段互连，易于质优价廉地实现。对应用来说，更重要的是：某种程度上的"兼容"就意味着竞争开始出现；而在 IT 这个行业，"兼容"，就意味着"十倍速时代"降临了。

在 MAC 层以下，802.11 规定了三种发送及接收技术：扩频（SpreadSpectrum）技术、红外（Infared）技术、窄带（NarrowBand）技术。而扩频又分为直接序列（DirectSequence，DS）扩频技术（简称直扩）和跳频（FrequencyHopping，FH）扩频技术。直序扩频技术，通常又会结合码分多址（CDMA）技术。

1.4　高频微波知识模块

高频微波顾名思义就是频率高、波长短。通常，将波长 1 m ~ 0.1 mm，相应频率范围 300 MHz ~ 3 000 GHz 的电磁波称为微波。从电磁波谱图中可见，微波的低频端接近于超短波，高频端与红外线相毗邻，因此它是一个频带很宽的频段，其宽度为 3 000 GHz，比所有普通无线电波波段总和宽上万倍。为了方便，常将微波划分为分米波、厘米波、毫米波和亚毫米波四个波段。表 1-1 与表 1-2 分别给出了普通无线电波段和微波波段的划分。

表 1-1　普通无线电波波段的划分

波段名称	波长范围/m	频率范围	频段名称
超长波	$10^5 \sim 10^4$	3 kHz ~ 30 kHz	超低频（ULF）
长波	$10^4 \sim 10^3$	30 kHz ~ 300 kHz	低频（LF）
中波	$10^3 \sim 10^2$	300 kHz ~ 3 MHz	中频（MF）
短波	$10^2 \sim 10$	3 MHz ~ 30 MHz	高频（HF）
超短波	$10 \sim 1$	30 MHz ~ 300 MHz	甚高频（VHF）

表 1-2　微波波段的划分

波段名称	波长范围	频率范围	频段名称
分米波	1 m ~ 10 cm	300 MHz ~ 3 GHz	特高频（UHF）
厘米波	10 cm ~ 1 cm	3 GHz ~ 30 GHz	超高频（SHF）
毫米波	1 cm ~ 1 mm	30 GHz ~ 300 GHz	极高频（EHF）
亚毫米波	1 mm ~ 0.1 mm	300 GHz ~ 3 000 GHz	超极高频

高频微波器件是通信设备中的重要配套基础产品，在广播、通信领域、尤其在微波通信、卫星通信、移动通信、光纤通信等业务中，高频微波、低噪声半导体器件必不可少。在移动通信中，手机对该类产品的需求也比较高。目前世界手机市场的主流产品是 GSM（全球移动通信系统）、CDMA（码分址存取与传输系统）及 PDC（个人数字蜂窝电话）。

1.5　RFID 知识模块

射频标识（Radio Frequency Identification，RFID）技术起源于第二次世界大战。近年来，由于这种技术成本的急剧下降以及功能的提升，使得零售业、服务业、制造业、物流业、信息产业、医疗和国防领域对 RFID 技术的关注迅速升温。零售巨人沃尔玛在 2004 年 7 月要求它的前一百名供货商在 2005 年 1 月之前全部实行货盘层次的 RFID 管理。与此同时，美国国防部在 2004 年 7 月发布了他们关于 RFID 政策的备忘录，要求其所有供货商的供货管理必须在 2005 年 1 月之前实行 RFID 管理。这些举动使得一直处于踌躇不前状态的 RFID 技术获得了空前的关注。市场调研公司（Allied Business World）报告显示：2002 年全球 RFID 市场规模是 11 亿美元，其中日本占 1.8 亿美元，美国占 6 亿美元；2005 球 RFID 市场规模是 30 亿美元；2010 年达到 70 亿美元。RFID 的市场规模平均增长率为 26%。2004 年中国标准化协会和"物联网"应用标准化工作组做了一个调查，其结果指出，在中国每年至少需要 30 亿个以上 RFID 标签，其中电子消费品将需求 8 300 万个标签，香烟产品将需要 8 亿个标签，酒类产品将需要 1.3 亿，信息电子产品大概需要 13 亿 ~ 14 亿。以上这些数字仅仅涉及商业流通领域的部分产品，如果再考虑到其他领域，例如现代服务业、制造业、邮政、医药卫生、军事等领域，数字将更加惊人。

发展 RFID 技术是相当必要的，首先比较一下 RFID 与我们目前普遍使用的条形码。RFID 和条形码相比具有很多优点：RFID 的应用层次可以具体到每一个需要识别的物品，而条形码只能给每一类物品进行身份识别。因此在识别能力上来说，RFID 是优于条形码的。除了在识别能力上的区别外，RFID 和条形码相比还有更多优点，RFID 系统可以不需直接可视和特定方向就可以识别多个标签。而条形码必须使用扫描器在可见的狭小范围内才可以识别。RFID 的这种特性允许大规模的自动化应用，大大减少了手工扫描的工作。RFID 标签能存储更多的信息，可以通过编程来储存物品的序列号、颜色、规格、生产日期、所在位置，以及物品在到达最终用户手中之前所经过的所有配送点的列表。条形码还有一些缺点：一旦标签被撕掉、污染，就没有办法被识别；标准的条形码只能识别生产商以及商品，不能识别单个的产品。具体地讲，使用条形码只能识别哪一箱牛奶过了保质期，而使用 RFID 可以识别这一箱牛奶当中哪一瓶过了保质期。

当前 RFID 应用最为热门的领域就是供应链管理领域。同时，供应链管理的研究进展也因为这种技术在该领域中的应用才出现了一些新的研究热点。信息在供应链当中传递的流畅性和准确性以及信息传递对供应链运作的影响一直是供应链管理研究中的热点。RFID 这种无线技术恰恰可以加速供应链的各个环节之间的信息传达，使供应链的透明化有了从概念到真正实现的可能性。因此 RFID 在供应链管理当中引起热烈的关注丝毫不足为奇。麻省理工学院的 Auot-ID 中心在推动 RFID 的应用和研究，尤其是在 RFID 技术研发以及在供应链管理当中的应用研究方面起到了至关重要的作用。关于 RFID 在供应链领域当中应用的研究除了科研机构的主导，还需要众多企业的配合。Auto-ID 中心就联合了 100 多家世界上知名的大公司在进行相关的研究。其中 IBM、Intel、埃森哲等世界知名公司的工程师和商业咨询师与麻省理工学院的研究者们在一起为推动 RFID 的发展做出了杰出的成果。目前对于 RFID 在供应链管理中的研究主要集中在以下两个方面：

（1）从供应链中选定某个角度建立定性或者量化模型评估。

企业应用 RFID 的成本与收益库存是供应链研究当中非常重要的指标，供应链中信息的传递对于这个指标的影响很大。应用 RFID 可以弥补供应链中信息传递不畅的缺点，在提高顾客满意率的基础上，降低安全库存量，和供应链的管理成本。例如，QR（快速响应机制）策略分别在随机模型和确定性模型下对库存信息的准确度进行了讨论，并且就如何提高库存信息的准确度提出了解决方法，RFID 就是其中最为有效的解决方法。产品层面上的 RFID 应用对供应链管理提出了最大的挑战，通过建立数学模型，对比应用 RFID 和不应用 RFID 在零售业的供应链当中产生的成本和收益的不同，可以给我们提供一个有益的分析框架 ——运用定量的数学模型来衡量 RFID 应用的效果。这样会给企业是否应用 RFID 提供一个非常有力的依据，对于 RFID 在供应链管理当中的应用研究有很大的指导性作用。

（2）为企业供应链管理应用 RFID 提供路线图。

RFID 的应用最大的受益主体还是企业，最大的应用主体也是企业。目前很多研究都在试图为企业的供应链管理应用 RFID 提供路线图和框架性的指南，对 RFID 的采用路线、产生的收益以及企业应用 RFID 的四步走的框架作了详细的讨论。

以供应链中特定环节为研究对象，研究 RFID 如何在供应链管理中产生收益。供应链当中有许许多多的环节，如运输、配送中心运作、零售业补货、制造过程……这些环节都可以单独拿出来作为 RFID 应用的重要环节加以研究。

为特定行业的供应链管理提出 RFID 的应用方案或者对特定企业的 RFID 应用进行研究。例如，美国国防部的后勤以及工业补给品的 RFID 应用计划引起了很多研究者的注意，对美国国防部的后勤和工业补给系统进行分析，并且从效率的角度分析应用 RFID 系统给美国国防部带来的好处，成为有价值的研究课题。

人类社会进入了电子信息化的快速发展时代，RFID 作为其中的一项关键技术得到了许多工业发达国家的高度重视和大力推行。在中国，RFID 已经成为政府和企业的一项重要产业。本文的目的是综述 RFID 技术及其应用领域，提供一个从 RFID 的工作原理到商业化应用的系统性认识。

1.5.1 RFID 技术综述

基本的 RFID 系统由 RFID 标签、RFID 阅读器及应用支撑软件三部分组成。RFID 标签由芯片与天线组成，而每一个标签具有唯一的电子编码。在具体应用中，标签附在物体上以标识目标对象。RFID 标签依据发送射频信号的方式不同，分为主动式和被动式两种。

主动式标签主动向读写器发送射频信号，通常由内置电池供电，又称为有源标签；被动式标签不带电池，又称为无源标签，其发射电波及内部处理器运行所需能量均来自阅读器产生的电磁波。被动式标签在接收到阅读器发出的电磁波信号后，将部分电磁能量转化为供自己工作的能量。主动式标签通常具有更远的通信距离，其价格相对较高，主要应用于贵重物品远距离检测等应用领域；被动式标签具有价格便宜的优势，但其工作距离、存储容量等受到能量来源的限制。

RFID 标签根据应用场合、形状、工作频率和工作距离等因素的不同采用不同类型的天线。一个 RFID 标签通常包含一个或多个天线。天线设计是 RFID 标签的最核心技术之一。

RFID 标签和阅读器工作时所使用的频率称为 RFID 工作频率。目前，RFID 使用的频率跨越低频（LF）、高频（FH）、超高频（UHF）、微波等多个频段。RFID 频率的选择影响信号传输的距离和速度等，同时还受到各国法律法规限制。

RFID 阅读器的主要任务是控制射频模块向标签发射读取信号，并接收标签的应答，对标签的对象标识信息进行解码，将对象标识信息连带标签上其他相关信息传输到主机以供处理。根据应用不同，阅读器可以是手持式或固定式。当前阅读器成本较高，价格在 1 000 美左右，而且大多只能在单一频率点工作。未来阅读器的价格将大幅降低，并且支持多个频率点，能自动识别不同频率的标签信息。

RFID 应用支撑软件除了标签和阅读器上运行的软件外，还包含阅读器与企业应用之间的相关软件。这些中间件是 RFID 技术的一个重要组成部分。该中间件为企业应用提供一系列计算功能，在电子产品编码规范中被称为专家软件（Savant）。其主要任务是对阅读器读取的标签数据进行过滤、汇集和计算，减少从阅读器传往企业应用的数据量。同时专家软件还提供与其他 RFID 支撑系统进行互操作的功能。专家软件定义了阅读器和应用两个接口。

一个完整的 RFID 系统还需要物体名称服务（Object Name Service）系统和物理标记语言（Physical Markup Language）两个关键部分。用户可以根据工作距离、工作频率、工作环境要求、天线极性、寿命周期、大小及形状、抗干扰能力、安全性和价格等因素选择适合自己应用的 RFID 应用支撑软件和 RFID 系统。

1.5.2　RFID 的关键问题

没有任何一种技术可以自动解决所有存在的问题，RFID 也不例外。在成功实施 RFID 之前，有一些关键技术问题需要实施者给予足够的重视。下面我们给出一些简单讨论。

1. 成本问题

注意到 RFID 技术可以带来效益之外，我们需要考虑实施这种技术所需的人力、物力和财力投资。标签成本和阅读器成本是重要的方面。现在，RFID 公司最关注的技术领域就是如何降低由于系统所产生的成本，一个复杂的 RFID 系统肯定会影响到现有的业务流程，也会有相应的人员培训和业务流程重组要求；其服务成本和系统维护成本也是需要着重考虑的议题。对于整个集成化的供应链来说，还会有谁投资，谁受益的问题。当然，如果只是在一个供应链上相对独立的公司实施 RFID 的话，这就不是主要问题了。

2. 准确度与作业环境影响

目前，阅读器辨别还没有达到在任何时间任何条件下阅读准确度都能够达到 100% 的水平。

这样，阅读器的准确度不能得到严格保证，信息的出错率就不能降到最低。环境影响、贴标签物品的材质、一次阅读标签的数量都会影响到阅读的精确度。对于一个想绝对依靠数据来提高为顾客服务水平的企业来说，如果 RFID 不能够提供足够高的信息精确度，其应用无疑不会受到企业的欢迎。针对这种情形，我们可以通过设置冗余阅读器以及改善阅读流程来提高准确度，但是最终的解决办法还是需要标签和阅读器研发制造企业提供数据采集准确度更高的产品，以支撑 RFID 的应用。

贴上标签的产品如果是由反射射频信号的金属制造的，就会引发缩小操作范围的问题。使用塑料材质的包装可以解决这个问题，但是塑料材质又会引发容易遭到污损和破坏的问题。研究发现，在物料操作中，尤其是在仓库中的叉车操作中，重复使用标签会导致一些严重的问题，而且有很多基于无线电的技术会对 RFID 系统造成干扰，从而导致很多问题。这是在选择技术的时候，尤其是在考虑电缆和其他通信设施的时候需要重点考虑的问题。为了找出是否存在这种干扰问题，有必要实施一些测试措施。

3. 数据结构与系统集成

在产品项目层次上完整实施 RFID 必然会产生大量需要处理的数据，如果只是在货盘层次或者集装箱货柜层次上实施 RFID，数据量就会大大减少，但是那也不意味着数据问题可以不予考虑。进一步说，考虑编码系统的全球标准问题是一个十分重要的课题。

在 RFID 实施中的另一重大挑战就是如何把原有的系统和 RFID 系统整合起来。一些软件提供商在开发 RFID 的应用软件，这些应用软件可以把新的 RFID 系统和原有的系统进行无缝的连接。比如在缺乏统一标准的情况下，这些软件提供一些不同标准之间的转换方法。

4. 隐私权与安全性

RFID 实施过程当中，隐私权成为普遍的关注问题。很多人对与他们的行动和购买习惯被自动跟踪感到很不安，他们认为这是事关个人隐私的问题。为了应对这些担忧，RFID 的支持者们提出零售业的 RFID 标签可以加上一个开关，在商品出售之后可以把这个标签"关掉"。尽管标签还会继续留在商品里面，但是只要关掉了这个标签，它就再也不能接收和发出信息了。

还有一些关于隐私权的担忧是关于 RFID 标签本身可以设定地址的性质。RFID 标签的识别范围太小，以至于不能在私人空间范围之外获取标签上面的信息。由于建筑材料可以消解一部分射频信号，这就导致信号减弱，以至于妨碍了在建筑物之外获取建筑物里面的信息。如果有足够强的信号让人获取信息，那么就会更加侵犯人们的隐私权。只要有可以自动存储和跟踪个人资料的技术存在，隐私永远都是一个需要考虑的问题。比如在交通系统中使用的公共交通缴费卡，就可以很容易地获取人们活动的数据。因此不管是政府还是企业在实施 RFID 的时候，都需要事先告诉公众这个系统搜集了哪些信息，信息的保密措施是怎么样的。如果公众没有在隐私权的保护上有足够的安全感，那么 RFID 的推行将会遇到极大的阻力。

为了避免 RFID 标签给客户带来关于个人隐私的担忧，同时也为了防止用户携带安装有标签的产品进入市场所带来的混乱，很多商家在商品交付给客户时把标签拆掉。这种方法无疑增加了系统成本，降低了 RFID 标签的利用率，并且有些场合标签不可拆卸。为解决上述安全与隐私问题，人们从技术上提出了多种方案。

一个在供应链管理中实施 RFID 的公司绝对不希望它的对手跟踪它的货物和库存情况，一个实施 RFID 系统的国防部门绝对不希望其他国家进入他们的武器采购目录数据库。使用嵌入了 RFID 标签的信用卡的人肯定也不希望其他人用 RFID 读取设备不经允许获取他们的账户信息。这些都是一些容易受到攻击的安全漏洞,需要在 RFID 技术中提出解决办法。

一些研究者提出了授权读取的模式,也就是只有被标签授权的阅读器才可以读取标签当中的信息。标签当中储存了被授权阅读器的序列号,阅读器在读取标签信息之前必须先向标签传送自己的序列号才能获准读取标签里面的信息。为了保护阅读器唯一的序列号,可以采用固定的或者动态的加密方式来对这个序列号进行加密。如果标签没有鉴别出阅读器的序列号,那它就会拒绝阅读器读取其存储的信息。

5. 标准化问题

现有的 RFID 系统可能使用不同的频率,不同的国家可能会把不同的无线电波段分配给不同的用途。如果具有全球性的标准,就可以整合整个 RFID 系统,这对当下的全球化的供应链发展趋势至关重要。欧美国家以及日本的国家标准机构也在不遗余力地推动 RFID 的标准制定,我国的信息产业部、国家标准委员会等官方机构也在抓紧时间制定 RFID 的发展计划。

RFID 标准大致包含四类:技术标准(如符号、射频识别技术、IC 卡标准等);数据内容标准(如编码格式、语法标准等);一致性标准(如印刷质量、测试规范等标准);应用标准(如船运标签、产品包装标准等)。其中编码标准和通信协议(通信接口)是争夺得比较激烈的部分,它们也构成了 RFID 标准的核心。目前,在 RFID 技术发展进程中,已形成了 EPCglobal、ISO、UID、AIM 和 IP-X 五大标准组织,分别代表了国际上不同团体或者国家的利益。

在国际 RFID 标准组织在中国市场争斗的同时,国家标准化管理局、科技部、信息产业部等也在建立中国自主知识产权的 RFID 标准。这些机构有的主张采用参照或引用某种国际标准并作相应的本地化修改的方式来制定中国的国家标准,有的主张自主开发中国的 RFID 标准,还有的主张收购或兼并拥有 RFID 专利的公司,从而变国际标准为中国标准。

国家标准化管理局和信息产业部电子工业标准化研究所主张采用参照或引用某种国际标准并作相应的本地化修改的方式来制定中国的国家标准,在充分照顾我国国情和利用我国优势的战略考虑下,采用参照或引用 ISO 等国际标准并作相应的本地化修改的方式来制定中国的国家标准,以避免引起知识产权争议,掌握国家在电子标签领域发展的主动权,同时更多地参照日本独立自主、充分发挥本国优势的做法,利用中国是制造业大国、手机和有线无线网络优势,促进供应链效率、增强制造业竞争力的同时,推动开发电子标签在现代服务业方面的应用,发展中国式的泛在网络服务。

科技部和信息产业部也在积极参与 RFID 标准的研究、制定。科技部已经制定了《RFID 技术白皮书》,用于从宏观上指导我国 RFID 技术研发路线和产业化推进方向,目前已完成初稿,即将提交相关部门讨论;同时,科技部在"863 计划"中安排资金对 RFID 进行专项研究。为了推进建立中国的 RFID 标准体系,信息产业部组建了中国信息产业商会射频识别与电子标签应用分会,目前正在向民政部申请等级注册;同时,还筹建了"射频标识(RFID)技术标准工作组",凡关心射频标识(RFID)标准化工作业的国内产、学、研、用的企事业单位均可申请成为工作组成员。

1.5.3 RFID 的应用领域

RFID 的应用领域在逐渐扩宽,在我们的现实生活与工作中,门禁系统和身份识别等对 RFID 技术的简单应用已经为大家所熟悉。

1. 安全管理

安全管理和个人身份识别是 RFID 的一个主要而广泛的应用领域。我们日常生活当中最常见的就是用来控制人员进出建筑物的门禁卡。许多组织使用内嵌 RFID 标签的个人身份卡，可以在门禁处对个人身份进行鉴别。

类似的，在一些信用卡和别的支付卡中都内嵌了 RFID 标签。还有一些卡片使用 RFID 标签自动缴纳公共交通费用，目前北京地铁和公交系统当中就应用了这种卡片。从本质上来讲，这种内嵌 RFID 的卡片可以替代那种在卡片上贴磁条的卡片，因为磁条很容易磨损和受到磁场干扰，而且 RFID 标签具有比磁条更高的储存能力。

2. 移动跟踪

因为目标携带 RFID 标签移动识别很容易，所以 RFID 的一个重要应用就是用来跟踪人的移动。一些医院现在使用 RFID 标签来保证新生婴儿的身份鉴别，还可以在有人试图把婴儿带出规定区域时向医生发出警报。一些学校要求孩子们戴上内嵌 RFID 标签的手镯或腕带，这样可以轻而易举地检查出勤以及确定他们的位置。美国食品药物监督局最近批准了一种可以储存外科手术信息的 RFID 标签的使用，如此可以大大减少外科手术中出现的一些低级错误。同样的，RFID 标签也可以在一个限定区域内跟踪高速移动的目标。比如，拉斯维加斯的赌博业计划在每个筹码中放置被动的 RFID 标签，在每个赌桌和出纳台旁边都设置阅读器。这样一来，赌场就可以轻而易举地识别假的筹码，同时还可以跟踪筹码的移动和赌博者的一些活动。医院也可以使用 RFID 跟踪整个医院中需要经常移动的设备，这可以帮助医院管理库存以及保证设备的维护。图书馆也可以通过在书上贴上标签，来确定每本书的位置，防止书籍被盗以及进行自动借书。

3. RFID 应用领域小结

在未来的 5~10 年中，RFID 的应用领域会从商业零售业、安全管理延伸到供应链物流管理、国防、医疗医药等领域。

1.5.4 RFID 在供应链管理中的应用

在供应链管理中，RFID 标签用于在供应链中跟踪产品，从原材料供货商供货到仓库储存以及最终销售。新的应用主要针对用户订单跟踪管理，建立中央数据库记录产品的移动。制造商、零售商以及最终用户都可以利用这个中央数据库来获知产品的实时位置，交付确认以及产品损坏情况等信息。在供应链的各个环节当中，RFID 技术都可以通过增加信息传输的速度和准确度来节省供应链管理成本。可读写的 RFID 标签可以储存周围环境的信息，记录它们在供应链当中流动时的时间和位置信息。美国食品和药品监督局就提出了使用 RFID 来加强对处方药管理的应用方案。在这个系统当中，每一批药品都要贴上一个只读的 RFID 标签，标签当中储存了唯一的序列号。供货商可以在整个发货过程中跟踪这些写有序列号的 RFID 标签，并且让采购商将序列号和收货通知单上面的序列号进行核对。这样就可以保证药物来源的可靠性以及去向的可靠性。美国食品和药物监督局认识到要想在所有处方药的供应链管理中实施这样一个计划，将是一个极其庞大的任务，所以他们为了调查 RFID 这种技术的可行性，提出了一个三年规划，这个规划于 2007 年结束，并为 FDA 采用 RFID 技术进行处方药管理提供技术的支持。

与 RFID 在供应链领域中进行应用具有密切联系的，还有在准时出货（Just in time product shipment）中的应用。如果在一个零售商店和相关仓库中的所有货物都贴有 RFID 标签，那这个商店就可以拥有一个具有精确库存信息的数据库来对它的库存进行有效的管理。这样的系统可以提前警告缺货以及库存过多的情况，仓库管理系统可以根据标签里面的信息自动定位货物，并且自动把正确的货物移动到装卸的月台上，并运送到商店。沃尔玛现在就正在实施这样一个系统。

由于物流系统是整个供应链中的核心部分，所以物流领域里的应用基本上主导着 RFID 在供应链中的应用。目前，RFID 在成本的计算上与条形码有显著的差别，因此在物流应用上厂商导入 RFID 技术时会分成如下四个阶段来实施：

（1）集装箱阶段：在货柜上固定 RFID 进行辨识读取，以追踪辨识集装箱、空运盘柜等。目前最多应用于国际货柜运送货物，除了有助于在全球化运作时增加对货物的掌控能力，还能通过集装箱、货柜 RFID 的追踪，对于国家安全提供另一项保证。

（2）货盘阶段：在货盘上固定 RFID 进行辨识读取，以追踪辨识物流装载工具，如货盘、笼车、配送台车等。为供货商提供及时的补货信息，有利于供货商做生产规划；物流中心更可加快收货作业，实现验货与上架的信息化，有效管理存货控制。

（3）包装容器阶段：单项产品成打或成箱包装，在纸箱或其包装箱容器上装置 RFID，来追踪及辨识纸箱或容器的形状、位置及交接货物的数量。除了对于需求/供应规划所提供的信息更细致之外，也增加了再包装的可视性，对于整板进货却需要以箱为单位的出货操作而言，比小单位的拣货、包装与出货更为方便。

（4）单个产品阶段：在每一个产品上以 RFID 取代商品条形码，每一个 RFID 上以商品编号加上序号，来识别每一个货品的唯一性，利用这个方式来进行盘点、收货及销售点的收款机作业，由于每一个产品具有唯一的辨别码，可以将所有商品以最小的单位进行管理。由于可以对最小单位的货物进行控制，对于零售端的销售更有利，包括货架上的促销、防窃、消费者行为分析等均能做个别产品的管理。

1.5.5　RFID 案例分析

我们现在来分析三个 RFID 的应用案例，这三个案例分别来源于沃尔玛公司、医疗服务领域和国防领域。

1. 沃尔玛公司的 RFID 应用

在众多已经实施了 RFID 的公司当中，最受媒体关注的非沃尔玛公司莫属。这个零售业中的巨人因为有效的供应链管理获取了这个微利行业中最大的成功。沃尔玛在 RFID 应用上的努力，使得被人冷落已久的 RFID 技术又回到了聚光灯下，并且成为了供应链 IT 技术的主角。有预测说：沃尔玛全部推行 RFID 之后，其每年节省的成本将高达 83.5 亿美元，这个数字比世界 500 强当中半数以上的公司的年收入还要高。尽管这个数字是板上钉钉的，沃尔玛推行 RFID 的进程仍然相当的缓慢。2003 年 7 月 11 日，沃尔玛宣布它将要要求它的前 100 名供货商在 2005 年 1 月份之前在所有的货箱和货盘上面贴上 RFID 标签。这一举动直接影响到了它的全部供货商，这些供货商都迅速地开始学习 RFID 以及如何推行 RFID 的相关知识。

沃尔玛和它的供货商在 RFID 的实施过程当中，很快就发现了很多挑战性问题。比如它们用来作为标准的 UHF 频率不能穿透很多商店中销售的常见产品（金属包装的液体产品等）。这迫使沃尔玛把实施的最后日期往后推，截至 2005 年 1 月份，前 100 名的供货商只有 60%在他们的产品贴上了 RFID 标签。不过，沃尔玛仍然是第一家在整个供应链中推行 RFID 技术，并且强迫它的供货商也如此的大型零售企业。沃尔玛的这种举动，使得 RFID 在业界的推行更加有效。

2. 台湾医疗的 RFID 应用

台湾对 RFID 的推行从 2003 年开始，2004 年成为全面启动的一年。台湾的"经济部"提出的关于信息技术 2008 年之前的规划中把 RFID 的推行也作为一个重点。主要在岛内医院的以下几个方面应用 RFID 技术并取得了以下效益：

（1）在取药过程中，透过即时的警告，提高药品取药和用药的正确性。

（2）增加原有的鉴定技术所涵盖的信息，现在可以包含药品剂量/剂型、血袋血型/温度、急救医疗病人位置/急救类型、住院病人的身份确认等。

（3）提高在药品、血液、大量病人身份辨识的准确性，住院病人需要急救时即时通报照护人员，强化病人的安全。

（4）减少了护士的工作负担、透过血液调拨有效利用珍贵资源、增加急救医疗调度的时效性、提高对住院病人的护理品质。

（5）提高管制药品、血袋流向、急救医疗资源的透明度，通过管制药品运送授权和实体验证，降低了使用假冒药品的可能。

3. 美国海军基地的 RFID 应用

2004 年 5 月份，美国海军结束了它们在给舰船集装箱装载补给中应用被动 RFID 系统的试运行。这个试运行计划是在弗吉尼亚州诺福克的舰队和工业补给中心进行的，最初的目标是降低装载补给时，因为手工输入或者名义上的自动输入产生的错误记录。在这次试运行当中，舰队和工业补给中心使用了被动标签技术，在装载过程中让叉车搬运贴上了被动标签的补给物品通过一个装有特定阅读器的入口，来自动获得补给货物的记录。舰队和工业补给中心在这个项目上总共花费了 306 000 美元，或者可以说 93 美分每批货物。在最后的实施阶段，RFID 使得货物的检查程序速度大大提高。尽管试运行的目标不包括得到最优的投资收益，但是最后的报告显示"有多达 12 名人员可以被安排到其他的任务上"，因为对 RFID 系统的监控不需要和以前一样多的人手。在试运行过程中，舰队工业补给中心在应用 RFID 系统方面收获了很多有价值的经验。

1.5.6 RFID 实施阶段与应用框架

使用 RFID 获取利润的关键在实施上，每个组织都需要了解这种技术所能发挥的效能和必须服从的限制，在此基础上根据自身情况寻找最佳的解决方案。

1. RFID 实施阶段

阶段 1：标签和跟踪阶段。在实施 RFID 的第一阶段，主要是以成本为中心进行考虑。尽管要考虑在库存、订单履行、包装和发货等操作流程上应用 RFID 可以获得的提高，但是问题的中心仍然是成本。

阶段 2：RFID 数据整合入信息系统阶段。在假定 RFID 标签化的成本可以满足顾客要求后，公司就会从各种途径寻求成本节省来补偿他们实施 RFID 上的投资。把 RFID 技术整合进公司的业务流程，这样可以改进订单满意率和资产管理，这些改进要求来自制造商和仓库的 RFID 数据被整合到公司的架构当中。这就需要有解决方案可以把大量的 RFID 数据进行转换、加工整理以后，放入企业的数据库当中，便于人员从各种企业管理软件的接口获得这些加工后的数据。

阶段 3：RFID 为杠杆改善业务流程阶段。在整合了 RFID 数据之后，公司就可以认识到如果根据条件和需求的变化适时改变业务流程就可以更大地满足用户要求，提高运作效率。然而很多研究指出：公司如果没有对自身的业务流程进行分析，肯定不会从 RFID 的投资中获得收益。分析工作会帮助公司了解业务流程改变的影响和关联，并且可以把这些认识转化为实际的行动。

阶段 4：预测性企业阶段。在经过以上的三个阶段以后，企业不但可以对遇到的问题做出快速反应，还可以对他们将要遇到的问题做出预测和反应，这就是我们所说的预测性企业。通过运用高级分析和算法技巧来找出将要出现的问题，并且给出解决办法。公司应该积极向预测性企业努力，更好地满足用户需求，比如实时满足顾客个性定制产品的要求。

2. 一个企业的 RFID 基本应用框架

第一步：确立目标。即确立 RFID 应用的整体目标。在这个阶段，企业需要找到现有流程当中需要改进的地方，此时的衡量标准不仅包括经济指标还要包括非经济指标。

第二步：建立初步的模型。为了考察一个 RFID 应用的可行性，企业需要假设一个从制造商到零售商的供应链系统，这个假设的系统可以基本反映目前企业所在供应链的基本特点和重要特征。这样的假设模型可以让企业确定和量化 RFID 应用能给哪些环节带来效益，还可以让企业了解 RFID 的应用会对整个供应链中的产品结构带来什么样的全局性影响。同时，这种分析方法还可以在企业把这种分析工作外包给咨询公司的时候，保护企业的数据安全，因为这种假设模型不需要企业的实际运营数据。

第三步：验证假设。在建立了假设的系统之后，企业基本上可以使用量化的方法确定哪些环节是可以通过 RFID 应用带来好处的。如果不能进行量化确认，那么收益可以被归类到未明收益当中。这样就可计算出应用 RFID 所需要的成本，与被量化的收益进行比较，得出是否要在企业的供应链管理中应用 RFID 的结论。

第四步：开发实际商业案例。在对成本和收益进行确认的基础上，可以使用一些经济指标来确定 RFID 应用的可行性。这个经济指标就是现有净价值。因为 RFID 是一种新技术，所以这个指标的实现需要一段相当长的时间。

1.6 物联网传输层技术

1.6.1 什么是物联网传输网络

物联网，即通过射频识别（RFID）、红外感应器、全球定位系统（GPS）、激光扫描器、环境传感器、图像感知器等信息传感设备，按约定的协议，把任何物品与互联网连接起来，进行信息交换和通信，以实现智能化识别、定位、跟踪、监控和管理的一种网络。物联网结构图如图 1-1 所示。

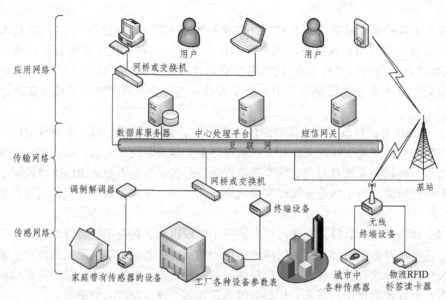

图 1-1　物联网结构图

物联网传输网络，即在物联网中，将终端数据上传到服务平台并能通过服务平台获取数据的传输通道。

1.6.2　物联网传输网络的作用

物联网传输网络是物联网数据传输的通道，它通过有线、无线的数据链路，将传感器和终端检测到的数据上传到管理平台，并接收管理平台的数据到各个扩展功能节点。物联网传输网络是内部数据与互联网平台数据的交换通道，是物联网数据与互联网数据交换的中间载体，属于互联网中的局域网和城域网部分。

1.6.3　物联网传输网络的主要构成及优缺点分析

物联网传输网络是互联网的末端接入部分，根据物联网的传输介质不同，可以分为如下部分：

1. 以太网/宽带

以太网和宽带网是互联网的主要接入形式，也是物联网传输的主要通信载体。在物联网网络中，有以太网或宽带接入条件的固定终端可以通过终端上的以太网接口接入网络，这种网络，继承了以太网和宽带的大数据量和低延迟的特点，可以用于传输大数据量的文件信息和流媒体信息。但这种接入形式受限于应用网络，在不便布置以太网和宽带的地方，使用受到限制。

2. GPRS/CDMA/3G 无线网络

作为移动无线网络，GPRS/CDMA/TD 等将成为未来物联网中主要移动通信载体，因其具有无布线、易布置、可流动工作的特点，将被大量应用在需要移动传输数据和不利于布线布网的野外场合。但这种网络由于无线交换的特点，具有一定的时延，且带宽有限，一般用来做实时性要求不高和数据量不大的场合。

3. WLAN 无线网络

WLAN 无线网络是以太网、宽带网的末端延伸，属于区域内的无线网络，它兼有以太网、宽带网的优点，又具备 GPRS/CDMA/TD 等网络的部分无线功能，在无线联网中发挥重要作用。但 WLAN 无线网络应用的范围，既受限于无线路由的信号范围，又受限于以太网、宽带网的接入，因此，一般应用在宽带接入的末端不适宜布线的场合，并作为以太网、宽带网的重要补充。

4. ADSL/MODEM

ADSL 网络是 MODEM 网络的升级形式，在家庭和小型办公区被广泛采用，这种网络的主要特点是实时性稍好，可为终端分配有效的外部 IP（可以是动态，也可以是静态），也可以通过路由或交换机供多终端使用，但该网络速度受限，可以用来传输数据量中等的语音数据和其他数据量小的环境参数数据，使用费用随数据量大小而不同。

以上几种网络类型优缺点对比分析及数据流量如表 1-3 所示。

表 1-3　几种网络类型优缺点对比分析及数据流量

网络类型	优点	缺点	数据流量
以太网/宽带	速度快、可传输大数据量信息、接入简单、可多终端共享网络、整体分摊费用成本低	只适用于固定场合、网络条件受限于其接入的运营服务商	10M/100M/1 000M 接入，实际使用可以达到 10M
GPRS/CDMA 无线	布网简单、网络范围广、适用于野外布点、也可与终端一同移动工作	终端需要增加通信模块，需要申请数据流量业务，使用时，流量费用较高，有长期费用存在	GPRS：100K 以内 CDMA：100～300K TD：1M 以内
WLAN 无线网络	兼有以太网/宽带网和 GPRS/CDMA 无线的共同优点	需要增加无线网卡、无线 AP 或无线路由等设备，无线范围受限于 AP 或路由的发射功率，一般空旷地范围在 50～200 m，多基站时切换不灵活，移动范围受限	WLAN：108M/54M/11M（前端受限与其他网络）
ADSL/MODEM	速度中等、可传输中等数据量信息、接入简单、可多终端共享网络、整体分摊费用成本低。适合家庭用户和小企业用户的应用	只适用于固定场合、网络条件受限于其接入的运营服务商	ADSL：2M/1M/512K MODEM：512/128 K（MODEM 因速度太低，现基本被淘汰）

1.6.4　物联网传输网络应用图例

1. 广域分散应用

建议使用 GPRS/CDMA 通信方式满足。广域分散应用结构图如图 1-2 所示。

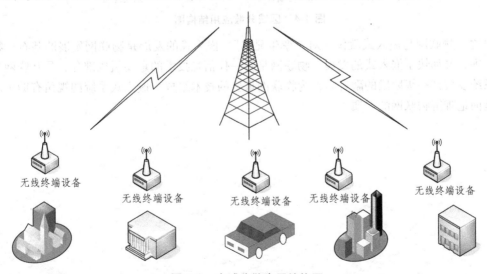

图 1-2　广域分散应用结构图

2. 区域集中应用

建议通过有线利用路由或交换机方式满足。区域集中应用结构图如图 1-3 所示。

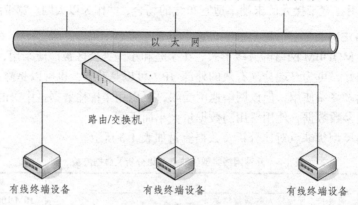

图 1-3　区域集中应用结构图

4. 区域分散应用

建议通过有线接入 WLAN 后，无线通信接入满足。区域分散应用结构图如图 1-4 所示。

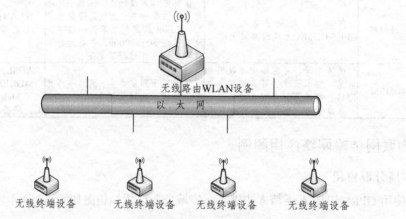

图 1-4　区域分散应用结构图

总之，物联网与嵌入式就像一对"孪生兄弟"。嵌入式的发展是物联网发展的基石；物联网的发展，又加快了嵌入式的发展。物联网是新一代信息技术的重要组成部分，是互联网与嵌入式系统发展到高级阶段的融合。作为物联网重要的技术组成，嵌入式系统的视角有助于深刻地、全面地理解物联网的本质。

第2章 基于 S3C6410 的硬件结构与接口

2.1 S3C6410 处理器概述

S3C6410 是一个 16/32 位 RISC 微处理器，旨在提供一个具有性价比高、功耗低，性能高的应用处理器解决方案。它为 2.5G 和 3G 通信服务提供优化的 H /W 性能，S3C6410 采用了融合 AXI、AHB 和 APB 总线。64/32 位内部总线架构。它拥有强大的硬件加速器（如视频处理、音频处理、二维图形、显示操作和缩放等）；一个集成的多格式编解码器（MFC），支持 MPEG4/H.263/H.264 编码、译码以及 VC1 的解码；这个 MFC 支持实时视频会议和 NTSC、PAL 模式的 TV 输出。

S3C6410 有一个优化的接口连接外部存储器。存储器系统具有双重外部存储器端口、DRAM 和 FLASH/ROM/ DRAM 端口。DRAM 的端口可以配置为支持移动 DDR、DDR、移动 SDRAM 和 SDRAM。FLASH/ROM/DRAM 端口支持 NOR-FLASH、NAND-FLASH、ONENAND、CF、ROM 类型外部存储器，和移动 DDR、DDR、移动 SDRAM 和 SDRAM。

为减少系统总成本和提高整体功能，S3C6410 包括许多硬件外设，如一个相机接口、TFT24 位真彩色液晶显示控制器、系统管理器（电源管理等）、4 通道 UART、32 通道 DMA、4 通道定时器、通用的 I/O 端口、4IIS 总线接口、IIC 总线接口、USB 主设备、高速 USB OTG(480 MB/s)、SD 主设备和高速多媒体卡接口、用于产生时钟的 PLL。

S3C6410 提供了丰富的内部设备，下面我们从它的整体特性、多媒体加速特性、视频接口、USB 特征、存储器设备、系统外设以及它的系统管理等方面来详细介绍 S3C6410 处理器的特性：

2.1.1 S3C6410 体系结构

1. S3C6410 RISC 处理器特性

（1）基于 CPU 的子系统的 ARM1176JZF-S 具有 JAVA 加速引擎和 16KB/16KB I/D 缓存和 16KB/16KB I/D TCM。

（2）具有 400/533/667MHz 三种操作频率。

（3）一个 8 位 ITU 601/656 相机接口，用于缩放的高达 4M 像素，固定的 16M 像素。

（4）多标准编解码器提供的 MPEG-4/H.263/H.264 编码和解码的高达 30 帧/s，VC1 视频解码、达到 30 帧/s。

（5）具有 BITBLIT 和轮换的 2D 图形加速。

（6）AC-97 音频编解码器接口和 PCM 串行音频接口。

（7）IIS 和 IIC 接口支持。

（8）专用的 IRDA 端口，用于 FIR，MIR 和 SIR。

（9）灵活配置 GPIO。

（10）端口 USB2.0 OTG 支持高速（480 Mbps，片上收发器）。

（11）端口 USB 1.1 主设备支持全速（12 Mbps，片上收发器）。

（12）高速 MMC / SD 卡支持。

（13）实时时钟，锁相环，具有 PWM 的定时器和看门狗定时器。

（14）32 通道 DMA 控制器。

（15）支持 8×8 键盘矩阵变换电路。

（16）用于移动应用的先进的电源管理。

（17）存储器子系统：

■ 具有 8 倍或 16 倍数据总线的 SRAM/ROM/NOR Flash 接口。

■ 具有 16 倍数据总线的 MUXED，ONENAND 接口。

■ 具有 8 倍数据总线的 NANDFlash 接口。

■ 具有 16 倍或 32 倍数据总线的 SDRAM 接口。

■ 具有 16 倍或 32 倍数据总线（133 Mbps/引脚率）的移动 SDRAM 接口。

■ 具有 16 倍或 32 倍数据总线（266 Mbps/引脚 DDR）的移动 DDR 接口。

2. ARM1176JZF-S 处理器特性

（1）TrustZone™安全扩展。

（2）具有超高速先进的微处理器总线架构（AMBA）、先进的可扩展接口（AXI）电平、两个接口支持的优先级顺序多处理机。

（3）8 阶管线。

（4）具有返回堆栈的分支预测。

（5）低中断延时配置。

（6）外部协处理器接口和协处理器 CP14 和 CP15。

（7）指令和数据存储器管理单元（MMUS），通过一个统一的主 TLB 使用 MICROTLB 结构管理。

（8）实际地索引和物理地址缓存。

（9）矢量浮点型（VFP）协处理器支持。

（10）外部协处理器的支持。

（11）追踪支持。

（12）存储器子系统：

■ 高频宽存储器矩阵变换电路子系统。

■ 两个独立的外部存储器端口(一个静态混合的 DRAM 存储器端口和一个 DRAM 端口)。

■ 矩阵变换电路架构增加整体的带宽，具有同时访问的能力。

3. 多媒体加速特性

（1）照相机接口：

■ 支持 ITU-R 601/ITU-R 656 格式输入。支持 8 位输入。

■ 对于 YCBCr 4：2：2 格式，相机输入分辨率高达 4 096×4 096。

■ 4 096×4 096 输入分辨率采取绕过硬件缩小尺度和预览单元，并且图像将以 JPEG 格式直接存储到存储器。

■ 高达 2 048×2 048 输入分辨率可以选择性地输入硬件缩小尺度单元和预览单元。

■ 分辨率缩小尺度，硬件支持的输入分辨率高达 2 048×2 048。

■ 编解码器/预览输出图像产生(16/18/24 位的 RGB 格式和 YCbCr 4：2：0/4：2：2格式)。

- 图像窗口化和变焦的功能。
- 测试图案产生。
- 图像镜像和轮换支持 Y 轴镜像和 X 轴镜像，90 度、180 度和 270 度的轮换。
- H/W 色彩空间的转换。
- 支持 LCD 控制器直通道。

（2）多标准解码器（MSC）：

① 多标准视频编解码器：

- MPEG-4 部分 II 简单协议规范编码/解码。
- H.264/AVC 基线编码/解码。
- H.263 协议规范 3 编码/解码。
- VC1 解码。
- 支持多部分电池和多标准。

② 编码工具：

- 可变模块大小：16×16，16×8，8×16 和 8×8。
- 自由的运动矢量。
- MPEG - 4 AC / DC 预测。
- H.264/AVC 的帧内预测（固定模式决定）。
- 错误恢复工具。
- MPEG - 4 重新同步。具有 RVLC 的标记和数据分割。
- MPEG-4/AVC FMO 和 ASO。
- 位率控制（CBR 和 VBR）。

③ 解码工具：

支持所有标准功能。

④ 前/后旋转/镜像：

八个镜像/旋转模式。

⑤ 性能：

- 全双工的 VGA 30 fps 编码/解码。
- 半双工 720×480 30 fps（720×576 25 fps）编码/解码。

（3）JPEG 解码器：

- 压缩/解压缩达 $65\,536 \times 65\,536$。
- 编码格式：YCbCr 4 : 2 : 2。
- 解码格式：YCbCr 4 : 4 : 4/ 4 : 2 : 2/ 4 : 2 : 0/ 4 : 1 : 1 或灰色。
- 支持压缩的内存数据在 YCbCr 4 : 2 : 2 或 RGB 565 格式。
- 支持一般用途的时钟转换器。

4. 显示控制特性

（1）TFT LCD 接口：

- 320×240，640×480 或其他显示分辨率高达 $1\,024 \times 1\,024$。
- 最大 2k × 2k 虚拟屏幕尺寸。
- 支持五个窗口层作为 PIP 或 OSD。
- 可编程 OSC 窗口定位。

■ 16 级 Alpha 混合。

（2）视频后处理器：

■ 视频输入格式转换。

■ 视频/图形缩放向上/向下或缩放输入/输出。

■ 彩色空间的转换，从 YCbCr 到 RGB 和从 RGB 到 YCbCr。

■ 专用本地接口显示。

■ 专用定标器用作 TV 编码器。

（3）具有图像增强的 TV（NTSC/PAL）视频编码器：

① 支持 NTSC-M/PAL-B，D，G，H，I 兼容视频格式。

② 支持 YCbCr 4：2：0/ 4：2：2，16/18/24 位 RGB 源格式。

③ 内置 MIE（移动图像增强器）引擎。

■ 黑色和白色延展。

■ 蓝色延展和 Flesh-Tone 校正。

■ 动态水平的尖峰与 LTI。

■ 黑色与白色噪声的降低。

■ 原始的，全屏和宽屏视频输出。

5. 视频接口特性

（1）AC97 音频编解码器接口：

■ 可变采样率（不高于 48 kHz）。

■ 1 通道立体声输入/1 通道立体声输出/1 通道麦克风输入。

■ 16 位立体声（2 声道）音频。

（2）PCM 串行音频接口：

■ 主模式双向串行音频接口。

■ 接收一个外部输入时钟来产生精确的音频时间。

■ 可选的基于 DMA 的操作。

（3）IIS 总线立体声 DAC 接口：

■ 1 通道总线作为音频编解码器接口。

■ 可选的基于 DMA 的操作。

■ 串行，每通道 8/16 位的数据传输。

■ 支持 IIS，合理的 MSB 和合理的 LSB 数据格式。

■ 可以在主或从模式下操作。

■ 支持多种位时钟频率和编解码器的时钟频率。

■ 16、24、32、48fs 的位时钟频率和 256、384、512、768fs 的编解码器的时钟频率。

6. USB 特性

（1）USB OTG2.0 高速：

■ 符合 OTG 规格 1.0 版本补充的 USB 2.0 协议的 2.0 版本。

■ 配置只作为 OTG 设备、USB 1.1 设备、OTG 迷你主设备、或 USB 1.1 迷你主设备。

■ 支持高速（480 Mbps）、全速（12 Mbps）和低速（1.5 Mbps）。

（2）USB 主设备：

- 两个端口 USB 主设备。
- 符合 OHCI 1.0 版本。
- 符合 USB 规范 1.1 版本。
- 支持全速高达 12 Mbps。

7. IrDA v1.1 特性

（1）专用的 IrDA v1.1（1.152 Mbps 和 4 Mbps）。

（2）支持 FIR（4 Mbps）。

（3）SIR（111.5 kb/s）模式是由 UART 的 IrDA 1.0 模块支持的。

（4）内部 64 字节的 Tx/Rx FIFO。

8. 串行通行特性

（1）UART：

- 4 通道 UART 具有基于 DMA 或基于中断操作。
- 支持 5 位、6 位、7 位或 8 位串行数据传输/接收。
- 支持外部时钟用作 UART 操作（UCLK）。
- 可编程波特率。
- 支持 IrDA 1.0 SIR（115.2 kb/s）模式。
- 环回模式进行测试。
- 每个通道都有内部 64 字节的 Tx FIFO 和 64 字节的 Rx FIFO。

（2）IIC 总线接口：

- 1 通道多主设备 IIC 总线。
- 串行，8 位针对性和双向数据传输可在高达 100 kb/s 的标准模式下操作。
- 在快速模式高达 400 kb/s。

（3）SPI 接口：

- 2 通道串行外设接口。
- 64 字节缓冲器用来接收/传送。
- 基于 DMA 或基于中断操作。
- 50 Mbps 的发送/接收（全双工）。

（4）MIPI HSI：

- 单向高速串行接口。
- 支持发送和接收。
- 128 字节（32 位×32）TX FIFO。
- 256 字节（32 位×64）RX FIFO。
- 发送：PCLK b/s，接收：高达 100 Mbps。

9. 调制解调器接口特性

- 并行调制解调器芯片接口。
- 异步直接和间接 16 位 SRAM 式接口（i80 接口）。
- 片上 8KB 的双端口 SRAM 缓冲区直接接口。
- 片上写 FIFO 和读 FIFO（每 288 字），以支持间接脉冲数据传输。

10. GPIO 特性

188 个灵活配置的 GPIO。

11. 输入设备特性

（1）便携式键盘接口：

■ 支持 8×8 键盘矩阵转换电路。

■ 提供内部去抖滤波器。

（2）A/D 转换和触摸屏接口：

■ 8 通道复用 ADC。

■ 最大 500 k/s 采样和 10 位分辨率。

12. 存储器设备特性

MMC/SD 主设备：

■ 兼容多媒体卡协议版本 4.0。

■ 兼容 SD 存储卡的协议版本 1.0。

■ 128 字 FIFO 用作发送/接收。

■ 基于 DMA 或基于中断操作。

13. 系统外设特性

（1）DMA 控制器：

■ 四个通用 DMA 嵌入式。

■ 每个 DMA 有两个主端口 。

■ 每一个 DMA 支持 8 通道；完全支持 32 通道。

■ 支持存储器到存储器，外设到存储器，存储器到外设，和外设到外设。

■ 脉冲数据传输模式，以提高传输速率。

（2）矢量中断控制器：

■ 支持 32 个矢量 IRQ 中断。

■ 固定硬件中断优先级。

■ 可编程中断优先级。

■ 硬件中断优先级屏蔽。

■ IRQ 和 FIQ 生成。

■ 测试寄存器。

■ 原始中断状态。

■ 中断请求状态。

■ 支持 ARM v6 处理器 VIC 端口，在同步和异步模式，使其更快地中断服务。

（3）TrusZone 中断控制：

■ 在 TrustZone 设计中，提供了一个软件接口给安全中断系统的保护位。

■ 在安全控制下，从任何系统中断源 nFIQ 生成。

■ 从非安全中断控制器屏蔽的选择 nFIQ 中断。

（4）TrusZone 保护控制器：

■ 在 TrustZone 设计中，在一个安全的系统提供一个软件接口到保护位。

- AMBA APB 接口。

（5）具有 PWM 的定时器（脉宽调制）：

- 具有 PWM 的 4 通道 32 位定时器。

- 具有基于 DMA 或基于中断操作的 1 通道 32 位内部定时器。

- 可编程占空比周期，频率和极性。

- 死区生成。

- 支持外部时钟源。

（6）16 位看门狗定时器：

在超时时中断请求或系统复位。

（7）RTC（实时时钟）：

- 完全时钟特性：毫秒，秒，分，时，天，星期，月，年。

- 32.768 kHz 操作。

- 报警中断。

- 时间节拍中断。

14. 系统管理特性

系统操作频率 176JZF‐S 核心时钟频率最高是 667 MHz：

- 系统操作时钟产生。

- 三个片上 PLL，APLL，MPLL 和 EPLL。

- APLL 生成一个独立 ARM 操作时钟。

- MPLL 生成系统参考时钟。

- EPLL 产生用作外设 IP 的时钟。

2.1.2 S3C6410 的引脚名称

为了能清楚地描述 S3C6410 的引脚信号，下面将先根据 S3C6410 的引脚定义图，详细的介绍各个引脚的标号与定义。引脚顺序如图 2-1 所示。

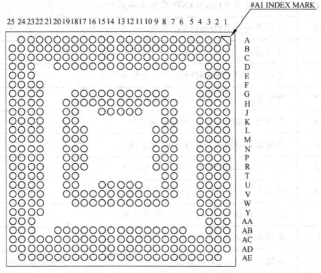

图 2-1　S3C6410 引脚图

2.1.3　S3C6410 引脚信号描述

下面根据 S3C6410 引脚所能实现的不同功能来进行分类描述。

1. 外部存储器接口

S3C6410 共享存储器端口（SROMC/OneNAND/NAND/ATA/DRAM0）具体信号描述如表 2-1 所示。

表 2-1　S3C6410 共享存储器端口信号

信号	I/O	描述
ADDR[15:0]	O	存储器端口 0 共同地址总线
DATA[15:0]	O	存储器端口 0 共同数据总线
nCS[7:6]	O	存储器端口 0 DRAM 片选支持高达两个存储页
nCS[5:4]	O	存储器端口 0 SROM/CF 片选支持高达两个存储页
nCS[3:2]	O	存储器端口 0 SROM/OneNAND/NAND Flash 片选支持高达两个存储页
nCS[1:0]	O	存储器端口 0 SROM 片选支持高达两个存储页
nBE[1:0]	O	存储器端口 0 SROM 字节有效
WAITn	I	存储器端口 0 SROM 等待
nOE	O	存储器端口 0 SROM/OneNAND 输出有效
new	O	存储器端口 0 SROM/OneNAND 写入有效
ADDRVALID	O	存储器端口 0 OneNAND 地址有效
SMCLK	O	存储器端口 0 OneNAND 时钟
RDY[0]	I	存储器端口 0 OneNAND 组件 0 准备
RDY[1]	I	存储器端口 0 OneNAND 组件 1 准备
INT[0]	I	存储器端口 0 OneNAND 组件 0 中断
INT[1]	I	存储器端口 0 OneNAND 组件 1 中断
RP	O	存储器端口 0 OneNAND 复位
ALE	O	存储器端口 0 NAND Flash 地址锁存有效
CLE	O	存储器端口 0 NAND Flash 命令锁存有效
FWEn	O	存储器端口 0 NAND Flash 写入有效
FREn	O	存储器端口 0 NAND Flash 读有效
RnB	I	存储器端口 0 NAND Flash 准备/忙
nIORD_CF	O	存储器端口 0 CF 读选通作为 I/O 模
nIOWR_CF	O	存储器端口 0 CF 写选通作为 I/O 模
IORDY	I	存储器端口 0 CF 从 CF 卡等待信号
INT	I	存储器端口 0 CF 从 ATAPI 控制器中
RESET	O	存储器端口 0 CF 卡复位

信号	I/O	描述
INPACK	I	存储器端口 0 CF 输入确认在 I/O 模
REG	O	存储器端口 0 CF 从 CF 卡中断请求
WEn	O	存储器端口 0 CF 写入有效选通
OEn	O	存储器端口 0 CF 输出有效选通
CDn	I	存储器端口 0 CF 卡检测
DQM[1:0]	O	存储器端口 0 DRAM 数据屏蔽
RAS	O	存储器端口 0 DRAM 行地址选通
CAS	O	存储器端口 0 DRAM 列地址选通
SCLK	O	存储器端口 0 DRAM 时钟
SCLKn	O	存储器端口 0 DRAM 反转时钟的 Xm0SCLK
SCKE	O	存储器端口 0 DRAM 时钟有效
DQS[1:0]	IO	存储器端口 0 DRAM 数据选通
WEn	O	存储器端口 0 DRAM 写入有效
AP	O	存储器端口 0 DRAM 自动预充电

S3C6410 共享存储器端口（SROMC/ DRAM1）具体信号描述如表 2-2 所示。

表 2-2　S3C6410 共享存储器端口（SROMC/ DRAM1）信号

信号	I/O	描述
Xm1CKE[1:0]	O	存储器端口 1 DRAM 时钟有效
Xm1SCLK	O	存储器端口 1 DRAM 时钟
Xm1SCLKn	O	存储器端口 1 DRAM 反转时钟的 Xm1SCLK
Xm1CSn[1:0]	O	存储器端口 1 DRAM 片选支持高达两个存储页
Xm1ADDR[15:0]	O	存储器端口 1 DRAM 地址总线
Xm1RASn	O	存储器端口 1 DRAM 行地址选通
Xm1CASn	O	存储器端口 1 DRAM 列地址选通
Xm1WEn	O	存储器端口 1 DRAM 写入有效
Xm1DATA[15:0]	IO	存储器端口 1 DRAM 低于半数据总线
Xm1DATA[31:16]	IO	可以作为存储器端口 1 DRAM 高于半数据总线使用,通过吸同控制器设置
Xm1DQM[3:0]	O	存储器端口 1 DRAM 数据屏蔽
Xm1DQS[3:0]	IO	存储器端口 1 DRAM 数据选通

2. 串行通信

UART/IrDA/CF 具体信号描述如表 2-3 所示。

表 2-3　UART/IrDA/CF 信号

信号	I/O	描　述
XuRXD[0]	I	UART 0 接收数据输入
XuTXD[0]	O	UART 0 传输数据输出
XuCTSn[0]	I	UART 0 清除发送数据信号
XuRTSn[0]	O	UART 0 请求发送输出信号
XuRXD[1]	I	UART 1 接收数据输入
XuTXD[1]	O	UART 1 传输数据输出
XuCTSn[1]	I	UART 1 清除发送数据信号
XuRTSn[1]	O	UART 1 请求发送输出信号
XuRXD[2]	I	UART 2 接收数据输入
XuTXD[2]	O	UART 2 传输数据输出
XuRXD[3]	I	UART 3 接收数据输入
XuTXD[3]	O	UART 3 传输数据输出
XirSDBW	O	IrDA 收发控制信号(关机和带宽控制)
XirRXD	I	IrDA 接收数据
XirTXD	O	IrDA 发送数据
ADDR_CF[2:0]	O	CF 卡地址
EINT1[12:0]	I	外部中断 1

IIC 总线具体信号描述如表 2-4 所示。

表 2-4　IIC 总线信号

信号	I/O	描　述
Xi2cSCL	IO	IIC 总线时钟
Xi2cSDA	IO	IO IIC 总线数据
EINT1[14:13]	I	外部中断 1

SPI（2 通道）具体信号描述如表 2-5 所示。

表 2-5　SPI（2 通道）信号

信号	I/O	描　述
XspiMISO[0]	IO	SPI MISO[0]SPI 主设备数据输入线路
XspiCLK[0]	IO	SPI CLK[0]SPI 时钟作为通道 0
XspiMOS[0]	IO	SPI MOS[0]SPI 主设备数据输出线路
XspiCS[0]	IO	SPI 片选(只对于从模式)
XspiMISO[1]	IO	SPI MISO[1]SPI 主设备数据输入线路
XspiCLK[1]	IO	SPI CLK[1]SPI 时钟作为通道 1
XspiMOS[1]	IO	SPI MOS[1]SPI 主设备数据输出线路
XspiCS[1]	IO	SPI 片选(只对于从模式)
ADDR_CF[2:0]	O	CF 卡地址
EINT2[7:2]	I	外部中断 2
XmmcCMD2	IO	命令/响应(SD/SDIO/MMC 卡接口通道 2)
XmmcCLK2	O	时钟(SD/SDIO/MMC 卡接口通道 2)

PCM（2 通道）/IIS/AC97 具体信号描述如表 2-6 所示。

表 2-6   PCM（2 通道）/IIS/AC97 信号

信号	I/O	描述
XpcmDCLK[0]	O	PCM 串行移动时钟
XpcmEXTCLK[0]	I	可选参考时钟
XpcmFSYNC[0]	O	PCM 同步指示字的开始
XpcmSIN[0]	I	PCM 串行数据输入
XpcmSOUT[0]	O	PCM 串行数据输出
XpcmDCLK[1]	O	PCM 串行移动时钟
XpcmEXTCLK[1]	I	可选参考时钟
XpcmFSYNC[1]	O	PCM 同步指示字的开始
XpcmSIN[1]	I	PCM 串行数据输入
XpcmSOUT[1]	O	PCM 串行数据输出
Xi2sLRCK[1:0]	IO	IIS 总线通道选择时钟
Xi2sCDCLK[1:0]	O	IIS 编解码器系统时钟
Xi2sCLK[1:0]	IO	IIS 总线串行时钟
Xi2sDI[1:0]	I	IIS 总线串行数据输入
Xi2sDO[1:0]	O	IIS 总线串行数据输出
X97BITCLK	I	AC-Link 位总线（12.288 MHz）从 AC97 编解码器到 AC97 控制器
X97RESETn	O	AC-Link 复位至编解码器
X97SYNC	O	从 AC97 控制器 AC-Link 帧同步（采样频率 48 kHz）
X97SDI	I	AC-Link 串行数据输入从 AC97 编解码器
X97SDO	O	AC-Link 串行数据输出至 AC97 编解码器
ADDR_CF[2:0]	O	CF 卡地址
EINT3[4:0]	I	外部中断 3

USB 主设备具体信号描述如表 2-7 所示。

表 2-7   USB 主设备信号

信号	I/O	描述
XuhDN	IO	USB 数据引脚 DATA（-）用作 USB1.1 主设备
XuhDP	IO	USB 数据引脚 DATA（+）用作 USB1.1 主设备

USB OTG 具体信号描述如表 2-8 所示。

表 2-8   USB OTG 信号

信号	I/O	描述
XusbDP	IO	USB 数据引脚 DATA（+）
XusbDM	IO	USB 数据引脚 DATA（-）
XusbXTI	I	晶体振荡器 XI 信号
XusbXTO	I	晶体振荡器 XO 信号
XusbREXT	IO	外部 3.4 kΩ（+/-1%）电阻连接
XusbVBUS	IO	USB 迷你插座 Vbus
XusbID	I	USB 迷你插座标识
XusbDRVVBUS	O	驱动 Vbus 作为芯片外电荷泵

3. 并行通信

外部中断具体信号描述如表 2-9 所示。

表 2-9 外部中断信号

信号	I/O	描 述
XEINT[15:0]	I	外部中断
XkpROW[7:0]	I	便携式键盘 I/F 行
ADDR_CF[2:0]	O	CF 卡地址

4. 调制解调器接口

主设备 I/F/HIS（MIPI）/Key I/F/ATA 具体信号描述如表 2-10 所示。

表 2-10 主设备 I/F/HIS（MIPI）/Key I/F/ATA 信号

信号	I/O	描 述
XhiCSn	I	片选，通过调制解调器芯片驱动
XhiCSn_main	I	片选作为主 LCD 旁路，通过调制解调器芯片驱动
XhiCSn_sub	I	片选作为子 LCD 旁路，通过调制解调器芯片驱动
XhiWEn	I	写入使能，通过调制解调器芯片驱动
XhiOEn	I	读使能，通过调制解调器芯片驱动
XhiNTR	O	调制解调器芯片中断请求
XhiADDR[12:0]	I	地址总线，通过调制解调器芯片驱动
XhiDATA[17:0]	IO	数据总线，通过调制解调器芯片驱动
XEINT[27:16]	I	外部中断
XkpCOL[7:0]	O	便携式键盘接口列输出
XhrxREADY	O	准备信号指示传输一个新的物理层帧可以开始
XhrxWAKE	I	唤醒信号用来指示接收器发射将开始一个传输
XhpROW[7:0]	I	便携式键盘接口行输入
DATA_CF [15:0]	IO	CF 卡数据
CE_CF[1:0]	O	CF 卡使能选通
IORE_CF	O	CF 读选通为 I/O 模式
IOWR_CF	O	CF 写选通为 I/O 模式
IORDY_CF	I	CF 从 CF 卡等待信号
ADDR_CR[2:0]	O	CF 卡地址

PWM 具体信号描述如表 2-11 所示。

表 2-11 PWM 信号

信号	I/O	描 述
XpwmECLK	I	PWM 定时器外部时钟
XpwmTOUT[1:0]	O	PWM 定时器输出
XCLKOUT	O	时钟输出信号
EINT4[13]	I	外部中断 4

5. 图像/视频处理图像/

相机接口具体信号描述如表 2-12 所示。

表 2-12 相机接口信号

信号	I/O	描述
XciCLK	O	主时钟相机处理器 A
XciHREF	I	水平同步，通过相机处理器 A 驱动
XciPCLK	I	像素时钟，通过相机处理器 A 驱动
XciVSYNC	I	垂直同步，通过相机处理器 A 驱动
XciRSTn	O	软件复位到相机处理器 A 驱动
XciYDATA[7:0]	I	在 8 位模式，像素数据为 YCbCr，或在 16 位模式下为 Y，通过相机处理器 A 驱动
EINT4[12:0]	I	外部中断 4

6. 显示器控制

2 通道 DAC 具体信号描述如表 2-13 所示。

表 2-13 2 通道 DAC 信号

信号	I/O	描述
XdacVREF	AI	参考电压输入
XdaclREF	AI	外部寄存器连接
XdacCOMP	AI	外部电容器连接
XdacOUT_0	AO	DAC 模拟输出
XdacOUT_1	AO	DAC 模拟输出

ADC 具体信号描述如表 2-14 所示。

表 2-14 ADC 信号

信号	I/O	描述
Xdac_AIN [7:0]	AI	ADC 模拟输入

PLL 具体信号描述如表 2-15 所示。

表 2-15 PLL 信号

信号	I/O	描述
XpllEFILTER		环路滤波器电容器

7. 存储设备

MMC 2 通道具体信号描述如表 2-16 所示。

表 2-16 MMC 2 通道信号

信号	I/O	描述
XmmcCLK0	O	时钟（SD/SDIO/MMC 卡接口通道 0）
XmmcCMD0	IO	命令/响应（SD/SDIO/MMC 卡接口通道 0）

信号	I/O	描 述
XmmcDAT0[3:0]	IO	数据（SD/SDIO/MMC 卡接口通道 0）
XmmcCDN0	I	卡删除（SD/SDIO/MMC 卡接口通道 0）
XmmcCLK1	O	时钟（SD/SDIO/MMC 卡接口通道 1）
XmmcCMD1	IO	命令/响应（SD/SDIO/MMC 卡接口通道 1）
XmmcDAT1[7:0]	IO	数据（SD/SDIO/MMC 卡接口通道 1）
XmmcCLK2	O	时钟（SD/SDIO/MMC 卡接口通道 2）
XmmcCMD2	IO	命令/响应（SD/SDIO/MMC 卡接口通道 2）
XmmcDAT2[3:0]	IO	数据（SD/SDIO/MMC 卡接口通道 2）
ADDR_CF[2:0]	O	CF 卡地址
EINT5[6:0]	I	外部中断 5
EINT 6[9:0]	I	外部中断 6

8. 系统管理器

复位具体信号描述如表 2-17 所示。

表 2-17 复位信号

信号	I/O	描 述
XnRESET	I	XnRESET 暂停任何操作在处理和取代 S3C6410 到一个已知的复位状态。对于复位，XnRESET 必须保持 L 电平至少四个 FCLK，在处理器功率稳定下来之后
XnWRESET	I	系统热复位。当维护 SDRAM 内容时复位整个系统
XsRSTOUTn	O	外部设备复位控制（sRSTOUTn = nRESET & nWDTRST &SW_RESET）

时钟具体信号描述如表 2-18 所示。

表 2-18 时钟信号

信号	I/O	描 述
XrtcXTI	I	RTC 32 kHz 晶体输入
XrtcXTO	O	RTC32 kHz 晶体输出
X27mXTI	I	显示器模式 27 MHz 晶体输入
X27mXTO	O	显示器模式 27 MHz 晶体输出
XXTI	I	内部振荡器电路晶体输入
XXTO	O	内部振荡器电路晶体输出
XEXTCLK	I	外部时钟源

JTAG 具体信号描述如表 2-19 所示。

表 2-19　JTAG 信号

信号	I/O	描　述
XjTRSTn	I	XjTRSTn(TAP 控制器复位)在开始复位 TAP 控制器。如果使用调试器,一个 10 kΩ上拉电阻必须被连通。如果不使用调试器,XjTRSTn 引脚必须在 L 或低又小脉冲
XjTMS	O	XjTMS(TAP 控制器模式选择)控制 TAP 控制器状态的顺序。一个 10 kΩ的上拉电阻必须被接到 TMS 引脚
XjTCK	I	XjTCK(TAP 控制器时钟)提供 JTAG 逻辑的时钟输入。一个 10 kΩ的下拉电阻必须被连接到 TMS 引脚
XjRTCK	O	XjRTCK(TAP 控制器返回的时钟)提供 JTAG 逻辑时钟输出
XjTDI	I	XjTDI(TAP 控制器数据输入)是测试指令和数据的串行输入。一个 10 kΩ的上拉电阻必须连接到 TDI 引脚
XjTDO	O	XjTDO(TAP 控制器数据输出)测试指令和数据的串行输入。它可能通过 GPIO 电阻控制下拉
XjDBGSEL	I	JTAG 选择 1:外设 JTAG;0:ARM1176JZF-S 核心 JTAG

MISC 具体信号描述如表 2-20 所示。

表 2-20　MISC 信号

信号	I/O	描　述
XOM[4:0]	I	操作模式选择
XPWRRGTON	O	功率调节器使能
XSELNAND	I	选择 Flash 存储器。1:OneNAND, 1:NAND
XnBATF	I	电池故障指示

9. 电源组

VDD 具体信号描述如表 2-21 所示。

表 2-21　VDD 信号

信号	I/O	描　述	电压/V
VDDALIVE	P	带电组件的内部 VDD	1.0
VDDARM	P	ARM1176 核和缓存的内部 VDD	TBD
VDDINT	P	逻辑的内部 VDD	TBD
VDDMPLL	P	MPLL 核的 VDD	TBD
VDDEPLL	P	APLL 核的 VDD	TBD
VDDOTG	P	EPLL 核的 VDD	3.3
VDDOTGI	p	USB OTG PHY 的 VDD	1.0
VDDMMC	p	USB OTG PHY 的内部 VDD	2.5 ~ 3.3
VDDHI	p	SDMM 的 IO VDD	2.5 ~ 3.3

信号	I/O	描　　述	电压/V
VDDLCD	p	主设备 I/F 的 IO VDD	2.5～3.3
VDDPCM	p	LCD 的 IO VDD	2.5～3.3
VDDEXT	p	PCM 的 IO VDD（音频 I/F-I²S, AC97）	3.3
VDDSYS	p	外部 I/F 的 IO VDD（UART, I²C, 相机 I/F, USB 主设备等）	3.3
VDDADC	p	ADC 核和 IO 的 VDD	3.3
VDDDAC	p	DAC 核和 IO 的 VDD	3.3
VDDRTC	p	RTC 逻辑和 IO 的 VDD	2.5
VDDM0	p	存储器端口 0 的 IO VDD	1.8～2.5
VDDM1	p	存储器端口 1 的 IO VDD	1.8～2.5

VSS 具体信号描述如表 2-22 所示。

表 2-22　VSS 信号

信号	I/O	描　　述
VSSIP	G	内部逻辑接地&ARM1176 核和缓存
VSSMEM	G	存储器端口 0 和 1 的 IO 接地
VSSOTG	G	USB OTG PHY 的接地
VSSOTGI	G	USB OTG PHY 的内部接地
VSSPERI	P	USB 主设备, SDMMC, 主设备 I/F, LCD, PCM, 外部 I/F 和系统控制器
VSSAPLL	G	APLL 核接地
VSSMPLL	G	MPLL 核接地
VSSEPLL	G	EPLL 核接地
VSSADC	G	ADC 核接地
VSSDAC	G	DAC 核接地

注意：

（1）I/O 表示输入/输出；

（2）AI/AO 表示模拟输入/输出；

（3）ST 表示施密特触发；

（4）P 表示电源。

2.2　存储器映射

S3C6410 支持 32 位物理地址域，并且这些地址域分成两部分，一部分用于存储，另一部分用于外设。

2.2.1　存储器系统模块图

通过 SPINE 总线访问主存，主存的地址范围是 0x0000_0000～0x6FFF_FFFF。主存部分分成四个区域：引导镜像区、内部存储区、静态存储区和动态存储区。

引导镜像区的地址范围是从 0x0000_0000 ~ 0x07FF_FFFF，但是没有实际的映射内存。引导镜像区反映一个镜像，这个镜像指向内存的一部分区域或者静态存储区。引导镜像的开始地址是 0x0000_0000。

内部存储区用于启动代码访问内部 ROM 和内部 SRAM，也被称作 Steppingstone。每块内部存储器的起始地址是确定的。内部 ROM 的地址范围是 0x0800_0000 ~ 0x0BFF_FFFF，但是实际存储仅 32KB。该区域是只读的，并且当内部 ROM 启动被选择时，该区域能映射到引导镜像区。内部 SRAM 的地址范围是 0x0C00_0000 ~ 0x0FFF_FFFF，但是实际存储仅 4KB。该区域能被读和写，当 NAND 闪存启动被选择时能映射到引导镜像区。

静态存储区的地址范围是 0x1000_0000 ~ 0x3FFF_FFFF。通过该地址区域能访问 SROM、SRAM、NOR Flash、同步 NOR 接口设备和 Steppingstone。每一块区域代表一个芯片选择，例如，地址范围从 0x1000_0000 ~ 0x17FF_FFFF 代表 Xm0CSn[0]。每一个芯片选择的开始地址是固定的。NAND Flash 和 CF/ATAPI 不能通过静态存储区访问，因此任何 Xm0CSn[5:2]映射到 NFCON 或 CFCON，相关地址区域应当被访问。一个例外，如果 Xm0CSn[2]用于 NAND Flash，Steppingstone 映射到存取区从 0x2000_0000 ~ 27FF_FFFF。

动态存储区的地址范围是 0x4000_0000 ~ 0x6FFF_FFFF。DMC0 有权使用地址 0x4000_0000 ~ 0x4FFF_FFFF，并且 DMC1 有权使用地址 0x5000_0000 ~ 0x6FFF_FFFF。对于每一块芯片选择的起始地址是可以进行配置的。

外设区域通过 PERI 总线被访问，它的地址范围是 0x7000_0000 ~ 0x7FFF_FFFF。这个地址范围的所有的 SFR 能被访问。而且如果数据需要从 NFCON 或 CFCON 传输，这些数据需要通过 PERI 总线传输。存储器系统模块的地址映射图，如图 2-2 所示。

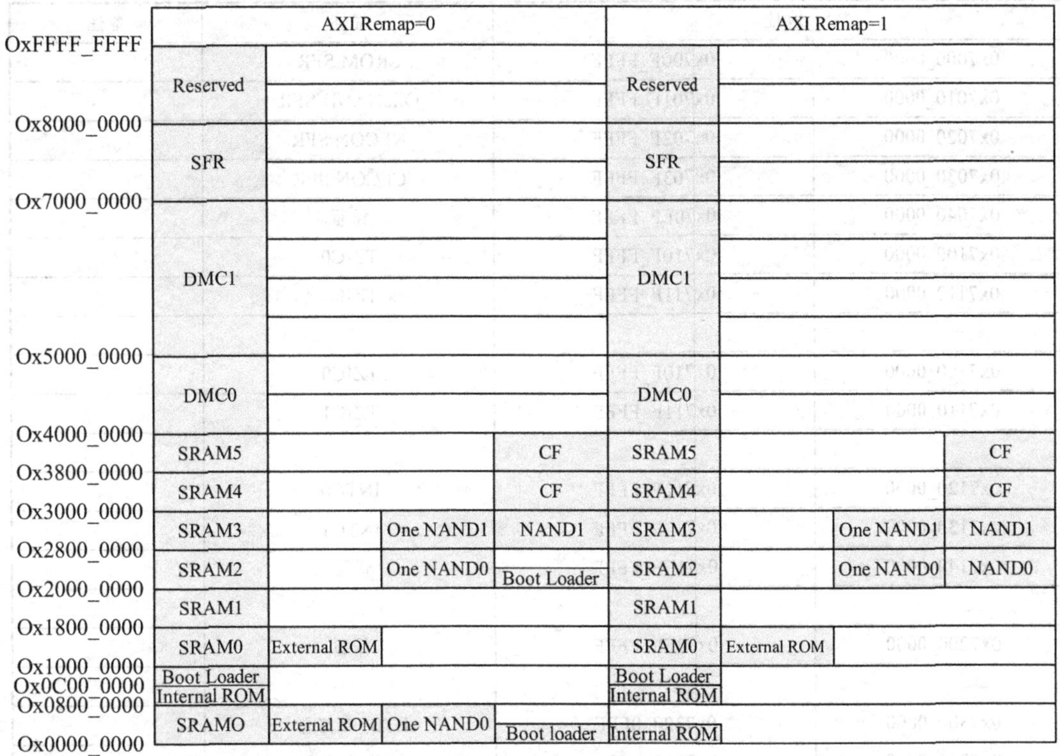

地址	AXI Remap=0				AXI Remap=1			
0xFFFF_FFFF	Reserved				Reserved			
0x8000_0000	SFR				SFR			
0x7000_0000	DMC1				DMC1			
0x5000_0000	DMC0				DMC0			
0x4000_0000	SRAM5			CF	SRAM5			CF
0x3800_0000	SRAM4			CF	SRAM4			CF
0x3000_0000	SRAM3		One NAND1	NAND1	SRAM3		One NAND1	NAND1
0x2800_0000	SRAM2		One NAND0	NAND0 / Boot Loader	SRAM2		One NAND0	NAND0
0x2000_0000	SRAM1				SRAM1			
0x1800_0000	SRAM0	External ROM			SRAM0	External ROM		
0x1000_0000 0x0C00_0000	Boot Loader Internal ROM				Boot Loader Internal ROM			
0x0800_0000 0x0000_0000	SRAMO	External ROM	One NAND0	Boot loader / Internal ROM				

图 2-2　地址映射

2.2.2 特殊设备地址空间

表 2-23 显示了特殊设备地址空间的描述。

表 2-23　特殊设备地址空间

地址		大小/MB	描述	备注
0x0000_0000	0x07FF_FFFF	128	Remap 0：SRAM0 或 Boot Loader Remap 1：内部 ROM	被映射区域
0x0800_0000	0x0BFF_FFFF	64	内部 ROM	
0x0C00_0000	0x0FFF_FFFF	64	Stepping Stone （Boot Loader）	
0x1000_0000	0x17FF_FFFF	128	SMC Bank 0	
0x1800_0000	0x1FFF_FFFF	128	SMC Bank 1	
0x2000_0000	0x27FF_FFFF	128	SMC Bank 2	
0x2800_0000	0x2FFF_FFFF	128	SMC Bank 3	
0x3000_0000	0x37FF_FFFF	128	SMC Bank 4	
0x3800_0000	0x3FFF_FFFF	128	SMC Bank 5	
0x4000_0000	0x47FF_FFFF	128	存储器端口 1 DDR/SDRAM Bank0	
0x4800_0000	0x4FFF_FFFF	128	存储器端口 1 DDR/SDRAM Bank1	
0x5000_0000	0x5FFF_FFFF	256	存储器端口 2 DDR/SDRAM Bank0	
0x6000_0000	0x6FFF_FFFF	256	存储器端口 2 DDR/SDRAM Bank1	

表 2-24 显示了 AHB 总线存储器映射。

表 2-24　AHB 总线存储器映射

地址		描述	备注
0x7000_0000	0x700F_FFFF	SROM SFR	
0x7010_0000	0x701F_FFFF	OneNAND SFR	
0x7020_0000	0x702F_FFFF	NFCON SFR	
0x7030_0000	0x703F_FFFF	CFCON SFR	
0x7040_0000	0x70FF_FFFF	保留	
0x7100_0000	0x710F_FFFF	TZIC0	
0x7110_0000	0x711F_FFFF	TZIC1	
0x7100_0000	0x710F_FFFF	TZIC0	
0x7110_0000	0x711F_FFFF	TZIC1	
0x7120_0000	0x712F_FFFF	INTC0	
0x7130_0000	0x713F_FFFF	INTC1	
0x7140_0000	0x71FF_FFFF	保留	
0x7200_0000	0x72FF_FFFF	保留	
0x7300_0000	0x7300_0FFF	ETB 存储器	
0x7310_0000	0x731F_FFFF	ETB 寄存器	

地址		描述	备注
0x7320_0000	0x73FF_FFFF	保留	
0x7400_0000	0x740F_FFFF	间接主机 I/F	
0x7410_0000	0x741F_FFFF	直接主机 I/F	
0x7420_0000	0x742F_FFFF	保留	
0x7430_0000	0x743F_FFFF	USB Host	
0x7440_0000	0x744F_FFFF	MDP I/F	
0x7450_0000	0x74FF_FFFF	保留	
0x7500_0000	0x750F_FFFF	DMA0	
0x7510_0000	0x751F_FFFF	DMA1	
0x7520_0000	0x752F_FFFF	保留	
0x7530_0000	0x753F_FFFF	保留	
0x7540_0000	0x75FF_FFFF	保留	
0x7600_0000	0x760F_FFFF	保留	
0x7610_0000	0x761F_FFFF	2D 图形	
0x7620_0000	0x762F_FFFF	TV 编码器	
0x7630_0000	0x763F_FFFF	TV 定标器	

表 2-25 显示了 APB 总线存储器映射。

表 2-25 APB 总线存储器映射

地址		描述	备注
0x7640_0000	0x76FF_FFFF	保留	
0x7700_0000	0x770F_FFFF	Post 处理器	
0x7710_0000	0x771F_FFFF	LCD 控制器	
0x7720_0000	0x772F_FFFF	旋转器	
0x7730_0000	0x77FF_FFFF	保留	
0x7800_0000	0x783F_FFFF	相机 I/F	
0x7840_0000	0x787F_FFFF	保留	
0x7880_0000	0x78BF_FFFF	JPEG	
0x78C0_0000	0x78FF_FFFF	保留	
0x7900_0000	0x79FF_FFFF	保留	
0x7A00_0000	0x7AFF_FFFF	保留	
0x7B00_0000	0x7BFF_FFFF	保留	
0x7C00_0000	0x7C0F_FFFF	USB OTG	
0x7C10_0000	0x7C1F_FFFF	USB OTG SFR	

地址		描述	备注
0x7C20_0000	0x7C2F_FFFF	SD-MMC 控制器 0(高速/CE-ATA)	
0x7C30_0000	0x7C3F_FFFF	SD-MMC 控制器 1(高速/CE-ATA)	
0x7C40_0000	0x7C4F_FFFF	SD-MMC 控制器 2(高速/CE-ATA)	
0x7C50_0000	0x7C5F_FFFF	保留	
0x7D00_0000	0x7D0F_FFFF	D&I(安全总线系统配置)SFR	
0x7D10_0000	0x7D1F_FFFF	AES_RX	
0x7D20_0000	0x7D2F_FFFF	DES_RX	
0x7D30_0000	0x7D3F_FFFF	HASH(SHA/PRNG)_RX	
0x7D40_0000	0x7D4F_FFFF	RX FIFO SFR	
0x7D50_0000	0x7D5F_FFFF	AES_TX	
0x7D60_0000	0x7D6F_FFFF	DES_TX	
0x7D70_0000	0x7D7F_FFFF	HASH(SHA/PRNG)_TX	
0x7D80_0000	0x7D8F_FFFF	TX FIFO SFR	
0x7D90_0000	0x7D9F_FFFF	RX_FIFO	
0x7DA0_0000	0x7DAF_FFFF	TX_FIFO	
0x7DB0_0000	0x7DBF_FFFF	SDMA0	
0x7DC0_0000	0x7DCF_FFFF	SDMA1	

表 2-26 显示了 APB 总线存储器映射。

表 2-26 APB 总线存储器映射

地址		描述	备注
0x7DD0_0000	0x7DFF_FFFF	保留	
0x7E00_0000	0x7E00_0FFF	DMC0 SFR	
0x7E00_1000	0x7E00_1FFF	DMC1 SFR	
0x7E00_2000	0x7E00_2FFF	MFC SFR	
0x7E00_3000	0x7E00_3FFF	保留	
0x7E00_4000	0x7E00_4FFF	看门狗定时器	
0x7E00_5000	0x7E00_5FFF	RTC	
0x7E00_6000	0x7E00_6FFF	HSI TX	
0x7E00_7000	0x7E00_7FFF	HIS RX	
0x7E00_8000	0x7E00_8FFF	保留	
0x7E00_9000	0x7E00_9FFF	保留	
0x7E00_A000	0x7E00_AFFF	键盘 I/F	
0x7E00_B000	0x7E00_BFFF	ADC/触摸屏	
0x7E00_C000	0x7E00_CFFF	ETM	
0x7E00_D000	0x7E00_DFFF	Key	
0x7E00_E000	0x7E00_EFFF	芯片 ID	
0x7E00_F000	0x7E00_FFFF	系统控制器	

地址		描述	备注
0x7F00_0000	0x7F00_0FFF	TZPC	
0x7F00_1000	0x7F00_1FFF	AC97	
0x7F00_2000	0x7F00_2FFF	IIS 通道 0	
0x7F00_3000	0x7F00_3FFF	IIS 通道 1	
0x7F00_4000	0x7F00_4FFF	IIC	
0x7F00_5000	0x7F00_5FFF	UART	
0x7F00_6000	0x7F00_6FFF	PWM 定时器	
0x7F00_7000	0x7F00_7FFF	IrDA	
0x7F00_8000	0x7F00_8FFF	GPIO	
0x7F00_9000	0x7F00_9FFF	PCM 通道 0	
0x7F00_A000	0x7F00_AFFF	PCM 通道 1	
0x7F00_B000	0x7F00_BFFF	SPI0	
0x7F00_C000	0x7F00_CFFF	SPI1	
0x7F00_D000	0x7F00_DFFF	保留	
0x7F00_E000	0x7F00_EFFF	保留	
0x7F00_F000	0x7F00_FFFF	保留	

2.3 系统控制器

本小节主要介绍系统控制器在 S3C6410 RISC 微处理器中的功能和使用。系统控制器由两部分组成：分别是系统时钟控制和系统电源管理控制。系统时钟控制逻辑，在 S3C6410 中生成所需的系统时钟信号，用于 CPU 的 ARMCLK、AXI/AHB 总线外设的 HCLK 和 APB 总线外设的 PCLK。在 S3C6410 中有三个 PLL，一个仅用于 ARMCLK，一个用于 HCLK 和 PCLK，最后一个用于外设，特别用于音频相关的时钟。通过外部提供的时钟源，时钟控制逻辑产生慢速时钟信号 ARMCLK、HCLK 和 PCLK。该每个外设块的时钟信号可能被启用或禁用，由软件控制以减少电源消耗。

在电源控制逻辑中，S3C6410 有多种电源管理方案，以保持电力系统的最佳消耗，用于一个给定的任务。在 S3C6410 中，电源管理由四个模块组成：通用时钟门控模式、空闲模式、停止模式和睡眠模式。

在 S3C6410 中，通用时钟门控模式用来控制内部外设时钟的开/关。可以通过用于外设所要求的特定应用提供时钟，使用通用时钟门控模式来优化 S3C6410 的电源消耗。例如：如果定时器没有要求，则可以中断时钟定时器，以降低功耗。

闲置模式仅中断 ARMCLK 到 CPU 内核，它提供时钟给所有外设。通过使用闲置模式，电力消耗通过 CPU 内核而减少。

停止模式通过禁用 PLL 冻结所有时钟到 CPU 以及外设。在 S3C6410 中，电力消耗仅因为漏电流。

睡眠模式断开内部电源。因此，电力消耗除了唤醒逻辑，CPU 和内部逻辑将为零。为了使用睡眠模式，两个独立的电源是必需的。两个电源中的一个用于唤醒逻辑提供电力，另一个提供其他内部逻辑，包括 CPU 和为了旋转开/关所必须进行的控制。

2.3.1 系统控制器的特性

系统控制器包含的特性有以下几个方面：

- 三个 PLL：ARM PLL，主 PLL，额外的 PLL（这些模块用于使用特殊频率）。
- 五种省电模式：正常，闲置，停止，深度停止和睡眠。
- 五种可控制的电源范围：domain-V，domain-I，domain-P，domain-F，domain-S。
- 内部子块的控制操作时钟。
- 控制总线优先权。

2.3.2 功能描述

这部分主要介绍 S3C6410 系统控制器的功能。包含时钟的体系结构，复位设计和电源管理模式。

1. 硬件体系结构

如图 2-3 所示，说明了 S3C6410 的结构框图。S3C6410 是由 ARM1176 处理器、几个多媒体协处理器和各种外设 IP 组成的。ARM1176 处理器是通过 64 位 AXI 总线连接到几个内存控制器上的，这样做是为了满足带宽需求。多媒体协处理器分为五个电源域，包括 MFC（多格式编解码器）、JPEG、Camera 接口、TV 译码器等。当 IP 没有被一个应用程序所要求时，五个电源域可以进行独立控制，以减少不必要的电力消耗。

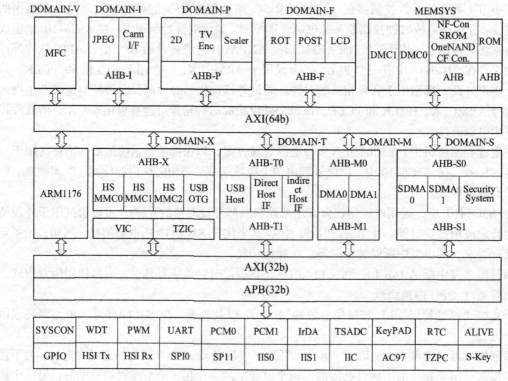

图 2-3　S3C6410 的结构框图

2. 时钟体系结构

如图 2-4 所示，说明了时钟发生器模块的结构框图。时钟源在外部晶体（XXTIpll）和外部时钟（XEXTCLK）两者之间进行选择。该时钟发生器由三个 PLL（锁相环）组成，产生高频率的时钟信号可以达到 1.6 GHz。

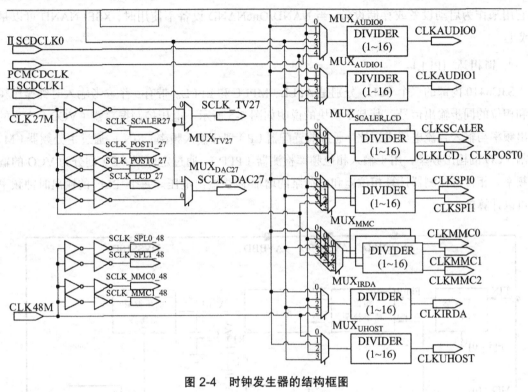

图 2-4 时钟发生器的结构框图

3. 时钟源的选择

内部时钟会产生用于外部的时钟源，其说明如表 2-27 所示。当外部复位信号被声明时，OM[4：0]引脚决定了 S3C6410 的操作模式。OM[0]引脚选择外部时钟源，例如，如果 OM[0]是 0，则 XXTIpll（外部晶体）被选择。否则，XEXTCLK 被选择。

表 2-27 启动时设备操作模式的选择

OM[4:0]	启动设备	功能	时钟源
0000X		AdvFlash=0，AddrCycle=3	
0001X	NAND	AdvFlash=0，AddrCycle=4	
0010X		AdvFlash=1，AddrCycle=4	
0011X		AdvFlash=1，AddrCycle=5	如果 OM[0] 是 0，XXTIpll 被选择。
0100X	SROM	-	
0101X	NOR（26 位）	-	如果 OM[0] 是 1，XEXTCLK 被选择
0110X	OneNAND	-	
0111X	MODEM	-	
RESERVED	保留		
1111X	内部 ROM		

操作模式根据启动设备主要分为六种类别。启动设备可以是 NAND、SROM、NOR、OneNAND、MODEM 和内部 ROM 中的一种。当启动设备是 NAND 时，可以选择的额外的特征如表 2-27 所示。当 NAND Flash 设备被使用时，XSELNAND 引脚必须是 1，无论它用来作为启动设备或存储设备。当 OneNAND Flash 设备被使用时，XSELNAND 引脚必须是 0，无论它用来作为启动设备或存储设备。当 NAND/OneNAND 设备不使用时，XSELNAND 可以是 0 或 1。

4. 锁相环（PLL）

S3C6410 内部的三个 PLL，分别是 APLL、MPLL 和 EPLL。带有一个参考输入时钟操作频率和相位的同步输出信号。其基本模块的说明如图 2-5 所示。电压控制振荡器（VCO）产生的输出频率与输入直流电压成正比。通过前置配器（P）划分输入频率（FIN）。通过主分频器（M）分割 VCO 的输出频率，用于输入相位频率检测器（PFD）。通过定标器（S）划分为 VCO 的输出频率。相位差探测器计算相位差和电荷泵的增加/减少输出电压。每个 PLL 的输出时钟频率是可以计算的。

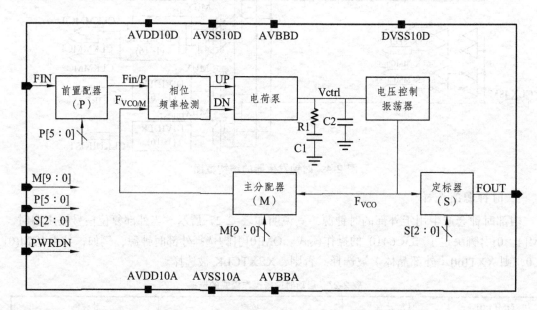

图 2-5　PLL 结构框图（只有 APLL，MPLL）

5. PLL 和输入参考时钟之间时钟选择

图 2-6 说明了时钟发生器逻辑。S3C6410 有三个 PLL，APLL 用于 ARM 时钟操作，MPLL 用于主时钟操作，EPLL 用于特殊用途。时钟操作被分为三组。第一组是 ARM 时钟，从 APLL 产生。MPLL 产生主系统时钟，用于 AXI、AHB 和 APB 总线操作。最后一组从 EPLL 产生，主要用于外设 IP，如 UART、IIS 和 IIC 等。

CLK_SRC 寄存器的最低三位控制三组时钟源。当对应位为 0 时，则输入时钟绕过这一组，否则，PLL 输出将被应用到这一组。

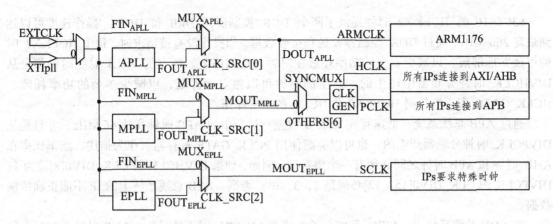

图 2-6 从 PLL 输出时钟发生器

6. ARM 和 AXI/AHB/APB 总线时钟发生器

S3C6410 的 ARM1176 处理器运行时最大可达 227 MHz。操作频率可以通过内部时钟分频器来控制，DIVARM 没有改变 PLL 频率，该分频器的比率从 1 ～ 8 不同。ARM 处理器降低了运行速度，以减少功耗。

S3C6410 由 AXI 总线、AHB 总线和 APB 总线组成，以优化性能要求。内部的 Ips 连接到适当的总线系统，以满足 I/O 带宽和操作性能。当在 AXI 总线或 AHB 总线上时，操作速度最高可达 133 MHz。当在 APB 总线上时，最高的操作速度可以达到 66 MHz。而且，总线速度在 AHB 和 APB 之间高度依赖同步数据传输。如图 2-7 所示，该图说明了总线时钟发生器部分满足总线系统时钟的要求。

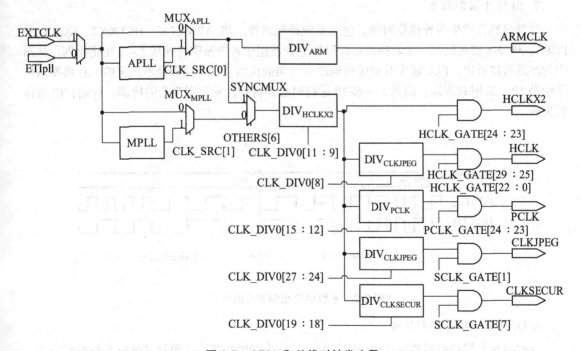

图 2-7 ARM 和总线时钟发生器

S3C6410 的 HCLKX2 时钟提供了两个 DDR 控制器，DDR0 和 DDR1。操作速度可以达到最高 266 MHz，通过 DDR 控制器发送和接收数据。当操作没有被请求时，每个 HCLKX2 时钟可独立地屏蔽，以减少多余的功率耗散在时钟分配网络上。所有的 AHB 总线时钟都是从 DIVHCLK 时钟分频器中产生的。产生的时钟可以独立地屏蔽，以减少多余的功率耗散。HCLK_GATE 寄存器控制 HCLKX2 和 HCLK 的主机操作。

通过 APB 总线系统，低速互连 IP 传输数据。运行中的 APB 时钟高达 66 MHz，并且是从 DIVPCLK 时钟分频器产生的。也可以屏蔽使用 PCLK_GATE 寄存器。作为描述，频率比率在 AHB 时钟和 APB 时钟之间必须有一个整数值。例如，如果 DIVHCLK 的 CLK_DIV0[8] 位为 1，DIVPCLK 的 CLK_DIV0[15：12] 必须是 1，3，…。否则，APB 总线系统上的 IP 不能正确传输数据。

在 AHB 总线系统上，JPEG 和安全子系统在 133 MHz 时不能运行。AHB 时钟带有独立的 DIVCLKJPEG 和 DIVCLKSECUR。因此，作为 APB 时钟它们有相同的限制。表 2-28 列出了建议时钟分频器的比例。表格描述的是该分频器用于 ARM 独立地使用 APLL 输出时钟，并没有约束时分频器的值。

表 2-28　时钟分频器典型值的设置（SFR 设置值/输出频率）

APLL	MPLL	DIVARM	DIVHCLKX2	DIVHCLK	DIVPCLK	DIVCLKJPEG	DIVCLKSECUR
266 MHz	266 MHz	0/266 MHz	0/266 MHz	1/133 MHz	3/66 MHz	3/66 MHz	3/66 MHz
400 MHz	266 MHz	0/400 MHz	0/266 MHz	1/133 MHz	3/66 MHz	3/66 MHz	3/66 MHz
533 MHz	266 MHz	0/533 MHz	0/266 MHz	1/133 MHz	3/66 MHz	3/66 MHz	3/66 MHz
667 MHz	266 MHz	0/667 MHz	0/266 MHz	1/133 MHz	3/66 MHz	3/66 MHz	3/66 MHz

7. 时钟比例的改变

时钟分频器产生各种操作时钟，包括系统操作时钟，如 ARMCLK、HCLKX2、HCLK 和 PCLK。图 2-8 描述的是一个转换波形，时钟分频器用于系统操作时钟从 1～2 变化比例。从图中的波形可以看出，PLL 输出时钟缓慢地改变周期的比例。这个周期是不固定的，在典型的例子中是 10～20 时钟周期。因此，一些 IP 运行时必须特别注意比率改变的周期。否则，IP 操作将失败。

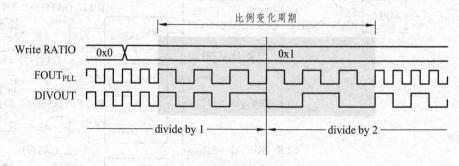

图 2-8　系统时钟比例变化的波形

8. OneNAND 时钟发生器

OneNAND 接口控制器要求两个同步时钟。一个时钟的频率必须是其他时钟频率的一半。

如图 2-9 所示，两个时钟的产生。

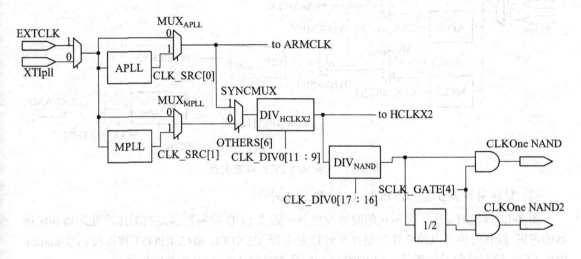

图 2-9　OneNAND 时钟发生器

9. MFC 时钟发生器

MFC 块在除了 HCLK 和 PCLK 外，还需要一个特殊的时钟。图 2-10 显示了这个特殊时钟的产生。

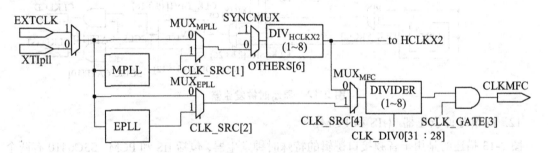

图 2-10　MFC 时钟发生器

时钟源在 HCLKX2 和 MOUTEPLL 之间进行选择。操作时钟使用 HCLKX2 进行分频。HCLKX2 的操作频率是固定的，默认为 266 MHz。因此，CLK_DIV0[31：28]必须是 0001 以产生 133 MHz。当 MFC 不需要全性能时，有两种方法来减少操作频率。一种方法是当 CLK_SRC[4] 设置为 1 时，使用 EPLL 输出时钟。通常，EPLL 用于音频时钟和输出时钟低于 MPLL 的输出频率。另一种方法是调节时钟分频器 CLK_DIV0[31：28]的比例。使用此值，较低的频率可以应用到 MFC 块，使用 CLK_SRC[4]区域，以减少多余的功率耗散。因为 EPLL 的输出频率 HCLKX2 或 HCLK 是独立的。

10. Camera I/F 时钟发生器

图 2-11 为用于 Camera 接口的时钟发生器。用于 Camera 接口的所有数据都是基于这个时钟来进行传输/接收的。最大操作时钟达到 133 MHz。

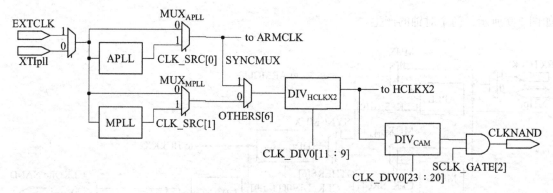

图 2-11　Camera I/F 时钟发生器

11. 显示时钟发生器（POST，LCD 和 scaler）

图 2-12 描述的是用于显示块的时钟发生器，通常 LCD 控制器需要的图像后处理器和定标器的逻辑。操作时钟可以独立地控制这个时钟发生器。CLKLCD 和 CLKPOST 被连接到 domain-F 内的 LCD 控制器和后处理器。CLKSCALER 是连接到 domain-P 内的定标器块。

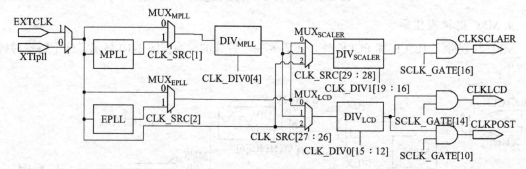

图 2-12　显示时钟发生器

12. 音频时钟发生器（IIS 和 PCM）

图 2-13 描述的是用于音频接口逻辑的特殊时钟发生器，包括 IIS 和 PCM。S3C6410 有两个 IIS 通道和两个 PCM 通道。在任意时间，它仅支持两个通道。一般来说，EPLL 发生器是用于音频接口的一个特殊时钟。如果 S3C6410 要求两个独立的时钟频率（如：在两个音频接口之间不存在整数关系），余下的时钟可以通过外部振荡器或使用 MPLL 来直接提供。

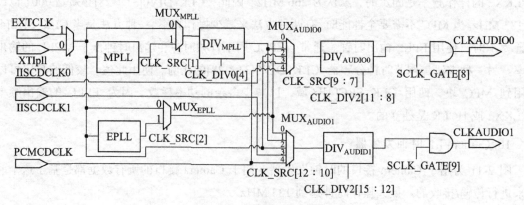

图 2-13　音频时钟发生器

13. 用于 UART，SPI 和 MMC 的时钟发生器

图 2-14 描述的是用于 UART、SPI 和 MMC 的时钟发生器。有一个额外的时钟源 CLK27M，给予了更多的灵活性。

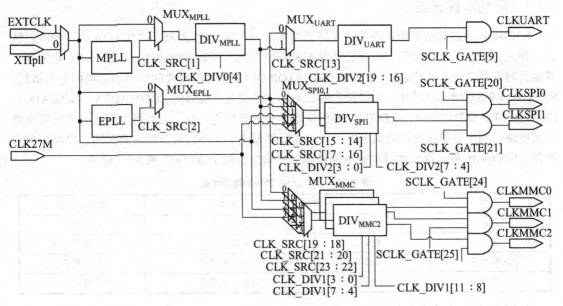

图 2-14　UART/SPI/MMC 时钟发生器

14. 用于 IrDA，USB host 时钟发生器

图 2-15 描述的是用于 IrDA 和 USB host 的时钟发生器。通常 USB 接口需要 48 MHz 的操作时钟。

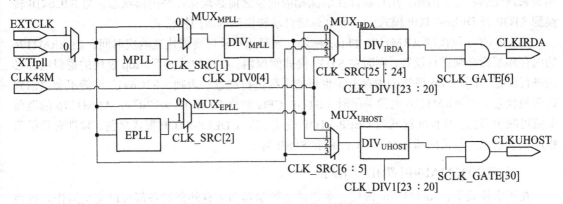

图 2-15　IrDA/USB host 时钟发生器

15. 时钟开/关控制

从以上的图中可以看出，HCLK_GATE、PCLK_GATE 和 SCLK_GATE 控制时钟操作。如果一个位被设置，则通过每个时钟分频器相应的时钟将会被提供；否则，将被屏蔽。

HCLK_GATE 控制 HCLK，用于每个 IP。每个 IP 的 AHB 接口逻辑被独立地屏蔽，以减少动态电力消耗。PCLK_GATE 控制 PCLK，用于每个 IP。某些 IP 需要特殊时钟正确的操作。通过 SCLK_GATE 时钟被控制。

16. 时钟输出

S3C6410 时钟输出端口，产生内部时钟。这个时钟被用于正常的中断或调试用途。

2.3.3 低功率模式操作

S3C6410 通过低功率模式操作，支持低功率应用。表 2-29 总结了 S3C6410 的四种电源状态，即正常状态、保持状态、电源选通状态和断电状态。所有的内部逻辑包括 F/Fs 和内存，其运行时电源处于正常状态下。保持状态在 STOP/DEEP-STOP 模式间减少不必要的电力消耗。STOP/DEEP-STOP 从模式中，保留预先的状态和支持快速唤醒时间。DOMAIN-V、DOMAIN-I、DOMAIN-P、DOMAIN-F 和 DOMAIN-S 模块没有状态保持特性，它们可以通过一个内部电源开关电路，利用电源选通以降低电力消耗。在睡眠模式下，外部调节器将会关闭，以减少电力消耗。S3C6410 最大限度地减少能量消耗和丢失信息，除了 ALIVE 和 RTC 模块。

表 2-29　S3C6410 的四种电源状态

状态	外部调节器	内部 F/F	内部存储器
正常	ON	正常操作	正常操作
保持	ON	保留预先状态	保留预先状态
电源选通	ON	失去预先状态	失去预先状态
断电	OFF	失去预先状态	失去预先状态

1. S3C6410 中的电源域

S3C6410 由几个电源域组成。子电源域、DOMAIN-V、DOMAIN-I、DOMAIN-P、DOMAIN-F 和 DOMAIN-S 是通过 NORMAL_CFG 和 STOP_CFG 进行控制的。当 S3C6410 运行在正常或闲置模式时，由 NORMAL_CFG 控制它们。如果控制位清除，相应的模块将改变电源门控模式和失去预先的状态。因此，用户软件在清除相应的位之前必须保存好内部状态。当 S3C6410 转换到 STOP 或 DEEP-STOP 模式时，子电源域自动转换到电源门控模式。

STOP_CFG 仅控制 ARM1176 和 top 模块。如果用户软件要求快速响应时间，则 ARM1176 的内存和逻辑必须进行设置，同时在 STOP 模式间保留。在这种情况下，top 模块的逻辑电源必须进行设置，同时 top 模块的内存电源也可能需要进行配置。否则，S3C6410 可能不会返回到以前的状态。当 ARM1176 电源关闭时（STOP_CFG 的位 29 和 17 为 "0"），ARM1176 的泄漏电流可减至最低。这种配置就叫 DEEP-STOP 模式。进入 DEEP-STOP 模式之前，软件必须保留程序状态信息，包括内部寄存器、CPSR 和 SPSR 等。

2. 正常(NORMAL)/闲置(IDLE)模式

在正常模式下，ARM1176 内核、多媒体协控制器和所有外部设备都可以完全运作。典型的系统总线操作频率可以达到 133 MHz。每个多媒体协处理器和外设的时钟都可以进行选择性停止，并通过软件去减少电源消耗。每个 IP 模块的个别时钟源，其时钟开/关门控的执行，主要是通过各自相应的时钟使能位来进行控制的。其使能位是通过 HCLK_GATE、PCLK_GATE 和 SCLK_GATE 配置寄存器指定的。

在闲置模式下，ARM1176 的停止没有其他 IP 的任何改变。通常情况下，ARM1176 等待一个唤醒事件，以回到正常模式下。

在正常/闲置模式下，所有的 IP 都可运行在最大的操作频率上。当一些 IP 没有要求运行时，S3C6410 可以利用内部电源门控电路来切断电源的供应。如图 2-16 所示，五个电源域可以独立控制带有 NORMAL_CFG 配置寄存器。当 IP 的所有功能没有要求运行时，软件可以切断相应电源域的电源供应，如图 2-16 中灰色显示的部分。在相应的电源域关闭后，相应域的所有内部状态将消失。因此，用户软件必须保留所有要求恢复的内部状态信息。

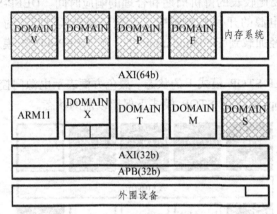

图 2-16　停止模式下的电源域

（1）停止模式进入顺序如下：

① 在停止模式下，用户软件设置 PWR_CFG[6:5]。

② 通过 MCR 指令（MCR p15，0，Rd，c7，c0，4），用户软件生成 STANDBYWFI 信号。

③ SYSCON 请求总线控制器，以完成当前 AHB 总线的事务处理。

④ 当前总线事务处理完成后，AHB 总线控制器发送到 SYSCON 进行确认。

⑤ SYSCON 请求 DOMAIN-V 以完成当前 AXI-总线的事务处理。

⑥ 当前总线事务处理完成后，AXI 总线控制器发送到 SYSCON 进行确认。

⑦ SYSCON 请求外部存储控制器进入自刷新模式，在停止模式期间外部内存的内容必须保存起来。

⑧ 自刷新模式时，存储控制器发送确认信息。

⑨ 如果 PLL 被使用，则 SYSCON 改变时钟源从 PLL 输出到外部振荡器。

⑩ SYSCON 禁用电源门控电路，以消除泄漏电流。

⑪ SYSCON 禁用 PLL 操作和晶体振荡器。

（2）从停止模式到退出，除了正常中断以外，所有唤醒源都是可用的。停止模式下的唤醒顺序如下：

① 在过渡期到正常模式间，SYSCON 声明 ARM1176 的复位信号。（仅应用于 DEEP-STOP 模式）

② SYSCON 使能晶体振荡器，等待振荡器稳定周期，它是通过 OSC_STABLE 来配置的。

③ SYSCON 使能时钟门控电路，以提供操作电源和等待稳定时间，它是通过 MTC_STABLE 来配置的。（仅应用于 DEEP-STOP 模式）

④ SYSCON 启动 PLL 逻辑和等待 PLL 锁周期，它是通过 A/M/EPLL_LOCK 来配置的。

⑤ 如果 PLL 被使用，则 SYSCON 从外部振荡器到 PLL 输出改变时钟源。

⑥ SYSCON 释放自我刷新模式，请求到内存控制器。

⑦ 当准备就绪时，内存控制器发送确认信息。

⑧ SYSCON 释放对 AXI/AHB 总线的请求。

⑨ SYSCON 释放 ARM1176 的复位信号。（仅应用于 DEEP-STOP 模式）

3. 深度停止（DEEP-STOP）模式

大多数移动应用需要比较长的待机周期和合理的响应时间。DEEP-STOP 模式就是针对于这样的应用需求。外部电源的开/关控制通常需要较长的转换时间（约 3 ms）。当启动设备是 NAND 时，启动代码已经加载到 stepping-stone 中，在 DEEP-STOP 模式期间保留。启动代码的复制期可以忽略不计。

图 2-17 显示了 DEEP-STOP 模式下的状态。黑色方框表示电源门控模块，在 DEEP-STOP 模式期间消除漏电流。top 模块在 STOP 模式下保留以前的状态。

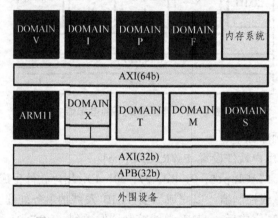

图 2-17　DEEP-STOP 模式下的电源域

进入和退出顺序类似于 STOP 模式，可参考 STOP 模式顺序，用于 DEEP-STOP 模式的进入和退出顺序。

4. 睡眠（SLEEP）模式

在睡眠模式下，除了 ALIVE 和 RTC 模块之外，所有硬件逻辑都是利用外部电源调节器关闭电源的。睡眠模式支持的待机周期时间是最长的，用户软件必须保存所有内部状态到外部存储设备。ALIVE 模块等待一个外部唤醒事件，RTC 保存时间信息。用户软件可配置唤醒源，I/O 引脚的状态用 GPIO 来配置。睡眠模式下的电源域，如图 2-18 所示。

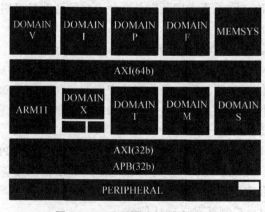

图 2-18　睡眠模式下的电源域

（1）睡眠模式进入顺序如下：

① 在 SLEEP 模式下，用户软件设置 PWR_CFG[6:5]。

② 通过 MCR 指令（MCR p15, 0, Rd, c7, c0, 4），用户软件生成 STANDBYWFI 信号。

③ SYSCON 请求总线控制器，以完成当前 AHB 总线的处理。

④ 当前总线的处理完成后，AHB 总线控制器发送确认信息到 SYSCON。

⑤ SYSCON 请求 DOMAIN-V 去完成当前 AXI 总线的处理。

⑥ 当前总线处理完成后，AXI 总线控制器发送确认信息到 SYSCON。

⑦ SYSCON 请求外部存储控制器进入自刷新模式，在 SLEEP 模式期间外部内存的内容必须要保存起来。

⑧ 自刷新模式时，存储控制器发送确认信息。

⑨ 如果 PLL 被使用，则 SYSCON 改变时钟源从 PLL 输出到外部振荡器。

⑩ SYSCON 禁用 PLL 操作和晶体振荡器。

⑪ 最后，通过声明 XPWRRGTON 引脚到低电平状态，SYSCON 禁用外部时钟源用于内部逻辑。XPWRRGTON 信号控制外部调节器。

（2）其退出顺序如下：

① SYSCON 启动外部电源，通过声明 XPWRRGTON 引脚到高电平状态，通过 PWR_STABLE 配置等待稳定时间。

② SYSCON 生成系统时钟，包括 HCLK、PCLK 和 ARMCLK。

③ SYSCON 释放系统复位信号，包括 HRESETn 和 PRESETn。

④ 如果启动设备是 NAND，NFCON 从外部 NAND 设备到 stepping stone 复制启动代码。则（XOM[4:3] ==0b00）

⑤ SYSCON 释放 ARM 复位信号。

5. 唤 醒

表 2-30 说明了从低功耗状态（IDLE、(DEEP)-STOP 和 SLEEP 模式）中唤醒，可用的不同唤醒源。

表 2-30　唤醒源的电源模式

电源模式			唤醒源
			所有中断源
			MMC0，MM1，MMC2
			TS ADC
闲置模式	停止模式	睡眠模式	外部中断源
			RTC 警告
			TICK
			键盘中断
			MSM（MODEM）
			电池故障
			HSI
			温复位

6. 复 位

S3C6410 有五种类型的复位信号，SYSCON 可以把系统的五分之一进行复位。

■ 硬件复位：它是通过声明 XnRESET 产生的。它可以完全初始化所有系统。

■ 温复位：它是通过 XnWRESET 产生的。当需要初始化 S3C6410 和保存当前硬件状态时，XnWRESET 被使用。

■ 看门狗复位：它是通过一个特殊的硬件模块产生的，也就是看门狗定时器。当系统发生一个不可预测的软件错误时，硬件模块监控内部硬件状态，同时产生复位信号来脱离该状态。

■ 软件复位：它是通过设置 SW_RESET 产生的。

■ 唤醒复位：它是当 S3C6410 从睡眠模式唤醒时产生的。睡眠模式后，内部硬件状态在任何时候都不可用，必须对其进行初始化。

（1）硬件复位。

当 XnRESET 引脚被声明，系统内的所有单元（除了 RTC 之外）复位到预先定义好的状态时，硬件复位被调用。在这段期间，将发生下面的动作：

■ 所有内部寄存器和 ARM1176 内核都到预先定义好的复位状态。

■ 所有引脚都得到它们的复位状态。

■ 当 XnRESET 被声明的同时，XnRSTOUT 引脚就被声明了。

XnRESET 是不被屏蔽的，始终保持使能状态。XnRESET 被声明，无论先前为何模式，S3C6410 都进入复位状态。XnRSET 必须持有足够长的时间允许内部稳定和传播。

S3C6410 的电源调节器必须预先稳定到 XnRESET.的 deassertion 状态。否则，它可能会损害 S3C6410，发生不可预测的操作。

（2）温复位。

当在正常，闲置和停止模式下，超过 100 ns，XnWRESET 引脚被声明，温复位被调用。在睡眠模式下，它是作为一个唤醒事件被处理的。如果 XnBATFLT 保持低电平或系统处于唤醒时期，则 XnWRESET 被忽略。如图 2-19 所示，所有寄存器除了 SYSCON，RTC 和 GPIO 都被初始化。

模块	寄存器	XnRESET	XnWRESET	Watchdog	Wakeup from SLEEP	Software
SYSCON	PWR_CFG, EINT_MASK, NORMAL_CFG, STOP_CFG, SLEEP_CFG, OSC_FREQ, OSC_STABLE, PWR_STABLE, FPC_STABLE, MTC_STABLE, OTHERS, RST_STAT, WAKEUP_STAT, BLK_PWR_STAT, INFORM0, INFORM1, INFORM2, INFORM3	×	×	×	×	○
RTC	RTCCON, TICCNT, RTCALM, ALMSEC, ALMMIN, ALMHOUR, ALMDAY, ALMMON, ALMYEAR, RTCRST	×	×	×	×	○
GPIO	GPICONSLP, GPIPUDSLP, GPJCONSLP, GPJPUDSLP, GPKCON0, GPKCONI, GPKDAT, GPKPUD, GPLCON0, GPLCON1, GPLDAT, GPLPUD, GPMCON, GPMDAT, GPMPUD, GPNCON, GPNDAT, GPNPUD, GPOCON, GPOPUD, GPPCON, GPPPUD, GPQCON, GPQPUD, EINT0CON0, EINT0CON1, EINT0FLTCON0, EINT0FLTCON1, EINT0FLTCON2, EINT0FLTCON3, EINT0MASK, EINT0PEND, SPCONSLP, SLPEN	×	×	×	×	○
其他	-	○	○	○	○	○

图 2-19 寄存器初始化的各种复位

在温复位期间，将发生以下的动作：

- 所有模块除了 ALIVE 和 RTC 模块之外，都到预先定义好的复位状态。
- 所有引脚进入复位状态。
- 在看门狗复位期间，nRSTOUT 引脚被声明。

当 XnWRESET 信号被声明为"0"，下列依次发生：

① SYSCON 请求 AHB 总线控制器，以完成当前 AHB 总线的处理。

② 在当前总线处理完成之后，AHB 总线控制器发送确认信息到 SYSCON。

③ SYSCON 请求 DOMAIN-V，以完成当前 AXI 总线处理。

④ 在当前总线处理完成后，AXI 总线控制器发送确认信息到 SYSCON。

⑤ SYSCON 请求外部存储控制器进入自刷新模式，当温复位被声明时，外部内存的内容必须被保存。

⑥ 当自刷新模式时，存储控制器发送确认信息。

⑦ SYSCON 声明内部复位信号和 XnRSTOUT.。

温复位模块，在具体 ARM11 处理器中，代码实现如下：

```
void Test_WarmReset(void)
{
    u32 uRstId;
    u32 uInform0, uInform1;
    uRstId = SYSC_RdRSTSTAT(1);
    // Check Alive Reg.
    // Alive Register
    uInform0 = 0x01234567;
    uInform1 = 0x6400ABCD;
    // For Test
    //WDT_operate(1,0,0,1,100,15625,15625);
    if( ( uRstId == 1 ) && !(g_OnTest) )
    {   printf("Warm Reset- Memory data check \n");
        CheckData_SDRAM(_DRAM_BaseAddress+0x1000000, 0x10000);
        //Check Information Register Value
        if( (uInform0 !=Inp32Inform(0) )||(uInform1 != Inp32Inform(1)))
        { printf(" Information Register Value is wrong!!! \n");}
        Else{printf(" Information Register Value is correct!!! \n");}
        printf("Warm Reset test is done\n");
        g_OnTest = 1;
        SYSC_BLKPwrONAll();
        Delay(10);
        SYSC_RdBLKPWR();
    }
    else
    {   printf("[WarmReset Test]\n");
        InitData_SDRAM(_DRAM_BaseAddress+0x1000000, 0x10000);
        // Alive Register Write
        Outp32Inform(0, uInform0);
        Outp32Inform(1, uInform1);
        //Added case : bus power down
        SYSC_BLKPwrOffAll();
        printf("HCLKGATE: 0x%x\n", Inp32(0x7E00F030));
```

```
        printf("Now, Push Warm Reset Botton. \n");
        while(1)
        {
        // test case
        DMAC_InitCh(DMA0, DMA_ALL, &oDmac_0);
        DMAC_InitCh(DMA1, DMA_ALL, &oDmac_1);
        INTC_SetVectAddr(NUM_DMA0, Dma0Done_Test);
        INTC_SetVectAddr(NUM_DMA1,Dma1Done_Test);
        INTC_Enable(NUM_DMA0);
        INTC_Enable(NUM_DMA1);
        g_DmaDone0=0;
        g_DmaDone1=0;
        printf("DMA Start \n");
        // 16MB
        DMACH_Setup(DMA_A, 0x0, 0x51f00000, 0, 0x51f01000, 0, WORD, 0x1000000,
                    DEMAND, MEM,MEM, BURST4, &oDmac_0);
        DMACH_Setup(DMA_A, 0x0, 0x52000000, 0, 0x52001000, 0, WORD, 0x1000000,
                    DEMAND, MEM,MEM, BURST4, &oDmac_1);
        // Enable DMA
        DMACH_Start(&oDmac_0);
        DMACH_Start(&oDmac_1);
        while((g_DmaDone0==0)||(g_DmaDone1==0))
            {Copy(0x51000000, 0x51800000, 0x1000000);}
        }
    }
}
```

（3）软件复位。

当利用软件将 0x6410 写入 SW_RST 时，软件复位被调用。行为与温复位的情况相同。
软件复位在 ARM11 处理器中，代码实现如下：

```
void Test_SoftReset(void)
{
    u32 uRstId;
    u32 uInform0, uInform1;
    printf("rINFORM0: 0x%x\n", Inp32Inform(0));
    printf("rINFORM1: 0x%x\n", Inp32Inform(1));
    uInform0 = 0xABCD6400;
    uInform1 = 0x6400ABCD;
    uRstId = SYSC_RdRSTSTAT(1);
    SYSC_RdBLKPWR();
    if( ( uRstId == 5 ) && !(g_OnTest) )
    {    printf("Software Reset- Memory data check \n");
        CheckData_SDRAM(_DRAM_BaseAddress+0x1000000, 0x10000);
        //Check Information Register Value
        if( (uInform0 !=Inp32Inform(0) )||(uInform1 != Inp32Inform(1)))
        {    printf(" Information Register Value is wrong!!! \n");}
            else{printf(" Information Register Value is correct!!! \n");}
            printf("software reset test is done\n");
            g_OnTest = 1;
```

```
        SYSC_BLKPwrONAll();
        Delay(10);
        SYSC_RdBLKPWR();
    }
    Else
    {    printf("[SoftReset Test]\n");
         InitData_SDRAM(_DRAM_BaseAddress+0x1000000, 0x10000);
    //Added case : bus power down
    SYSC_BLKPwrOffAll();
    // Added case : Clock Off Case
    // Outp32SYSC(0x30, 0xFDDFFFFE); //IROM, MEM0, MFC
    // Outp32SYSC(0x30, 0xFFFFFFFE); // MFC, MFC Block OFF OK
    // Outp32SYSC(0x30, 0xFDFFFFFF); // IROM    OK
    // Outp32SYSC(0x30, 0xFFDFFFFF); // MEM0
    printf("HCLKGATE: 0x%x\n", Inp32(0x7E00F030));
    // Alive Register Write
    Outp32Inform(0, uInform0);
    Outp32Inform(1, uInform1);
    //Outp32(0x7F008880, 0x1000);
    UART_TxEmpty();
    printf("Now, Soft Reset causes reset on 6410 except SDRAM. \n");
    SYSC_SWRST();
    while(!UART_GetKey());
    }
}
```

（4）看门狗复位。

当软件挂起时，看门狗复位被调用。因此，当 WDT 和 WDT 超时信号导致看门狗复位时，软件不能初始化寄存器。在看门狗复位期间，有以下动作发生：

■ 除了 ALIVE 和 RTC 模块，所有模块进入预先定义好的复位状态。

■ 所有引脚都进入复位状态。

■ 在看门狗复位期间，nRSTOUT 引脚被声明。

在正常模式和闲置模式下，看门狗可被激活，并可产生超时信号。当看门狗定时器和复位使能时，其被调用。因此，下列依次发生：

① WDT 产生超时信号。

② SYSCON 调用复位信号，初始化内部 IP。

③ 包括 nRSTOUT 的复位被声明，直到复位计数器 RST_STABLE 被终止。

看门狗复位在 ARM11 处理器中，代码实现如下：

```
void Test_WDTReset(void)
{
    printf("[WatchDog Timer Reset Test]\n");
    INTC_Enable(NUM_WDT);
    // 1. Clock division_factor 128
    printf("\nClock Division Factor: 1(dec), Prescaler: 100(dec)\n");
    // WDT reset enable
```

```
printf("\nl will restart after 2 sec.\n");
WDT_operate(1,1,0,1,100,15625,15625);
//Test Case - add SUB Block Off
SYSC_BLKPwrOffAll();
//Added case : Clock Off Case
Outp32(0x7E00F030, 0xFDDFFFFE); // MFC, MFC Block OFF OK
// Outp32SYSC(0x30, 0xFFFFFFFE); // IROM OK
// Outp32SYSC(0x30, 0xFFDFFFFF); // MEM0
printf("HCLKGATE: 0x%x\n", Inp32(0x7E00F030));
//while(!UART_GetKey());
// Test Case - add Bus operation
while(1)
{
    // test case
    DMAC_InitCh(DMA0, DMA_ALL, &oDmac_0);
    DMAC_InitCh(DMA1, DMA_ALL, &oDmac_1);
    INTC_SetVectAddr(NUM_DMA0,
    INTC_SetVectAddr(NUM_DMA1,
    INTC_Enable(NUM_DMA0);
    INTC_Enable(NUM_DMA1);
    Dma0Done_Test);
    Dma1Done_Test);
    g_DmaDone0=0;
    g_DmaDone1=0;
    printf("DMA Start \n");
    // 16MB
    DMACH_Setup(DMA_A, 0x0, 0x51f00000, 0, 0x51f01000, 0, WORD, 0x1000000, DEMAND,
        MEM,MEM, BURST4, &oDmac_0);
    DMACH_Setup(DMA_A, 0x0, 0x52000000, 0, 0x52001000, 0, WORD, 0x1000000, DEMAND,
        MEM,MEM, BURST4, &oDmac_1);
    // Enable DMA
    DMACH_Start(&oDmac_0);
    DMACH_Start(&oDmac_1);
    while((g_DmaDone0==0)||(g_DmaDone1==0))      // Int.
    {Copy(0x51000000, 0x51800000, 0x1000000);}
}
//INTC_Disable(NUM_WDT);
}
```

（5）唤醒复位。

当 S3C6410 通过一个唤醒事件，从睡眠模式唤醒时，唤醒复位被调用。

2.4 存储器子系统

S3C6410 存储器包括七个存储控制器，一个 SROM 控制器，两个 OneNAND 控制器，一个 NAND 闪存控制器，一个 CF 控制器，和两个 DRAM 控制器。通过使用 EBI，静态存储控制器和 16 位 DRAM 控制器共享存储器端口 0。

2.4.1 存储器子系统的特性

S3C6410 存储器子系统的特性如下：

（1）存储器子系统有一个 64 位 AXI 从属器接口，一个 32 位 AXI 从属器接口，一个 32 位 AHB 主控器接口，两个 32 位从属器接口，其中一个用于数据传输，另一个用于 SFR 设置和一个用于 DMC SFR 设置的 APB 接口。

（2）存储器子系统从系统控制器获得导入方法和 CS 选择信息。

（3）内部 AHB 数据总线将 32 位 AHB 从属器数据总线和 SROMC，两个 OneNANDC 和 NFCON 连接起来。

（4）内部 AHB SFR 总线将 32 位 AHB 从属器 SFR 总线和 SROMC、两个 OneNANDC、CFCON 和 NFCON 连接起来。

（5）内部 AHB 主控器总线用于 CFCON。

（6）DMC0 用 32 位 AXI 从属器接口和 APB 接口。

（7）DMC1 用 64 位 AXI 从属器接口和 APB 接口。

（8）存储器端口 0 通过使用 EBI （外部总线接口）共享。

（9）仅 DMC1 启动用存储器端口 1。

（10）支持使用 NAND 闪存或者 OneNAND。

（11）对于 CFCON，支持独立端口。

（12）存储器端口 0 中 Xm0CSn[1：0]专用于 SROMC。

（13）存储器端口 0 中 Xm0CSn[7：6]专用于 DMC0。

（14）选择 NAND 闪存或 OneNAND 导入设备，nCS2 用于访问导入的媒体。

（15）EBI 模块支持 AMBA AXI 3.0 低电源接口（CSYSREQ、CACTIVE、和 CSYSACK）来阻止存储控制器访问内存。

（16）通过在系统控制器中设置，存储器端口 1 的数据引脚[31：16]能用做端口 0 的地址引脚[31：16]。

（17）EBI 模块支持通过存储控制器使用 pad 接口（DMC0，SROMC，两个 OneNANDC，CFCON，NFCON）。

（18）通过改变优先权来决定哪个能拥有 pad 接口。

（19）EBI 和包含一个三线接口、EBIREQ、EBIGNT 和 EBIBACKOFF，和所有活动的高位的存储器之间相互通信：

■ EBIREQ 信号被存储控制器访问来指示它们需要外部总线访问。

■ 各自的 EBIGNT 被发送到高优先权的存储控制器。

■ EBI 输出 EBIBACKOFF 来发送信号，存储控制器必须完成当前传输释放总线。

（20）EBI 保持被授权的存储控制器的跟踪，并且在它授权给下一个存储控制器之前，等待从存储控制器到闪存的传输。如果高优先权的存储控制器请求总线，那么 EBIBACKOFF 通知当前被授权的控制器来尽快结束当前传输。

EBI 模块框图如图 2-20 所示，通过 EBI 的存储器接口如图 2-21 所示。

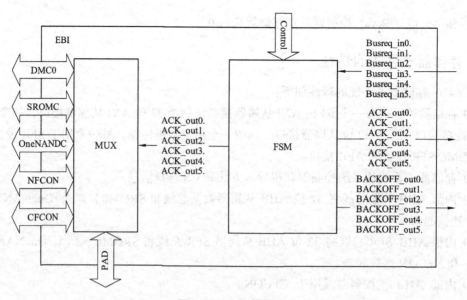

图 2-20　EBI 模块图

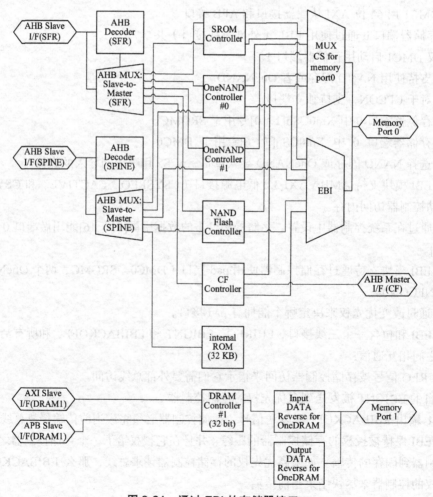

图 2-21　通过 EBI 的存储器接口

2.4.2 功能描述

存储器子系统能通过系统控制器进行配置。系统控制器中，存储器构造寄存器名称是 MEM_SYS_CFG。该寄存器的地址是 0x7E00F120。

系统控制器发送信息如下：

1. 闪存信息

（1）NAND 闪存导入启动。

（2）高级 NAND 闪存。

0：正常 NAND；1：高级 NAND。

（3）地址周期。

■ 正常 NAND，0：3 个周期；1：4 个周期。

■ 高级 NAND，0：4 个周期；1：5 个周期。

（4）NAND 闪存数据总线宽度

8 位。

（5）页大小选择。

■ 正常 NAND，0：256 字节；1：512 字节。

■ 高级 NAND，0：1 KB；1：2 KB。

（6）端口信息。

① SROM 数据总线宽度。

■ 可以通过 SROM 控制器 SFR 设定改变。

■ 0：8 位，1：16 位。

② 地址扩展。

■ 0：用 Xm1DATA[31：16] 作为高半字数据来自存储器端口 1。

■ 1：用 Xm1DATA[31：16] 作为高半字地址来自存储器端口 0。

从端口 1 的数据引脚[31：16]为端口 0 借用地址位[26：16]。

③ 导入位置。

导入位置信息能在 MEM_CFG_STAT[6：5]被检查，如表 2-31 所示。

表 2-31 导入位置

CfgBootLoc[1:0]	导入位置
2'b00	NFCON 的 Stepping Stone 区域
2'b01	SROMC CS0
2'b10	OneNANDC CS0
2'b11	内部 ROM

④ 存储器端口 0 CS 选择。

■ 设置存储器端口 0 的静态存储芯片选择多路复用。

■ 忽略 MP0_CS_SEL[0]和 MP0_CS_SEL[2]的设置。通过 XSELNAND 引脚值区别 OneNANDC 和 NFCON。

■ 当 XSELNAND 是 0，则 OneNANDC 被选择；当 XSELNAND 是 1，则 NFCON 被选中。

■ 当选择 NAND 导入（XOM[4：3] = 00）时，MP0_CS_SEL[1]和 MP0_CS_SEL[3] 的设置值被忽略。Xm0CSn[2]和 Xm0CSn[3]用做 NFCON CS0 和 NFCON CS1。这种情况下，

XSELNAND 必须设置为 1。

■ 当 OneNAND 导入（XOM[4：1] = 0110）时，MP0_CS_SEL[1]和 MP0_CS_SEL[3]的设置值被忽略。Xm0CSn[2]和 Xm0CSn[3]被用作 OneNANDC CS0 和 OneNANDC CS1。这种情况下，XSELNAND 必须设置为 0，如表 2-32 所示。

表 2-32　存储器端口 0 CS 选择

MP0_CS_SEL[5:0]	=0	=1	=2	=3
{[1]，XSELNAND}	SROMC CS2	SROMC CS2	OneNANDC CS0	NFCON CS0
{[3]，XSELNAND}	SROMC CS3	SROMC CS3	OneNANDC CS1	NFCON CS1
[4]	SROMC CS4	CFCON CS0		
[5]	SROMC CS5	CFCON CS1		

⑤ 为 CFCON 选择独立的端口

■ 0：CFCON 使用 EBI 的共享端口。

■ 1：CFCON 使用独立端口。

⑥ CKE 初始值 （SPCONSLP[4]（0x7F0088B0））。

■ 0：复位后，存储器端口 0 的 Xm0CKE 和端口 1 的 Xm1CKE 的初始化值为 0。

■ 1：复位后，存储器端口 0 的 Xm0CKE 和端口 1 的 Xm1CKE 的初始化值为 1。

⑦ EBI。

■ 优先类型。

0：固定优先类型；1：循环优先。

■ 固定优先顺序。

表 2-33 显示了固定的优先顺序。

表 2-33　固定优先顺序

CfgFixPriTyp[2:0]	1st	2nd	3rd	4th	5th	6th
	DMC0	SROMC	OneNANDC CS0	OneNANDC CS1	NFCON	CFCON
1	DMC0	OneNANDC CS0	OneNANDC CS1	SROMC	OneNANDC CS0	CFCON
2	DMC0	OneNANDC CS1	NFCON	SROMC	OneNANDC CS0	CFCON
3	DMC0	NFCON	SROMC	OneNANDC CS0	OneNANDC CS1	CFCON
4	DMC0		SROMC	OneNANDC CS0	OneNANDC CS1	NFCON
5	SROMC	DMC0	OneNANDC CS0	OneNANDC CS1	NFCON	CFCON

（7）总线信息。

① MP0_QOS_OVERRIDE[15：0]。

■ 设置 QoS 取代 ID 到 DMC0。

■ 系统控制器中，QOS_OVERRIDE0 控制该信息。

■ 该寄存器地址是 0x7E00F124。

② MP1_QOS_OVERRIDE[15：0]。

■ 设置 QoS 取代 ID 到 DMC1。

■ 系统控制器中 QOS_OVERRIDE1 控制该信息。

■ 该寄存器地址是 0x7E00F128。

2.4.3　EBI 接口

　　EBI，作为外设，当它们空闲时，依靠存储控制器来释放它们的外部请求。图 2-22 所示的是一个简单的相互通信的例子。在这个例子里，一个设备请求外部总线，因为当前没有其他设备请求总线，所以立即产生。

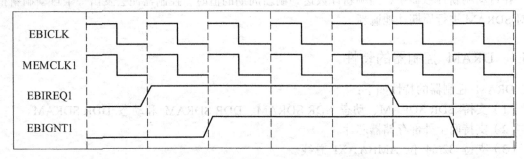

图 2-22　EBIREQ，EBIGANT 信号

　　如果一个高优先权的设备请求总线，而当前该外部总线正被一个低优先权的设备占用时，则 EBIBACKOFF 通知低优先权的设备尽快释放。

　　在图 2-23 中，一个高优先权的设备要求总线，不久这个设备被赋予总线的权限。EBIBACKOFF 通知设备=尽早结束访问。设备一被赋予总线权限并完成传输。当传输完成，设备二被赋予权限来完成被中断的传输。EBIREQ2 信号必须降低至少一个时钟周期,之后被释放。

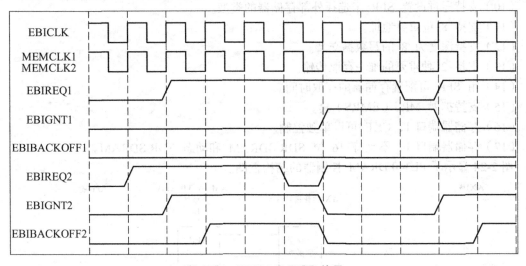

图 2-23　EBIBACKOFF 信号

2.5　DRAM 控制器

　　基于 ARM PrimeCell CP003 AXI DMC（PL340）的 DRAM 控制器，来自 ARM PrimeCell CP003 AXI 动态存储器控制（PL340）。最初的 AMBA APB 3.0 端口主要用于可编程配置寄存器，它是利用 AxiToApb 进行转换的，使 APB 主端口与 AXI 从端口的连接得以实现。

　　DRAM 控制器有 AMBA AXI 兼容总线用于设置其配置寄存器和访问 SDRAM。PL340 配置寄存器中，DRAM 控制器可以通过写芯片配置、ID 配置和存储器定时参数来进行编程。在用户配置寄存器中，两个较低位主要用于选择存储器的类型。

DRAM 控制器可以直接接收 SDRAM 或 DRAM 控制器本身的指令。通过写指令到直接指令寄存器，DRAM 控制器可发送"Prechargeall""Autorefresh""NOP"和"MRS"（"EMRS"）这样的指令到 SDRAM。

在自动刷新计数器中，当刷新计数达到刷新周期的值时，控制器便会发出一个自动刷新指令对 SDRAM 进行周期性地刷新。

2.5.1 DRAM 控制器的特性

DRAM 控制器的特性如下：

（1）支持 SDR SDRAM、动态 SDR SDRAM、DDR SDRAM 和动态 DDR SDRAM。

（2）支持两个外部存储器芯片。

（3）支持 32/64 位 AMBA AXI 总线。

（4）支持 16/32 位存储器总线。

（5）地址空间：每端口达到 512 MB。

（6）在 AXI 总线和外部存储器总线间，支持异步操作。

（7）预动态和预充电的掉电工作模式。

（8）服务质量的特性适合于低延迟传输。

（9）外部存储器总线的利用最优化。

（10）支持通过设置 SFR 来选择外部存储器的类型。

（11）支持 8 位重要地址。

（12）支持深度为 8 的写数据交叉。

（13）支持 2 种重要的唯一存取传输。

（14）用 SFR 可配置存储器的存取时间。

（15）支持扩展 MRS（EMRS）集。

（16）存储器端口 1，CKE 可以单独控制。

（17）存储器端口 1，不支持 16 位 SDR SDRAM 和动态 SDR SDRAM。

图 2-24 显示了 PL340 DRAM 控制器的结构框图。

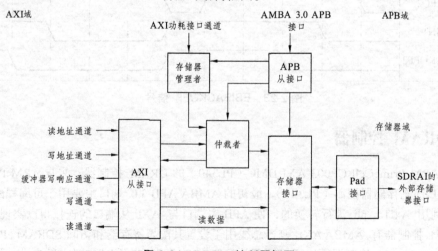

图 2-24 DRAM 控制器框图

2.5.2 SDRAM 存储器接口

DRAM 控制器最多只能支持两个同一类型的芯片，每个芯片可分配最多 256 MB 的地址空间。所有芯片在相同的端口共享所有引脚,除了时钟启动信号和片选信号。例如:DDR SDRAM 存储器接口的连接。动态 DDR SDRAM 可连接类似的 DDR SDRAM 内存。SDR SDRAM 和动态 SDR SDRAM 可连接类似的 DDR SDRAM,除了 DQS 引脚。外部存储器引脚配置如表 2-34、表 2-35 所示。

通过 SPCONSLP[4]来控制复位 CKE 的值。如果值为 0,复位时 Xm0CKE 和 Xm1CKE 为 0。如果值为 1,复位时 Xm0CKE 和 Xm1CKE 为 1。

表 2-34 存储器端口 0 引脚描述

信号	类型	描　　述
Xm0SCLK	输入	存储器时钟
Xm0SCLKn	输入	存储器时钟(负面)
Xm0CKE	输入	时钟启动每个芯片
Xm0CSn[6:7]	输入	芯片选择每个芯片(低有效)
Xm0RAS	输入	行地址滤波(低有效)
Xm0CAS	输入	列地址滤波(低有效)
Xm0WEndmc	输入	写使能(低有效)
Xm0ADDR[13:0]	输入	地址总线
Xm0ADDR[15:14]	输入	块选择
Xm0DATA[15:0]	输入	数据总线
Xm0DQM[1:0]	输入	数据总线屏蔽位
Xm0DQS[1:0]	输入	数据滤波输入, 仅 DDR 和 mDDR

表 2-35 存储器端口 1 引脚描述

信号	类型	描　　述
Xm1SCLK	输入	存储器时钟
Xm1SCLKn	输入	存储器时钟(负面)
X m1CKE[1:0]	输入	时钟启动每个芯片
Xm1CSN[1:0]	输入	芯片选择每个芯片(低有效)
Xm1RAS	输入	行地址滤波(低有效)
Xm1CAS	输入	列地址滤波(低有效)
Xm1WEN	输入	写使能(低有效)
Xm1ADDR[13:0]	输入	地址总线
Xm1ADDR[15:14]	输入	块选择
Xm1DATA[31:0]	输入	数据总线
Xm1DQM[3:0]	输入	数据总线屏蔽位
Xm1DQS[3:0]	输入	数据滤波输入, 只有 DDR 和 mDDR

2.5.3 SDRAM 初始化顺序

上电复位时, 软件必须初始化 DRAM 控制器, SDRAM 的每一项都连接到 DRAM 控制器。仅以 SDRAM 的数据表为启动程序。

1. DRAM 控制器初始化顺序

（1）以"0b100"执行 memc_cmd，使得 DRAM 控制器输入'配置'状态。

（2）写存储器时间参数，芯片配置和 ID 配置寄存器。

（3）等待 200 μs 来使 SDRAM 电源和时钟稳定。当 CPU 开始工作时，电源和时钟已经被稳定下来。

（4）执行存储器初始化顺序。

（5）以"0b000"执行 memc_cmd，使得 DRAM 控制器输入'准备'状态。

（6）在 memc_stat 中检查存储器状态域，直到存储器状态变为'0b01'，即'准备'。

2. SDR/动态 SDR SDRAM 初始化顺序 SDR/动态

（1）在 direct_cmd，以"0b10"执行 mem_cmd，使得 DRAM 控制器产生"NOP"存储器命令。

（2）在 direct_cmd，以"0b00"执行 mem_cmd，使得 DRAM 控制器产生"Prechargeall"存储器命令。

（3）在 direct_cmd，以"0b11"执行 mem_cmd，使得 DRAM 控制器产生"Autorefresh"存储器命令。

（4）在 direct_cmd，以"0b11"执行 mem_cmd，使得 DRAM 控制器产生"Autorefresh"存储器命令。

（5）如果存储器类型是移动 SDR SDRAM，

■ 在 direct_cmd，以"0b10"执行 mem_cmd，使得 DRAM 控制器产生"MRS"存储器命令。

■ EMRS 块地址必须被设置。

（6）在 direct_cmd，以"0b10"执行 mem_cmd，使得 DRAM 控制器产生"MRS"存储器命令。MRS 块地址必须被设置。

3. DDR/移动 DDR SDRAM 初始化顺序 DDR/移动

（1）在 direct_cmd，以"0b10"执行 mem_cmd，使得 DRAM 控制器产生"NOP"存储器命令。

（2）在 direct_cmd，以'0b00'执行 mem_cmd，使得 DRAM 控制器产生"Prechargeall"存储器命令。

（3）在 direct_cmd，以"0b11"执行 mem_cmd，使得 DRAM 控制器产生"Autorefresh"存储器命令。

（4）在 direct_cmd，以"0b10"执行 mem_cmd，使得 DRAM 控制器产生"MRS"存储器命令。

EMRS 块地址必须被设置。

（5）在 direct_cmd，以"0b10"执行 mem_cmd，使得 DRAM 控制器产生"MRS"存储器命令。

MRS 块地址必须被设置。

（6）在 direct_cmd，以"0b11"执行 mem_cmd，使得 DRAM 控制器产生"Autorefresh"

存储器命令。

（7）在 direct_cmd，以"0b11"执行 mem_cmd，使得 DRAM 控制器产生"Autorefresh"
存储器命令。

（8）在 direct_cmd，以"0b11"执行 mem_cmd，使得 DRAM 控制器产生"Prechargeall"
存储器命令。

2.6 SROM 控制器

本小节主要介绍 SROM 控制器的功能及使用。S3C6410 SROM 控制器（SROMC）支持
外部 8 或 16 位 NOR Flash、PROM、SRAM 存储器。

2.6.1 SROM 控制器的特性

S3C6410 SROM 控制器的特性包括：

（1）支持 SRAM，多种 ROM 和 NOR flash 存储器。

（2）支持仅 8 或 16 位数据总线。

（3）地址空间：每页高达 128 MB。

（4）支持 6 页。

（5）固定的内存页开始地址。

（6）外部等待扩展总线周期。

（7）支持字节和半字存取的外部存储器。

图 2-25 显示了 SROM 控制器的结构框图。

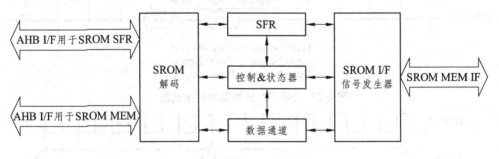

图 2-25　SROM 控制器框图

2.6.2 SROM 控制器功能描述

SROM 控制器支持 Bank0～Bank5 的 SROM 接口。在 OneNAND 启动情况中，SROM 控
制器不能控制 Bank2 和 Bank3，因为它的主要控制 OneNAND 控制器。

1. nWAIT 引脚操作

如果 WAIT 操作相应的每个存储块都被使能，nOE 持续时间将通过外部 nWAIT 引脚被
延长，存储块被激活。从 tacc-1 中检测 nWAIT。在抽样 nWAIT 为高后，下一个时钟 nOE 将
低有效。new 信号和 nOE 信号有同样的关系。SROM 控制器 nWAIT 的时序框图如图 2-26
所示。

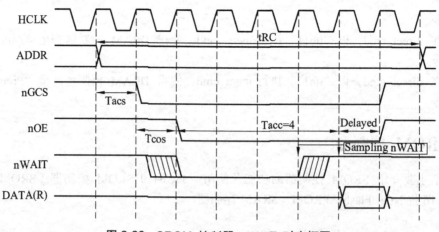

图 2-26 SROM 控制器 nWAIT 时序框图

2. 可编程访问周期

图 2-27 描述的是 SROM 控制器读时序的周期框图,图 2-28 描述的是 SROM 控制器写时序的周期框图。

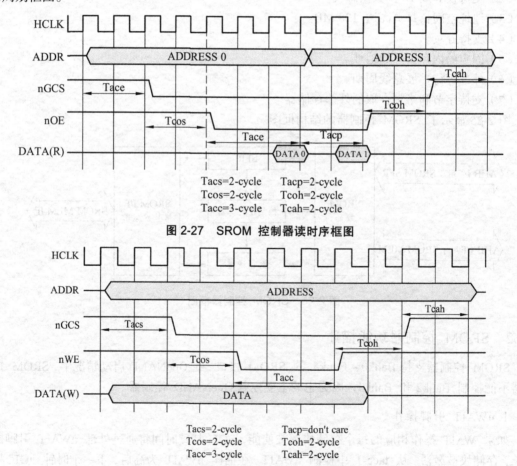

Tacs=2-cycle   Tacp=2-cycle
Tcos=2-cycle   Tcoh=2-cycle
Tacc=3-cycle   Tcah=2-cycle

图 2-27 SROM 控制器读时序框图

Tacs=2-cycle   Tacp=don't care
Tcos=2-cycle   Tcoh=2-cycle
Tacc=3-cycle   Tcah=2-cycle

图 2-28 SROM 控制器写时序框图

注:页模式仅支持读周期。

3. SROMC 块设置代码实现

以下是 S3C6410 SROM 控制器（SROMC）在 ARM11 中的代码定义，参照如下：

```
// SROMC_SetBank 函数：主要功能初始化 SROMC 块
//输入：uBank：选择块数
//    eByteCTL：选择块 UL/BL 控制
//    eWAITCTL：选择块 WAIT 控制
//    eDWidth：选择块数据宽度控制
//    ePage：选择块页模式控制
//    eTacs：选择块 Tacs 控制
//    eTcos：选择块 Tcos 控制
//    eTacc：选择块 Tacc 控制
//    eTcoh：选择块 Tcoh 控制
//    eTcah：选择块 Tcah 控制
//    eTacp：选择块 Tacp 控制
//    输出 ：
void  SROMC_SetBank(u8  uBank,  Byte_eCTL  eByteCTL,  WAIT_eCTL  eWAITCTL,  Data_eWidth
eDWidth,Page_eMode ePage,Bank_eTiming eTacs, Bank_eTiming eTcos,Bank_eTiming eTacc,Bank_eTiming
eTcoh, Bank_eTiming eTcah, Bank_eTiming eTacp)
{
    u32 uBaseAddress = 0;
    u32 uConValue = 0;
    volatile u32 *pSROMC_BC_Addr = NULL;
    volatile u32 *pSROMC_BW_Addr = NULL;
    uBaseAddress = SROM_BASE;
    g_SROMCBase = (void *)uBaseAddress;
    //总线宽度& 等待控制
    pSROMC_BW_Addr = &(SROMC->rSROM_BW);
    uConValue = Inp32(&SROMC->rSROM_BW);
    uConValue = (uConValue & ~(0xF<<(uBank*4))) | (eDWidth<<(uBank*4))|
    (eWAITCTL<<(uBank*4 + 2))|(eByteCTL<<(uBank*4+3));
    *pSROMC_BW_Addr = uConValue;
    //块控制寄存器
    pSROMC_BC_Addr = &(SROMC->rSROM_BC0);
    pSROMC_BC_Addr = pSROMC_BC_Addr + uBank;
     uConValue =
    (eTacs<<28)|(eTcos<<24)|(eTacc<<16)|(eTcoh<<12)|(eTcah<<8)|(eTacp<<4)|(ePage<<0);
        *pSROMC_BC_Addr = uConValue;
}
```

2.7 ONENAND 控制器

本节主要介绍 S3C6410 RSIC 微处理器 OneNAND 控制器的功能和使用。S3C6410 支持外部 16 位总线，用于同步和异步 OneNAND 外部存储（通过平分端口 0）。通过使用两个控制器，最大可支持 2 页。DenaliOneNAND Flash 存储控制器被用做 S3C6410 的 OneNAND 控制器使用。OneNAND 控制器是由 Denali 开发、测试和许可的，具有先进的微控制器总线架构（AMBA 2），可兼容外部片上系统。该控制器同时支持两组存储器。每个存储页仅支持多路复用的 OneNAND。使用 OneNAND Flash 代替 NAND Flash，其"XSELNAND"引脚必须置 0（低电平）。

2.7.1 ONENAND 控制器的特性

OneNAND 控制器的特性包括以下几个方面：

（1）通过使用两个 OneNAND 控制器，支持最大 2 页。

（2）支持同步/异步多路复用的 OneNAND 存储器。

（3）支持 16 位宽的外部存储器数据通道。

（4）支持 SINGLE/INCR4/INCR8 脉冲传输，用于 32 位 AHB 数据总线。

（5）支持单一字传输，用于 32 位 AHB SFR 总线。

（6）支持仅 ERROR/OKAY 响应，用于两个 AHB 总线。

（7）数据缓冲以达到最高性能。

（8）在 Flash 控制器和系统总线接口间异步先进先出，用于速度的匹配。

（9）通过地址映射，支持擦除命令。

（10）支持复制模式作为寄存器命令。

（11）如果 OneNAND 设备 ID 是 0x0040、0x0048 和 0x0058，支持写同步模式。

（12）如果 OneNAND 设备 ID 是 0x0030，0x0034，OneNAND 版本 ID 位[9：8] 不是 0b00，支持写同步模式。

（13）当映射 01 页访问命令被使用时，支持 LDM4/STM4。如果设备容量是 128Mb 或 256 Mb，推荐不超过一个字的访问，用于 01 页访问命令。

1. ONENAND 控制器框图

图 2-29 显示了 OneNAND 控制器的结构框图。

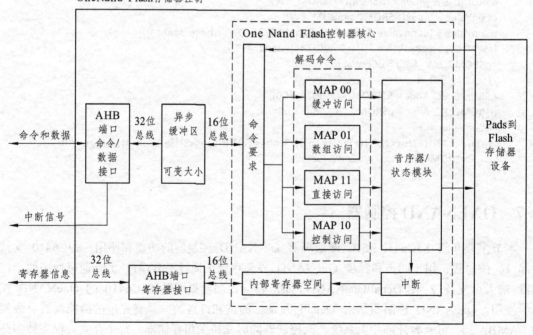

图 2-29 OneNAND 控制器结构框图

2. 信号描述

外部存储器接口的具体信号描述，如表2-36所示。

表 2-36　外部存储器接口信号描述

信号	I/O	描述
Xm0DATA [15:0]	IO	在内存读/写地址段期间,Xm0DATA[15:0](数据总线)输出地址。内存读数据段时输入数据,内存写数据段时输出数据
Xm0CSn[1:0]	O	Xm0CSn[1:0](可选芯片)被激活时,内存地址不超出每个页地址区域。通过系统控制 SFR 的设置,Xm0CSn[1:0]可以被分配到 SROMC 或 OneNAND 控制器 低有效
Xm0WEn	O	Xm0Wen(写使能)说明当前的总线周期是写周期 低有效
Xm0OEn	O	Xm0Oen(输出使能)说明当前的总线周期是读周期 低有效
Xm0INTsm0_FWEn Xm0INTsm1_FREn	I	从 OneNAND 存储页 0,1 中断输入 如果 OneNAND 存储器没有被使用,这些信号必须置 0
Xm0ADDRVALID	O	地址有效输出。在 POP 产品中,地址和数据复用。Xm0ADDRVALID 说明总线被使用时,用于地址 低有效
Xm0RPn	O	系统复位输出,OneNAND 存储器 低有效
Xm0RDY0_ALE Xm0RDY1_CLE	I	Xm0RDY 是同步脉冲等待输入,外部设备使用延迟同步脉冲转移。Xm0RDY 在同步读模式下,说明数据有效。当 Xm0CSn 为低时,Xm0RDY 被激活
Xm0SMCLK	O	静态存储器时钟,用于同步静态存储器设备

3. 输入时钟

OneNAND 控制器有三个时钟源输入。总线系统接口获得 AHB 总线时钟, 即 HCLK。Flash控制器核心获得两个 Flash 时钟, 即 mclk 和 mclk_flash。mclk 的频率必须是 mclk_flash 的两倍,由 OneNAND flash 存储器提供。

可以设置系统控制器 SFR 的频率。当更改时钟频率的比率时, 必须按照下面的程序:

（1）确保没有存储器传输。

（2）在系统控制器 SFR 内, 转换时钟比率。

（3）写时钟比率寄存器。

（4）开始存储器访问。

2.7.2　存储器地址映射

OneNAND 控制器读内存设备 dev_id 的大小区域,以决定地址映射。自动配置 MEM_ADDR区域的地址映射到支持的设备。如表 2-37 所示,"MEM_ADDR 区域"决定区域的大小, 用于几个 OneNAND 存储器设备。

表 2-37　MEM_ADDR 区域

dev_id 区域大小	密度	所属块	页大小	映射 位置	MEM_ADDR 区域					
					保留	DFS_DBS	FBA	FPA	FSA	保留
0000	128 Mb	256	1KB	[23:22]	[21:17]	N/A	[16:9]	[8:3]	[2]	[1:0]
0001	256 Mb	512	1KB	[23:22]	[21:18]	N/A	[17:9]	[8:3]	[2]	[1:0]

dev_id 区域大小	密度	所属块	页大小	映射位置	MEM_ADDR 区域					
					保留	DFS_DBS	FBA	FPA	FSA	保留
0010	512Mb	512	2KB	[23:22]	[21:19]	N/A	[18:10]	[9:4]	[3:2]	[1:0]
0011	1Gb Dual Die	1024	2KB	[23:22]	[21:20]	[19]	[18:10]	[9:4]	[3:2]	[1:0]
0011	1Gb	1024	2KB	[23:22]	[21]	N/A	[19:10]	[9:4]	[3:2]	[1:0]
0100	2Gb Dual Die	2048	2KB	[23:22]	[21]	[20]	[19:10]	[9:4]	[3:2]	[1:0]
0100	2Gb	2048	2KB	[23:22]	N/A	N/A	[20:10]	[9:4]	[3:2]	[1:0]
0101	4Gb Dual Die	4096	2KB	[23:22]	N/A	[20]	[20:10]	[9:4]	[3:2]	[1:0]
0101	4Gb	4096	2KB	[23:22]	N/A	N/A	[21:10]	[9:4]	[3:2]	[1:0]

2.8 NAND FLASH 控制器

目前的 NOR FLASH 存储器价格比较昂贵，而 SDRAM 和 NAND FLASH 存储器的价格相对来说比较合适，这就是为什么消费者更喜欢从 NAND FLASH 启动引导系统，而在 SDRAM 上执行主程序代码的原因。

S3C6410 恰好满足这一要求，它可以实现从 NAND FLASH 上执行引导程序。S3C6410 具备了一个内部 SRAM 缓冲器，叫作"STEPPINGSTONE"，支持 NAND FLASH 的系统引导。当系统启动时，NAND FLASH 存储器的前面 4 KB 将被自动载入 STEPPINGSTONE 中，然后系统自动执行这些载入的引导代码。

通常情况下，这 4K 的引导代码需要将 NAND FLASH 中程序内容拷贝到 SDRAM 中，在引导代码执行完毕后跳转到 SDRAM 执行。使用 S3C6410 内部硬件 ECC 功能可以对 NAND FLASH 的数据进行有效性的检测。

2.8.1 NAND FLASH 控制器的特性

NAND FLASH 控制器的特性如下：

（1）自动导入模式：复位后，引导代码被送入 4 KB 的 STEPPINGSTONE 中，引导代码移动完毕，引导代码将在 STEPPINGSTONE 中执行。

注：在导入期间，NAND FLASH 控制器不支持 ECC 纠正。

（2）NAND FLASH 控制器 I/F：支持 512 字节和 2 KB 页。

（3）软件模式：用户可以直接访问 NAND FLASH 控制器。例如这个特性可以用于读/擦/编程 NAND FLASH 存储器。

（4）接口：8 位 NAND FLASH 存储器接口总线。

（5）硬件 ECC 产生、检测和标志（软件纠正）。

（6）支持 SLC 和 MLC 的 NAND FLASH 控制器，1 位 ECC 用于 SLC，4 位 ECC 用于 MLC 的 NAND FLASH。

（7）特殊功能寄存器 I/F：支持字节/半字/字数据的访问和 ECC 的数据寄存器，用字来访问其他寄存器。

（8）STEPPINGSTONE I/F：支持字节/半字/字的访问。

（9）4KB 内部 SRAM 缓冲器 STEPPINGSTONE，在 NAND FLASH 引导后可以作为其他用途使用。NAND FLASH 控制器的结构，如图 2-30 所示。

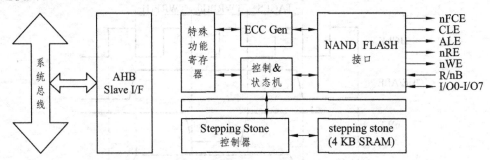

图 2-30 NAND FLASH 控制器结构图

1. NAND FLASH 控制器工作机制

NAND FLASH 控制器的工作机制，如图 2-31 所示。在上电复位时，NAND FLASH 控制器将通过 XOM（参照引脚配置）引脚状态来获得关于连接 NAND FLASH 的信息。在上电或系统复位之后，NAND FLASH 控制器自动加载 4 KB 的启动代码。加载完成后，启动代码将在 STEPPINGSTONE 中被执行。

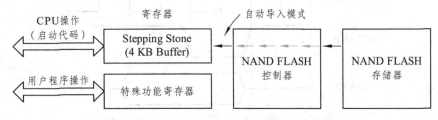

图 2-31 NAND FLASH 控制器的工作机制

注：在自动导入期间，ECC 是未被选中状态。因此，前 4 KB 的 NAND FLASH 绝不能有位错误。

2. 引脚配置

以下是相应的引脚配置如表 2-38 所示。

表 2-38 引脚配置

OM[4:0]	Adv 闪存	页大小	地址周期	总线宽度
0000x	0: Normal NAND	1: 512 字节	0: 3 周期	0: 8 位数据总线
0001x	0: Normal NAND	1: 512 字节	1: 4 周期	0: 8 位数据总线
0010x	1: Advance NAND	1: 2K 字节	0: 4 周期	0: 8 位数据总线
0011x	1: Advance NAND	1: 2K 字节	1: 5 周期	0: 8 位数据总线

以上的引脚配置可适用于 NAND FLASH 被用作启动存储器的情况，如果 NAND FLASH 不能用作启动存储器，引脚的配置可以通过设置 NFCON SFR"NFCONF"（0x70200000）来改变。

3. NAND FLASH 存储器时序

NAND FLASH 存储器时序：CLE 和 ALE 时序如图 2-32 所示，nWE 和 nRE 时序如图 2-33 所示。

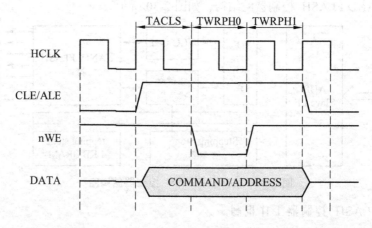

图 2-32 CLE 和 ALE 时序（TACLS=1，TWRPH0=0，TWRPH1=0）

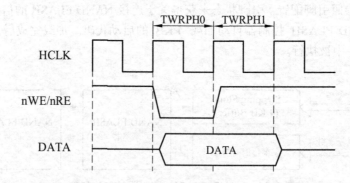

图 2-33 nWE 和 nRE 时序（TWRPH0=0，TWRPH1=0）

4. 软件模式

S3C6410 仅支持软件模式访问。使用这种模式完全地进入 NAND FLASH 存储器。NAND FLASH 控制器支持直接访问 NAND FLASH 存储器接口。

（1）写命令寄存器：NAND FLASH 存储器命令周期。

（2）写地址寄存器：NAND FLASH 存储器地址周期。

（3）写数据寄存器：写数据到 NAND FLASH 存储器（写周期）。

（4）读数据寄存器：从 NAND FLASH 存储器读数据（读周期）。

（5）读主 ECC 寄存器和备用 ECC 寄存器：从 NAND FLASH 存储器读数据。

注：在软件模式下，必须通过利用检测和中断来检查 RnB 输入引脚的状态。

5. 数据寄存器配置

8 位 NAND FLASH 存储器接口。

（1）字访问。

NAND FLASH 存储器接口的字访问，如表 2-39 所示。

表 2-39　字访问描述

寄存器	端	位[31:24]	位[23:16]	位[15:8]	位[7:0]
NFDATA	小端	4th I/O[7:0]	3rd I/O[7:0]	2nd I/O[7:0]	1st I/O[7:0]

（2）半字访问。

NAND FLASH 存储器接口的半字访问，如表 2-40 所示。

表 2-40　半字访问描述

寄存器	端	位[31:24]	位[23:16]	位[15:8]	位[7:0]
NFDATA	小端	无效值	无效值	2nd I/O[7:0]	1st I/O[7:0]

（3）字节访问。

NAND FLASH 存储器接口的字节访问，如表 2-41 所示。

表 2-41　字节访问描述

寄存器	端	位[31:24]	位[23:16]	位[15:8]	位[7:0]
NFDATA	小端	无效值	无效值	无效值	1st I/O[7:0]

2.8.2　STEPPINGSTONE（4 KB SRAM）

NAND FLASH 控制器使用 Steppingstone 作为缓冲器引导，也可以将它用于各种其他用途。

1. SLC / MLC ECC（错误纠正码）

NAND FLASH 控制器有 4 个 ECC（错误纠正码）模块用于 SLC 类型的 NAND FLASH 存储器，1 个 ECC 模块，用于 MLC 类型的 NAND FLASH 存储器。

SLC 类型的 NAND FLASH 存储器接口，NAND FLASH 控制器组成 4 个 ECC 模块。这些模块可用于（高达）2048 字节 ECC 奇偶校验码的产生，以及其他可用于（高达）4 字节 ECC 奇偶校验码的产生。MLC 类型的 NAND FLASH 存储器接口，NAND FLASH 控制器组成 1 个 ECC 模块。这些模块仅用于 512 字节的 ECC 奇偶校验码的产生。8 位存储器接口，MLC 的 ECC 模块每 512 字节生成奇偶校验码。然而，SLC 的 ECC 模块生成奇偶校验码是将每个字节分开。

以下是 ECC 奇偶校验码和两个 SLC 的 ECC 模块表格，其中：

28 位 ECC 奇偶校验码：22 位行奇偶校验+6 位列奇偶校验

10 位 ECC 奇偶校验码：4 位行奇偶校验+6 位列奇偶校验

（1）2 048 字节 SLC 的 ECC 奇偶校验码分配表，如表 2-42 所示。

表 2-42　SLC 的 ECC 奇偶校验码分配表（2 048 字节）

	DATA7	DATA6	DATA5	DATA4	DATA3	DATA2	DATA1	DATA0
MECCn_0 MECCn_1 MECCn_2	~ P64	~ P64'	~ P32	~ P32'	~ P16	~ P16'	~ P8	~ P8'
	~ P1024	~ 1024'	~ P512	~ P512'	~ P256	~ P256'	~ P128	~ P128'
	~ P4	~ P4'	~ P2	~ P2'	~ P1	~ P1'	~ P2048	~ P2048'
MECCn_3	1	1	1	1	~ P8192	~ P8192'	~ P4096	~ P4096'

（2）4 字节 SLC 的 ECC 奇偶校验码分配表，如表 2-43 所示。

表 2-43　SLC 的 ECC 奇偶校验码分配表（4 字节）

SECCn_0 SECCn_1	DATA7	DATA6	DATA5	DATA4	DATA3	DATA2	DATA1	DATA0
	~ P2	~ P2'	~ P1	~ P1'	~ P16	~ P16'	~ P8	~ P8'
	1	1	1	1	1	1	~ P4	~ P4'

以下是 NAND FLASH 控制器 ECC 错误校验的一个操作实例，其具体代码实现如下：

```c
// NAND_CheckECCError 函数：主要功能实现 ECC 错误校验。
// 输入: Controller – Nand 控制器端口数
// 输出: ECC 错误类型
NAND_eERROR NAND_CheckECCError(u32 Controller)
{
    u32 uEccError0;
    //u32 uEccError1;
    NAND_eERROR eError;
    eError = eNAND_NoError;
    if((NAND_Inform[Controller].uNandType   ==   NAND_Normal8bit)   ||
    (NAND_Inform[Controller].uNandType == NAND_Advanced8bit) )
    {   uEccError0 = Inp32(&NAND(Controller)->rNFECCERR0);
        switch (uEccError0 & 0x03)
        {   case 0x00 :   eError = eNAND_NoError;break;
            case 0x01 :   eError = eNAND_1bitEccError;break;
            case 0x02 :   eError = eNAND_MultiError;break;
            case 0x03 :   eError = eNAND_EccAreaError;break;
        }
        if(NAND_Inform[Controller].uPerformanceCheck == 0)
        {
            switch ((uEccError0 & 0x0C)>>2)
            {
            case 0x00 :   eError |= eNAND_NoError;break;
            case 0x01 :   eError |= eNAND_Spare1bitEccError;break;
            case 0x02 :   eError |= eNAND_SpareMultiError;break;
            case 0x03 :   eError |= eNAND_SpareEccAreaError;break;
            }
        }
    }
    else if(NAND_Inform[Controller].uNandType == NAND_MLC8bit)
    {
        uEccError0 = Inp32(&NAND(Controller)->rNFECCERR0);
        //uEccError1 = Inp32(&NAND(Controller)->rNFECCERR1);
        switch ((uEccError0>>26) & 0x07)
        {
            case 0x00 :      eError = eNAND_NoError;break;
            case 0x01 :      eError = eNAND_1bitEccError;break;
            case 0x02 :      eError = eNAND_2bitEccError;break;
            case 0x03 :      eError = eNAND_3bitEccError;break;
            case 0x04 :      eError = eNAND_4bitEccError;break;
```

```
            case 0x05 :      eError = eNAND_UncorrectableError;break;
        }
    }
    return eError;
}
```

2. ECC 模块特性

ECC 的产生是通过 ECC 锁定（MainECCLock，SpareECCLock）位的控制寄存器来控制的。当 ECCLock 为低时，ECC 校验码通过 H/W ECC 模块产生。

3. SLC ECC 寄存器配置

以下各表显示 SLC ECC 从外部 NAND FLASH 存储器的备用区中读取值的配置。比较 ECC 奇偶校验码是通过 H/W 模块来产生的，从存储器读取 ECC 的格式是非常重要的。

注：MLC ECC 译码方式不同于 SLC ECC。

8 位 NAND FLASH 存储器接口，如表 2-44 所示。

表 2-44   8 位 NAND FLASH 存储器接口

寄存器	位[31:24]	位[23:16]	位[15:8]	位[7:0]
NFMECCD0	4th ECC for I/O[7:0]	3rd ECC for I/O[7:0]	2nd ECC for I/O[7:0]	1st ECC for I/O[7:0]
NFMECCD1	没有使用			
NFSECCD	没有使用	2nd ECC 用于 I/O[7:0]	1st ECC 用于 I/O[7:0]	

4. SLC ECC 设计向导

（1）在使用 SLC ECC 软件模式时，复位 ECCType 为"0"（SLC ECC 使能）。当 MainECCLock（NFCON[7]）和 SpareECCLock（NFCON[6]）开启时，ECC 模块生成的 ECC 奇偶校验码用于所有数据的读/写。在读"0"数据或写数据之前，必须复位 ECC 的值，方法是把 InitMECC（NFCONT[5]）和 InitSECC（NFCON[4]）的位设为"1"，同时把 MainECCLock（NFCONT[7]）的位设为"0"（开启）。

ECC 奇偶校验码的产生与否主要是通过 MainECCLock（NFCONT[7]）和 SpareECCLock（NFCONT[6]）位来控制的。

（2）无论是读数据还是写数据，ECC 模块都产生 ECC 奇偶校验码来记录 NFMECC0/1。

（3）在完成读或写页（不包括备用区数据）后，设置 MainECCLock 位为"1"（锁定）。ECC 奇偶校验码是锁定的，同时 ECC 状态寄存器的值将不会被改变。

（4）要产生备用区 ECC 奇偶校验码，SpareECCLock（NFCONT[6]）位需要清零"0"（开启）。

（5）无论是读数据还是写数据，备用区 ECC 模块都产生 ECC 奇偶校验码来记录 NFSECC。

（6）在完成读或写备用区后，设置 SpareECCLock 位为"1"（锁定）。ECC 奇偶校验码是锁定的，同时 ECC 状态寄存器的值将不会被改变。

（7）可以使用这些值来记录备用区或检查误码。

（8）例如，检查误码的主要数据区在页的读操作，在主数据区产生 ECC 校验码后，必须移动 ECC 奇偶校验码（存储到备用区）到 NFMECCD0 和 NFMECCD1 寄存器中。这时，NFECCERR0 和 NFECCERR1 将产生有效的错误状态值。

注：NFSECCD 是 ECC 备用区（通常情况下，用户将产生的 ECC 值从主数据区写入备

用区中，其值与 NFMECC0/1 一样），它是从主数据区产生的。

5. MLC ECC 设计向导（编码）

（1）在使用 MLC ECC 软件模式时，设置 MsgLength 为"0"（512 字节信息长度），同时设置 ECCType 为"0"（使能 MLC ECC）。ECC 模块生成的 ECC 奇偶校验码用于 512 字节写数据。所以，必须复位 ECC 的值，方法是在写数据之前，把 InitMECC（NFCONT[5]）的位写"1"，同时把 MainECCLock（NFCONT[7]）的位清零"0"（开启）。ECC 奇偶校验码的产生与否主要是通过 MainECCLock（NFCONT[7]）位来控制的。

（2）无论何时进行写数据，MLC ECC 模块都会在内部产生 ECC 奇偶校验码。

（3）在完成 512 字节的写数据后（不包括备用区数据），奇偶校验码将自动更新 NFMECC0、NFMECC1 寄存器。如果使用 512 字节的 NAND FLASH 存储器，可以编程将这些值放到备用区。然而，如果使用 NAND FLASH 存储器超过 512 字节页以上，这时将不能直接编程。在这种情况下，必须复制这些奇偶校验码到其他的存储器中，如 DRAM。之后写入所有主数据，可以将写入 ECC 的值复制到备用区。奇偶校验码有自我纠正信息，包括它本身。

（4）要产生备用区 ECC 奇偶校验码，需要设置 MsgLength 为"1"（24 字节信息长度）同时设置 ECCType，为"1"（使能 MLC ECC）。ECC 模块生成的 ECC 奇偶校验码用于 24 字节写数据。所以，必须复位 ECC 的值，方法是在写数据之前，把 InitMECC（NFCONT[5]）的位写"1"，同时把 MainECCLock（NFCONT[7]）的位清零"0"（开启）。ECC 奇偶校验码的产生与否主要是通过 MainECCLock（NFCONT[7]）位来控制的。

（5）无论何时进行写数据，MLC ECC 模块都会在内部产生 ECC 奇偶校验码。

（6）在完成 24 字节元数据或额外数据写入后，奇偶校验码将自动更新 NFMECC0、NFMECC1 寄存器。可以编程将这些奇偶校验码移到备用区。奇偶校验码有自我纠正信息，包括它本身。

6. MLC ECC 设计向导（译码）

（1）在四个 512 字节主区域中，备用区是由四个 7 字节的奇偶区域、24 字节的元数据以及 7 字节用于这个元数据的奇偶区组成的。

（2）在使用 MLC ECC 软件模式时，设置 MsgLength 为"0"（512 字节信息长度），同时设置 ECCType 为"1"（使能 MLC ECC）。ECC 模块生成的 ECC 奇偶校验码用于 512 字节读数据。所以，必须复位 ECC 的值。方法是在读数据之前，把 InitMECC（NFCONT[5]）的位写"1"，同时把 MainECCLock（NFCONT[7]）的位清零"0"（开启）。ECC 奇偶校验码的产生与否主要是通过 MainECCLock（NFCONT[7]）和 SpareECCLock（NFCONT[6]）位来控制的。

（3）无论何时进行写数据，MLC ECC 模块都会在内部产生 ECC 奇偶校验码。

（4）在完成 512 字节读数据（不包括备用区数据）后，需要读奇偶校验码。MLC ECC 模块需要奇偶校验码检测是否有错误位。所以在读 512 字节后，ECC 奇偶校验码是有必要的。一旦 ECC 奇偶校验码被读，MLC ECC 引擎开始在内部搜索任何错误。MLC ECC 的错误搜索引擎可以在最小为 155 周期内找到任何错误。在这段时间内，可以继续从外部 NAND FLASH 存储器中读主数据。ECCDecDone（NFSTAT[6]）可以用于检测 ECC 译码是否被完成。

（5）当 ECCDecDone（NFSTAT[6]）设置为"1"时，NFECCERR0 显示是否有错误位存在。如果有任何一种错误存在的话，则可以通过参照 NFECCERR0/1 和 NFMLCBITPT 寄存器来进行修正。

（6）如果有很多主数据要读，继续第（2）步。

（7）元数据错误检测，设置 MsgLength 为"1"（24 字节信息长度），同时设置 ECCType 为"1"（使能 MLC ECC）。ECC 模块生成的 ECC 奇偶校验码用于 24 字节读数据。所以，必须复位 ECC 的值，方法是在读数据之前，把 InitMECC（NFCONT[5]）的位写"1"，同时把 MainECCLock（NFCONT[7]）的位清零"0"（开启）。ECC 奇偶校验码的产生与否主要是通过 MainECCLock（NFCONT[7]）位来控制的。

（8）无论何时进行写数据，MLC ECC 模块都会在内部产生 ECC 奇偶校验码。

（9）在完成 24 字节读数据后，需要读奇偶校验码。MLC ECC 模块需要奇偶校验码检测是否有错误位。所以在读 24 字节后，读 ECC 奇偶校验码是有必要的。一旦 ECC 奇偶校验码被读，MLC ECC 引擎开始在内部搜索任何错误。MLC ECC 的错误搜索引擎可以在最小为 155 周期内找到任何错误。在这段时间内，可以继续从外部 NAND FLASH 存储器中读主数据。ECCDecDone（NFSTAT[6]）可以用于检测 ECC 译码是否被完成。

（10）当 ECCDecDone（NFSTAT[6]）设置为"1"时，NFECCERR0 显示是否有错误位存在。如果有任何一种错误存在的话，则可以通过参照 NFECCERR0/1 和 NFMLCBITPT 寄存器来进行修正。

7. NAND FLASH 存储器映射

关于 NAND FLASH 存储器的映射，可以参看图 2-34 所示。

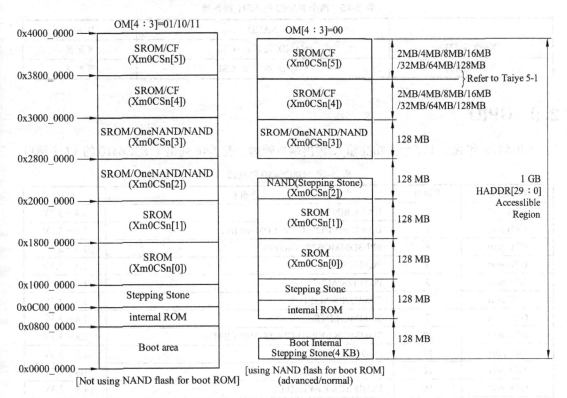

图 2-34　NAND FLASH 存储器映射结构图

8. NAND FLASH 存储器结构

以下是 NAND FLASH 存储器的结构图，如图 2-35 所示。

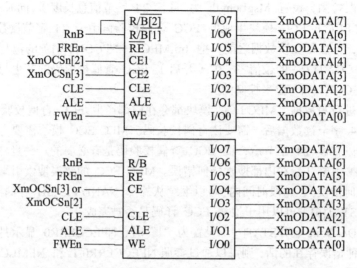

图 2-35　一个 8 位 NAND FLASH 存储器接口框图

　　注：NAND 控制器可以支持控制两个 NAND FLASH 存储器。如表 2-45 所示，显示了 NAND FLASH 的两个控制器。如果想要从 NAND 启动，则必须使用 Xm0CSn[2]进行导入。

表 2-45　两个 NAND FLASH 控制器

	NAND	BOOT
Xm0CSn[2]	NAND 控制器 CS0	可配置
Xm0CSn[3]	NAND 控制器 CS1	可配置

2.9　GPIO

　　S3C6410 包含了 187 个多功能输入/输出端口管脚。表 2-46 列出了 S3C6410 的 17 个端口。

表 2-46　S3C6410 的端口

端口名称	管脚数	混合引脚	电压
GPA port	8	UART/EINT	1.8 ~ 3.3V
GPB port	7	UART/IrDA/I2C/CF/Ext.DMA/EINT	1.8 ~ 3.3V
GPC port	8	SPI/SDMMC/I2S_V40/EINT	1.8 ~ 3.3V
GPD port	5	PCM/I2S/AC97/EINT	1.8 ~ 3.3V
GPE port	5	PCM/I2S/AC97	1.8 ~ 3.3V
GPF port	16	CAMIF/PWM /EINT	1.8 ~ 3.3V
GPG port	7	SDMMC/EINT	1.8 ~ 3.3V
GPH port	10	SDMMC/KEYPAD/CF/I2S_V40/EINT	1.8 ~ 3.3V
GPI port	16	LCD	1.8 ~ 3.3V
GPJ port	12	LCD	1.8 ~ 3.3V
GPK port	16	HostIF/HIS/KEYPAD/CF	1.8 ~ 3.3V
GPL port	15	HostIF/KEYPAD/CF/OTG/EINT	1.8 ~ 3.3V
GPMport	6	HostIF /CF/ EINT	1.8 ~ 3.3V

端口名称	管脚数	混合引脚	电压/V
GPN port	16	EINT/KEYPADEINT	1.8 ~ 3.3
GPO port	16	MemoryPort0/EINT	1.8 ~ 3.3
GPO port	15	MemoryPort0/EINT	1.8 ~ 3.3
GPQ port	16	MemoryPort0/EINT	1.8 ~ 3.3

GPIO 有以下特性：

（1）可以控制 127 个外部中断。

（2）有 187 个多功能输入/输出端口。

（3）控制管脚的睡眠模式状态，除了 GPK、GPL、GPM、和 GPN 管脚以外。

GPIO 包含两部分，分别是 alive 部分和 off 部分。Alive 部分的电源由睡眠模式提供，off 部分与它不同。因此，寄存器可以在睡眠模式下保持原值。图 2-36 为 GPIO 的模块图。

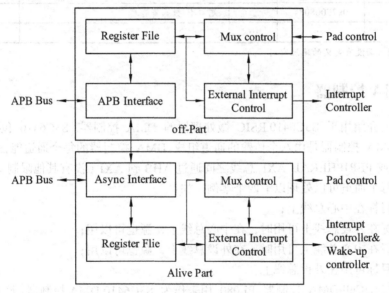

图 2-36　GPIO 的模块图

寄存器描述、存储器映射，如表 2-47 所示。

表 2-47　存储器映射

寄存器	地址	读/写	描述	复位值
GPACON	0x7F008000	读/写	端口 A 配置寄存器	0x0
GPADAT	0x7F008004	读/写	端口 A 数据寄存器	未定义
GPAPUD	0x7F008008	读/写	端口 A 上拉/下拉寄存器	0x0000555
GPACONSLP	0x7F00800C	读/写	端口 A 睡眠模式配置寄存器	0x0
GPAPUDSLP	0x7F008010	读/写	端口 A 睡眠模式拉/下拉寄存器	0x0
GPBCON	0x7F008020	读/写	端口 B 配置寄存器	0x40000
GPBDAT	0x7F008024	读/写	端口 B 数据寄存器	未定义
GPBPUD	0x7F008028	读/写	端口 B 上拉/下拉寄存器	0x00001555
GPBCONSLP	0x7F00802C	读/写	端口 B 睡眠模式配置寄存器	0x0
GPBPUDSLP	0x7F008030	读/写	端口 B 睡眠模式拉/下拉寄存器	0x0

寄存器	地址	读/写	描述	复位值
GPCCON	0x7F008040	读/写	端口 C 配置寄存器	0x0
GPCDAT	0x7F008044	读/写	端口 C 数据寄存器	未定义
GPCPUD	0x7F008048	读/写	端口 C 上拉/下拉寄存器	0x00005555
GPCCONSLP	0x7F00804C	读/写	端口 C 睡眠模式配置寄存器	0x0
GPCPUDSLP	0x7F008050	读/写	端口 C 睡眠模式拉/下拉寄存器	0x0
GPDCON	0x7F008060	读/写	端口 D 配置寄存器	0x0
GPDDAT	0x7F008064	读/写	端口 D 数据寄存器	未定义
GPDPUD	0x7F008068		端口 D 上拉/下拉寄存器	0x00000155
GPDCONSLP	0x7F00806C		端口 D 睡眠模式配置寄存器	0x0
GPDPUDSLP	0x7F008070		端口 D 睡眠模式拉/下拉寄存器	0x0
GPECON	0x7F008080		端口 E 配置寄存器	0x0
GPEDAT	0x7F008084		端口 E 数据寄存器	未定义
…	…	…	…	…

注：不要访问上面没有定义的地址空间。

2.10　DMA 控制器

这一节主要介绍用于 S3C6410 RSIC 微处理器的 DMA 控制器。S3C6410 包含四个 DMA 控制器。每个 DMA 控制器是由八个传输的通道组成。DMA 控制器的每个通道能在 SPINE AXI 总线的设备和/或 PERIPHERAL AXI 总线之间通过 AHB 到 AXI（没有其他限制）进行数据传输。换言之，每个通道可以处理以下四个案例，如：

（1）源及目标在中心总线上；

（2）当目标在外设总线上可用时，在中心总线上，源也可以用；

（3）当目标在中心总线上可用时，在外设总线上，源也可以用；

（4）源及目标可用在外设总线上。

ARM 的 PrimeCell DMA 控制器 PL080 用来作为 S3C6410 DMA 控制器。该 DMAC 是一个 AMBA AHB 模块，连接到先进、性能高的总线（AHB）DMAC 是一个先进的微控制器总线体系（Advanced Microcontroller Bus Architecture，AMBA），兼容单片系统（System-on-Chip，SoC），它的开发、测试，许可符合 ARM 的规范。

DMA 的主要优点是没有 CPU 的干预，同样可以传输数据。DMA 的操作可以通过 S/W 初始化，或通过内部外设请求，或外部引脚请求。

2.10.1　DMA 控制器的特性控制器的特性

1. DMA1.DMA 控制器

DMA 控制器提供以下功能：

（1）S3C6410 包含四个 DMA 控制器。每个 DMA 控制器由八个传输通道组成，每个通道支持单向传输。

（2）每个 DMA 控制器提供了 16 个外设 DMA 请求。

（3）每个外设连接到 DMAC，可以表明一个脉冲 DMA 请求或者一个单一的 DMA 请求。DMA 脉冲的大小通过 DMAC 来设置。

（4）支持内存到内存、内存到外设、外设到内存以及外设向外设传输。

（5）通过使用连接表，支持分散 DMA 或集合 DMA。

（6）硬件 DMA 通道的优先权，每一个 DMA 通道有一个特定的硬件优先。DMA 通道 0 有最高优先级，下降至通道 7，具有最低的优先级。如果在同一时间两个通道被请求，则首先服务最高优先级。

（7）该 DMAC 通过写入 DMA 控制寄存器来操作 AHB 接口。

（8）两个 AXI 总线主要通过 AHD 和 AXI 桥传输数据，当 DMA 请求其作用时，这些接口将用于传输数据。

（9）来源及目标的递增或非递增地址。

（10）可编程的 DMA 的脉冲大小。DMA 的脉冲大小可以编程，以提高的传输数据效率。通常在外设，脉冲大小设置为 FIFO 的一半大小。

（11）内部 4 字 FIFO 通道。

（12）支持 8 位、16 位和 32 位宽度处理。

（13）支持大端和小端模式。复位时，DMA 控制器默认的是小端模式。

（14）单独的和组合的 DMA 错误和 DMA 计数中断请求。在一个 DMA 错误上或者当 DMA 计数读取"0"（通常用于指示传输完成）时，处理器的中断产生。

三个中断请求信号的作用如下：

■ 当传输已完成时，产生 DMACINTTC 信号。

■ 当发生错误时，产生 DMACINERR 信号。

■ DMACINTTC 和 DMACINERR 中断请求信号。DMACINTR 中断请求可以在系统中使用，其中有少数中断控制器的请求输入。

（15）中断屏蔽。DMA 错误和 DMA 终端计数中断请求可能被屏蔽。

（16）原始中断状态，DMA 错误和计数原始中断状态可以读取预屏蔽的信息。

2. DMA 控制器

DMA 控制器的结构框图，如图 2-37 所示。

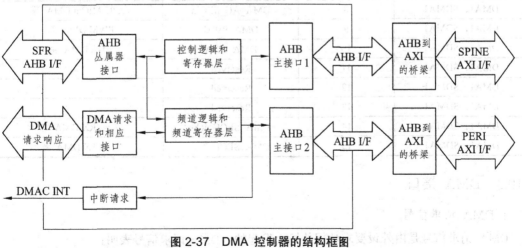

图 2-37　DMA 控制器的结构框图

2.10.2 DMA 源

该 S3C6410 支持 64 位 DMA 源,如表 2-48 所示。

表 2-48　DMA 源

组	DMA 编号	源	描述
DMA0, SDMA0	0	DMA_UART0[0]	UART0 DMA 源 0
DMA0, SDMA0	1	DMA_UART0[1]	UART0 DMA 源 1
DMA0, SDMA0	2	DMA_UART1[0]	UART1 DMA 源 0
DMA0, SDMA0	3	DMA_UART1[1]	UART1 DMA 源 1
DMA0, SDMA0	4	DMA_UART2[0]	UART2 DMA 源 0
DMA0, SDMA0	5	DMA_UART2[1]	UART2 DMA 源 1
DMA0, SDMA0	6	DMA_UART3[0]	UART3 DMA 源 0
DMA0, SDMA0	7	DMA_UART3[1]	UART3 DMA 源 1
DMA0, SDMA0	8	DMA_PCM0_TX	PCM0 DMA TX 源
DMA0, SDMA0	9	DMA_PCM0_RX	PCM0 DMA RX 源
DMA0, SDMA0	10	DMA_I2S0_TX	I2S0 TX DMA 源
DMA0, SDMA0	11	DMA_I2S0_RX	I2S0 RX DMA 源
DMA0, SDMA0	12	DMA_SPI0_TX	SPI0 TX DMA 源
DMA0, SDMA0	13	DMA_SPI0_RX	SPI0 RX DMA 源
DMA0, SDMA0	14	DMA_HSI_TX	MIPI HSI DMA TX 源
DMA0, SDMA0	15	DMA_HSI_RX	MIPI HSI DMA RX 源
DMA1, SDMA1	0	DMA_PCM1_TX	PCM1 DMA TX 源
DMA1, SDMA1	1	DMA_PCM1_RX	PCM1 DMA RX 源
DMA1, SDMA1	2	DMA_I2S1_TX	I2S1 TX DMA 源
DMA1, SDMA1	3	DMA_I2S1_RX	I2S1 RX DMA 源
DMA1, SDMA1	4	DMA_SPI1_TX	SPI1 TX DMA 源
DMA1, SDMA1	5	DMA_SPI1_RX	SPI1 RX DMA 源
DMA1, SDMA1	6	DMA_AC_PCMou	AC97 PCMout DMA 源
DMA1, SDMA1	7	DMA_AC_PCMin	AC97 PCMin DMA 源
DMA1, SDMA1	8	DMA_AC_MICin	AC97 MICin DMA 源
DMA1, SDMA1	9	DMA_PWM	PWM DMA 源
DMA1, SDMA1	10	DMA_IrDA	IrDA DMA 源
DMA1, SDMA1	11	Reserved	
DMA1, SDMA1	12	Reserved	
DMA1, SDMA1	13	Reserved	
DMA1, SDMA1	14	DMA_SECU_RX	安全 RX DMA 源
DMA1, SDMA1	15	DMA_SECU_TX	安全 TX DMA 源

2.10.3 DMA 接口

1. DMA 请求信号

DMA 请求信号是由外设要求数据传输而发起的。DMA 请求信号表明:

（1）是传输单个字或脉冲（多字）数据的传输请求。

（2）是否是数据包传输的最后一次。

每个外设向 DMA 控制器发送的 DMA 请求信号如下：

（1）DMACxBREQ：脉冲请求信号。这个执行程序脉冲字的数目被转移。

（2）DMACxSREQx：单传输请求信号。执行一个单个字被传输。该 DMA 控制器传输单个字到外设或来自外设。

注：如果外设只传输数据的脉冲，它不是强制地去连接单一传输请求信号。如果外设只传输单一的数据的字，则它不是强制地去连接脉冲请求信号。

2. DMA 的响应信号

DMA 响应信号表明输由 DMA 请求信号申请的传输是否完成。响应信号也可以被用来表明是否一个完整的包已传输。

DMA 控制器向每个外设发送的 DMA 响应信号如下：

（1）DMACxCLRx：DMA 的清除或确认信号。

（2）DMACxTC：DMA 的终端计数信号。

（3）DMA 使用 DMACxCLRx 信号来确认来自外设的 DMA 请求。

（4）DMACxTC 信号 DMA 控制器用于向外设表明，DMA 传输已完成。

注：有些外设不需要连线的 DMA 终端计数信号。

3. 传输类型

DMA 控制器支持四种类型的传输：

（1）从内存到外设。

（2）从外设到内存。

（3）从内存到内存。

（4）从外设到外设。

每一个传输类型可以由任一外设，或 DMA 控制器作为流量控制器。因此，有四种可能的控制情况。

4. 在 DMA 控制器的流控制下外设到内存的处理

对于不是脉冲大小倍数的处理，使用脉冲和单一请求信号，如图 2-38 所示。

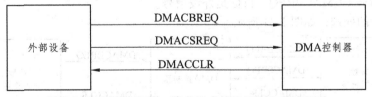

图 2-38　由脉冲和单一请求组成的外设到内存的处理

这两个请求信号并非互相排斥的，DMA 控制器监控器 DMACBREQ，该数据的传输数量大于脉冲大小，并发生请求时，开始一个脉冲传输（来自外设）。当数据的传输数量小于脉冲大小，DMA 控制器监控 DMACBREQ，并发生请求时，开始单一传输。

5. 在 DMA 控制器的流控制下内存到外设的处理

处理多种模块大小，只用于脉冲模块请求信号，如图 2-39 所示，由脉冲组成的内存到外设的处理。

只请求 DMACBREQ。当剩余的数据数量大于脉冲的大小，DMA 控制器发送数据的全脉冲。当剩余的数据数量小于脉冲的大小，DMAC 再次监控 DMACBREQ，当请求的时候，传输剩余的数据。

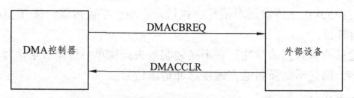

图 2-39　由脉冲组成的内存到外设的处理

6. 在 DMA 控制器的流控制下内存到内存的处理

软件程序从内存到内存传输的 DMA 通道。当它启用，DMA 通道没有 DMA 请求开始传输，直到发生下列情况中的一种：

（1）所有数据转移。

（2）通过软件禁止该通道。

注：必须执行内存到内存的传输与低通道优先，否则，其他 DMA 通道不能进入总线，直到内存到内存的传输已经完成，或其他 AHB 的控制无法执行任何处理。内存到内存的处理，如图 2-40 所示。

图 2-40　在 DMA 控制器的流控制下内存到内存的处理

7. 在 DMA 控制器的流控制下外设到外设的处理

当处理的不是脉冲大小的倍数时，用下面的信号：

（1）单一和脉冲请求（DMACBREQ and DMACSREQ）来源是外设信号。

（2）脉冲请求（DMACBREQ）目标是外设信号。

外设到外设的处理，如图 2-41 所示。

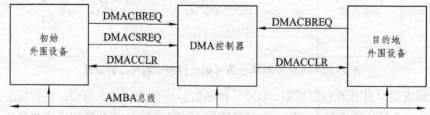

图 2-41　由脉冲和单一请求组成的外设到外设的处理

源外设遵循同样程序，当作描述外设到内存的 DMA 控制器的流量控制。目标外设遵循同样的程序，当作描述内存到外设的处理下外设的流量控制。下一个 LLI 装载时，所有读与写的传输是完整的。可以使用 DMACTC 的信号表明，过去的数据已传输到外设上，如表 2-49 所示。

表 2-49　DMA 控制器的流量控制

传输方向	请求发生器	请求信号使用
外设到内存	外设	DMACBREQ
内存到外设	外设	DMACBREQ
内存到内存	DMA 控制器	None
外设到外设	外设	Src: DMACBREQ

2.10.4　信号时序信号时序

DMA 信号的时序行为描述如下：

（1）DMA 请求信号：DMAC{L}（B/S）REQx

通知 DMA 控制器，该外设准备按指定的大小进行 DMA 传输。

高位有效。由 DMA 控制器取样。DMA 请求信号用于连接 DMACCLR 信号来实现握手。

（2）DMA 确认信号：DMACCLRx

说明一个 DMA 传输的完成。高位有效。

（3）DMA 的终端计数：DMACTCx。

说明数据包的最后已经准备。高位有效。

注：如果 DMA 请求来源不使用相同的时钟作为 DMA 控制器，则在 DMACSync 寄存器中，必须通过设置相关的位请求同步。

2.10.5　功能时序图

外设表明，一个 DMA 请求保持有效状态。该 DMACCLR 信号声称，当结束数据项目已被传输时，DMA 控制器表明 DMACCLK 信号，如图 2-42 所示。

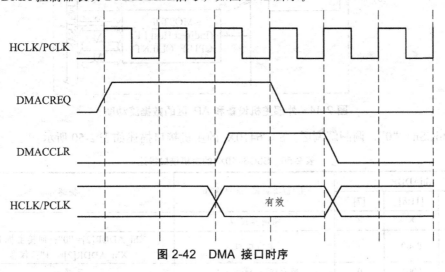

图 2-42　DMA 接口时序

2.11　主机接口

2.11.1　概　述

S3C6410X 的主机接口模块支持直接访问外部主机设备的功能。主机 I/F 模块图如图 2-43

所示，外部主机设备和 AP 区的数据流动图如图 2-44 所示。通过主机接口协议的选择，可以支持下面所述操作：

（1）16 位（协议）寄存器。

（2）SFR 存储器系统内存映射 single 读/写操作。

（3）SFR 存储器系统内存映射 burst 读/写操作。

（4）SFR 存储器系统内存映射重复突发写操作。

（5）调制解调区使主机在没有专用的 AP NAND 闪存时可以对 AP 区进行控制。

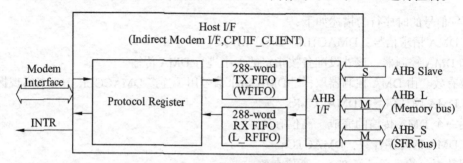

图 2-43　主机 I/F 模块图

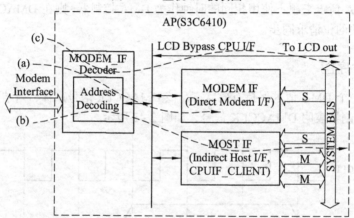

图 2-44　外部主机设备和 AP 区的数据流动图

当 XhiCSn=“0”，调制解调区。S3C6410X 的主机接口描述如表 2-50 所示。

表 2-50　S3C6410X 的主机接口描述

XhiADDR			主机/调制器 接口选择	描述
[12]	[11:8]	[7]		
0	×××	×	调制器接口	
1	0000	×	主机接口	Xhi_ADDR[2]=“0”：间接主机 I/F Xhi_ADDR[2]=“1”：保留
1	0001	0	睡眠/停止模式复位	写操作
1	0001	1	睡眠/停止模式清除	写操作
1	100×	×	LCD 主旁路	
1	101×	×	LCD 子旁路	

主机接口性能：

（1）异步间接 16 位 SRAM 型主机接口。

（2）16 位（协议）寄存器。

（3）写-FIFO 和读 FIFO 支持突发读写交换操作。

（4）用于数据交换的 32 位的输入、输出寄存器。

2.11.2 功能描述

两个 16 位的读/写寄存器访问一个 32 位的 （协议）寄存器如图 2-45 所示。

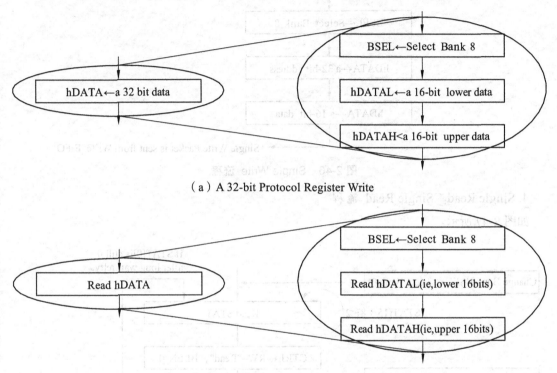

（a）A 32-bit Protocol Register Write

（b）A 32-bit Protocol Register Read

图 2-45　两个 16 位的读/写寄存器访问一个 32 位的（协议）寄存器

1. 16 位的读、写（协议）寄存器

访问一个 16 位的（协议）寄存器需要以下步骤：

（1）通过写 BSEL 选择一个相应的板块。

（2）读或写（协议）寄存器。

2. 同一板块内的 16 位（协议）寄存器读写操作

访问同一板块内的 16 位（协议）寄存器的步骤：

（1）写入 BSEL 选择相应的板块。

（2）读或写低 16 位（协议）寄存器。

（3）读或写高 16 位（协议）寄存器。

3. Single Write：Single Write 流程

如图 2-46 所示。

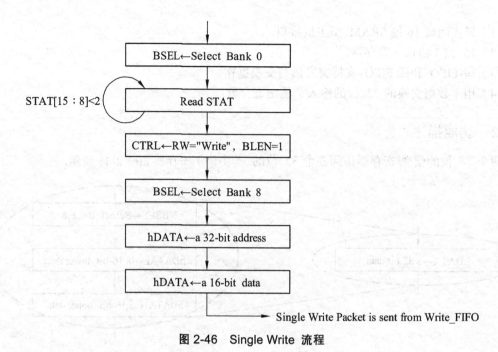

图 2-46 Single Write 流程

4. Single Read：Single Read 流程

如图 2-47 所示。

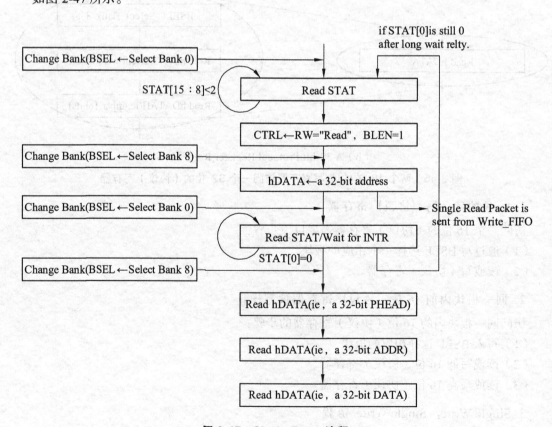

图 2-47 Single Read 流程

这部分的"HOST I/F"表示主机接口模块；"HOST"表示外部主机设备。HOST I/F 从 S3C6410 的 AP 中读取结果。HOST I/F 可以在前一个操作完成之前进行一个新的读操作。

结果源不包含任何信息。HOST 必须确保多重读操作的结果不会混淆。例如：从 a 内读取 "source area A"以后，在还没有等到读取结果出来之前，a 内的"source area B"已经被读取，先读取的内容结果会先到达读缓冲区。收到的结果地址与请求的地址保持一致。即使是相同的 "source area"，多重读操作的结果顺序仍然和单个读取的规则一样。

确保 HOST 在下一条读取命令发出之前已经接收到当前命令的读取结果是避免发生未收到读取结果又继续读取下一条指令情况发生的简单方法。

HOST 通过 16 位的状态寄存器或者通过用一个中断计划可以知道 32 位读缓冲区的状态如何。如果使用中断计划，为了知道中断的原因，HOST 必须读取 ISR 内的状态寄存器。

5. Burst Write：Burst Write 流程

如图 2-48 所示。

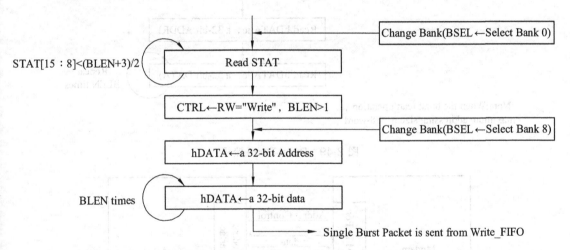

Note:When the burst write operation，maximum addressing size is 288-word

图 2-48　Burst Write 流程

6. Burst Read：Burst Read 流程

如图 2-49 所示。

7. Modem Booting

Modem Booting 的意思是 Host 控制 AP 区，包括复位。在此情况下，AP 不需要一个外部驱动存储器。调制器在 AP 的驱动存储器内下载代码，并通过 HOST I/F 模块输送到 AP 内部的 Stepping Stone 存储器。Modem Booting 连接图如图 2-50 所示。Modem Boot 工作流程如图 2-51 所示。

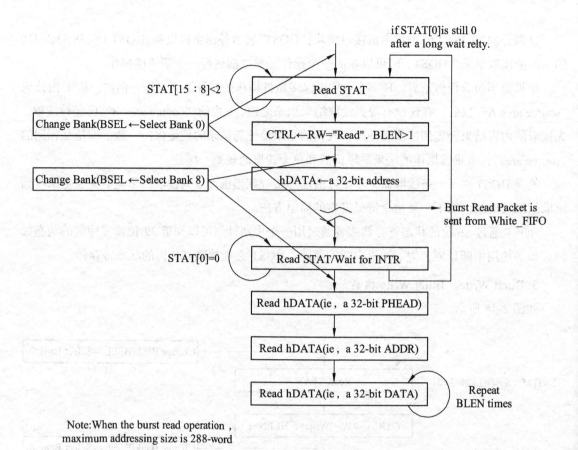

STAT[15 : 8]<2   Read STAT

Change Bank(BSEL ←Select Bank 0)   CTRL←RW="Read". BLEN>1

Change Bank(BSEL ←Select Bank 8)   hDATA←a 32-bit address

Burst Read Packet is
sent from White_FIFO

STAT[0]=0   Read STAT/Wait for INTR

Read hDATA(ie，a 32-bit PHEAD)

Read hDATA(ie，a 32-bit ADDR)

Read hDATA(ie，a 32-bit DATA)   Repeat
BLEN times

Note:When the burst read operation，
maximum addressing size is 288-word

图 2-49　Burst Read 流程

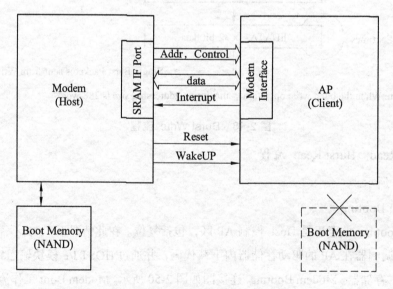

Modem
(Host)

SRAM IF Port

Addr，Control

data

Interrupt

Reset

WakeUP

Modem
Interface

AP
(Client)

Boot Memory
(NAND)

Boot Memory
(NAND)

图 2-50　Modem Booting 连接图

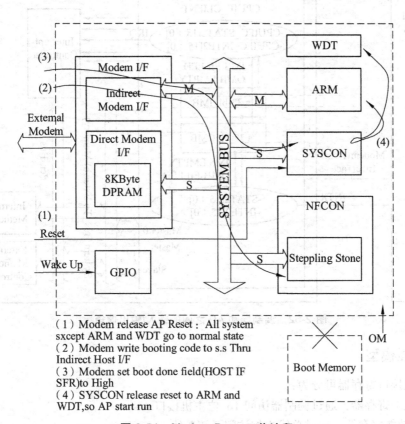

（1）Modem release AP Reset：All system sxcept ARM and WDT go to normal state
（2）Modem write booting code to s.s Thru Indirect Host I/F
（3）Modem set boot done field(HOST IF SFR)to High
（4）SYSCON release reset to ARM and WDT,so AP start run

图 2-51　Modem Boot 工作流程

8. 信箱接口

调制器用 32 位的输入、输出信箱进行调制器与 AP（S3D6410）之间的内部通信。

9. 信箱基本运行

当调制器向输入信箱输入 32 位的数据后，HOST I/F 向 AP（S3C6410）产生一个中断信号，此时 AP（S3C6410）可以读取输入信箱的内容，知道调制器发出的请求。输入信箱内的格式可以根据应用自由定义。当 AP（S3C6410）读取输入信箱内容时，HOST I/F 内输入信箱标志将自动清除。

当 AP（S3C6410）向输出信箱写入 32 位的数据时，HOST I/F 向调制器发出中断，此时调试器可以读取输出信箱内的内容，知道 AP（S3C6410）发出的请求。输出信箱的格式可以根据应用自由定义。当调制器读取输出信箱时，HOST I/F 内输出信箱标志将自动清除。调制器和 AP 之间的输入/输出信箱如图 2-52 所示。

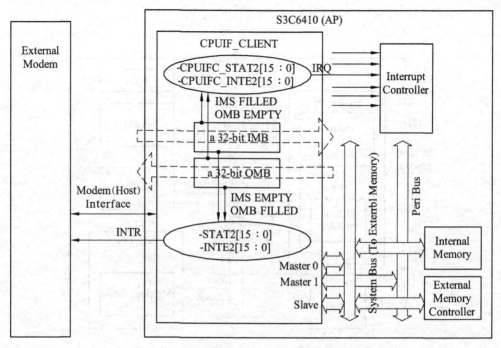

图 2-52 调制器和 AP 之间的输入/输出信箱

2.11.3 编程模型

（1）主机接口寄存器可分为：

① （协议）寄存器：通过调制器访问 16 位主机接口。

② 特殊功能寄存器：通过总线主控访问系统总线。

（2）通过（协议）寄存器，调制器可以执行以下操作：

① 信号转换。

② 突发转换。

③ 读取 S3C6410 所有地址空间，包括特殊功能寄存器。

④ 写入 S3C6410 所有地址空间，包括特殊功能寄存器。

⑤ 向输入信箱内写入 32 位信息。

⑥ 从输出信箱内读取 32 位信息。

（3）通过 SFR 可以支持以下操作：

① 向输出寄存器写入 32 位信息。

② 从输入信箱内读取 32 位信息。

2.12 USB 主机控制器

本节主要介绍在 S3C6410 RISC 微处理器上，通用串行总线主机控制器（USB）的执行。

2.12.1 USB 主机控制器概述

S3C6410 支持 2 端口 USB 主机接口如下：

（1）兼容 OHCI Rev1.0。

（2）兼容 USB Rev1.1。

（3）两个向下传输端口。

（4）支持低速和全速 USB 设备。

USB 主机控制器结构框图，如图 2-53 所示。

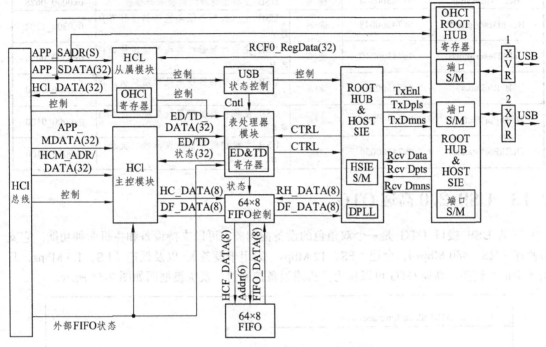

图 2-53　USB 主机控制器结构框图

2.12.2　USB 主机控制器特殊寄存器

S3C6410 USB 主机控制器符合 OHCI Rev1.0，参照开放式主机控制器接口 Rev1.0，表 2-51 显示了 USB 主机控制器的 OHCI 控制器。

表 2-51　USB 主机控制器的 OHCI 控制器

寄存器	基地址	读/写	描述	初始值
HcRevision	0x74300000	读	USB 主机控制器修改寄存器	0x0000_0010
HcControl	0x74300004	读/写	USB 主机控制器控制寄存器	0x0000_0000
HcCommonStatus	0x74300008	读/写	USB 主机控制器命令状态寄存器	0x0000_0000
HcInterruptStatus	0x7430000C	读/写	USB 主机控制器中断状态寄存器	0x0 000_0000
HcInterruptEnable	0x74300010	读/写	USB 主机控制器中断启动寄存器	0x0000_0000
HcInterruptDisable	0x74300014	读/写	USB 主机控制器中断禁止寄存器	0x0000_0000
HcHCCA	0x74300018	读/写	USB 主机控制器 HCCA 寄存器	0x0000_0000
HcPeriodCuttentED	0x7430001C	读	USB 主机控制器当前周期 ED 寄存器	0x0000_0000
HcControlHeadED	0x74300020	读/写	USB 主机控制器主要 ED 寄存器	0x0000_0000
HcControlCurrentED	0x74300024	读/写	USB 主机控制器当前控制 ED 寄存器	0x0000_0000
HcBulkHeadED	0x74300028	读/写	USB 主机控制器主要批量 ED 寄存器	0x0000_0000
HcBulkCurrentED	0x7430002C	读/写	USB 主机控制器当前批量 ED 寄存器	0x0000_0000
HcDoneHead	0x74300030	读	USB 主机控制器 Done Head 寄存器	0x0000_0000

寄存器	基地址	读/写	描述	初始值
HcRmInterval	0x74300034	读/写	USB 主机控制器调频时间间隔寄存器	0x0000_2EDF
HcFmRemaining	0x74300038	读	USB 主机控制器保持的帧寄存器	0x0000_0000
HcFmNumber	0x7430003C	读	USB 主机控制器帧数目寄存器	0x0000_0000
HcPeriodicStart	0x74300040	读/写	USB 主机控制器定期启动寄存器	0x0000_0000
HcLSThreshold	0x74300044	读/写	USB 主机控制器低速极限寄存器	0x0000_0628
HcRhDescriptorA	0x74300048	读/写	USB 主机控制器根集线器描述符寄存器 A	0x0200_1202
HcRhDescriptorB	0x7430004C	读/写	USB 主机控制器根集线器描述符寄存器 B	0x0000_0000
HcRhStatus	0x74300050	读/写	USB 主机控制器根集线器端口状态寄存器	0x0000_0000
HcRhPortStatus1	0x74300054	读/写	USB 主机控制器根集线器端口状态 1 寄存器	0x0000_0100
HcRhPortStatus2	0x74300058	读/写	USB 主机控制器根集线器端口状态 2 寄存器	0x0000_0100

2.13 USB 2.0 高速 OTG

三星 USB 接口 OTG 是一个双角色的设备控制器，可以支持设备和主机两种功能。它支持高速（HS，480 Mbps）、全速（FS，12 Mbps，只用于设备）、以及低速（LS，1.5 Mbps，只用于主机）转换。高速 OTG 可以作为主机或设备控制器。系统级框图如图 2-54 所示。

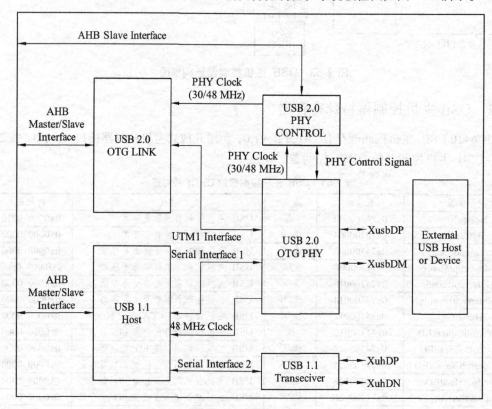

图 2-54　系统级框图

USB2.0 高速 OTG 的主要性能包括：

（1）符合补充的 SUB 2.0 OTG 规范。

（2）操作在高速（480 Mbps）、全速（12 Mbps，只用于设备）和低速（1.5 Mbps，只用于主机）模式。

（3）支持 UTMI+level 3 接口。

（4）支持 SRP 和 HNP。

（5）在 AHB 上，只支持 32 位数据。

（6）控制转换机上有一个控制端点 0。

（7）15 个设备模式可编程端点。可编程端点类型：块类型， 同步类型，或中断类型。可编程输入/输出方向。

（8）支持 16 个主机通道。

（9）支持基础包，动态 FIFO 存储器分配（6144 depths, 35-bit width）。

高速 OTG 控制器由两个独立的模块组成，分别是 USB2.0 OTG 链接核心和 USB 2.0 PHY 控制两部分。每个模块都有一个 AHB Slave，可以支持微型控制器对控制寄存器和状态寄存器的读写访问。OTG 连接有一个 AHB Mster，可以使能连接，在 AHB 上进行数据转换。

图 2-54 所示的 S3C6400X USB 系统可以进行如下配置：

（1）USB 1.1 主机 1 端口和 USB2.0 OTG 1 端口。

（2）USB 1.1 主机 2 端口。

为了使能串行接口 1 和使用 2 个主机 1.1 端口，需要设置 OPHYCLK.串行模式寄存器位为 "1"。

1. 操作模式

实际应用中，可以在 DMA 模式下和 Slave 模式下操作链接，不可以同时使用 DMA 和 Slave 模式运行核心。

（1）DMA 模式。

USB OTG 主机用 AHB master 接口转换包数据，以及进行接收数据更新。AHB master 用可程式化的 DMA 地址访问数据缓冲区。

（2）Slave 模式。

USB OTG 可以在 transaction-level 操作和 Pipelined transaction-level 操作下运行。在 transaction-level 操作中，应用可以在每个通道或端口处理一个数据包。在 Pipelined transaction-level 操作中，应用可以运行 OTG 进行多重转换操作。Pipelined 操作功能的提高主要指在包基础上的应用不再需要中断。

2. 系统控制器设置

一个系统控制器内的寄存器应该被设置成为 USB 接口进行适当的工作。系统控制器设置描述如表 2-52 所示。

表 2-52　系统控制器设置描述

OTHERS	位	读/写	描述	初始状态
USB_SIG_MASK	[16]	读_写	USB 信号屏蔽阻止不希望的泄露	0b0

在地址 7E00_F900h 基础上的 OTHER 控制寄存器的第 16 位，根据系统的操作模式被进

行不同模式的设置。

（1）常规模式。

USB_SIG_MASK 的初始状态是 0b0。进行开始 USB 转换操作时需要将此位设置为 0b1。在常规模式下，如果未使用 USBOTG 功能，USB PHY 电源可以被切断。

（2）停止/深度停止/睡眠模式。

在这些操作模式下，USB PHY 电源可以被切断。因此为了阻止泄露电流，必须在进入这些模式之前设置 USB_SIG_MASK 为 0b0。

2.14 高速 MMC 控制器

这节主要介绍 S3C6410 RISC 微处理器上支持的多媒体卡控制器和相关寄存器。

HSMMC（高速 MMC）和 SDMMC 是一个组合编码/解码器主机，主要用于 SD 卡和多媒体卡。该主机是兼容 SD 协会（SDA）主机标准规范的，可以在系统上带有 SD 卡和 MMC 卡的接口。具有这样功能的主机，其性能是非常强大的。能获得 50 MHz 的时钟频率，同时访问 8 位数据引脚。

该高速 MMC 控制器支持：

（1）兼容 SD 标准主机规格（版本 1.0）。

（2）兼容 SD 存储卡规格（版本 2.0）/HSMMC 规格（版本 4.0）。

（3）兼容 SDIO 卡规格（版本 1.0）。

（4）512 字节的 FIFO 数据传输。

（5）48 位的指令寄存器。

（6）136 位的响应寄存器。

（7）CPU 接口和 DMA 数据传输模式。

（8）支持 1 位/4 位/8 位模式转换。

（9）支持自动 CMD12。

（10）支持暂停/恢复。

（11）支持读等待操作。

（12）支持 CE-ATA 模式。

高速 MMC 控制器模块的结构框图，如图 2-55 所示。

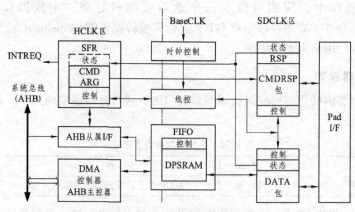

图 2-55　MMC 控制器结构框图

2.15 MIPI HIS 接口控制器

2.15.1 概 述

MIPI HIS 接口是一种高速同步串行接口。MIPI HIS 信号定义模块图如图 2-56 所示，MIPI HIS 传输实例模块图如图 2-57 所示。

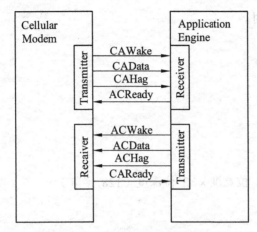

图 2-56 MIPI HIS 信号定义模块图

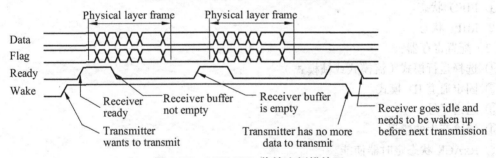

图 2-57 MIPI HIS 传输实例模块图

2.15.2 性 能

MIPI HIS 接口是单向接口。MIPI HIS RX 最大带宽是 100 Mbps，MIPI HIS Tx 控制器使用 PCLK 进行数据传输。

1. TX 模块

（1）状态寄存器：

① FIFO 状态。

② MIPI 状态。

（2）配置寄存器：

① 选择运行模式（流模式或帧模式）。

② 固定通道 ID 模式。

③ 通道序号。

④ 清除产生的错误。

⑤ TxHOLD 状态定时器使能。

⑥ TxIDLE 状态定时器使能。

⑦ TxREQ 状态定时器使能。

（3）中断源寄存器：

① FIFO 空。

② 打破帧转换完成。

③ TxHOLD 状态超时。

④ TxIDLE 状态超时。

⑤ TxREQ 状态超时。

（4）中断屏蔽寄存器。

（5）软件复位寄存器。

（6）通道 ID 寄存器。

（7）数据寄存器。

① Tx FIFO 输入。

② Tx FIFO 尺寸：32 位宽度×32 位深度（128 字节）

2. RX 模块

（1）状态寄存器：

① FIFO 状态。

② MIPI 状态。

（2）配置寄存器：

① 选择运行模式（流模式或帧模式）。

② 固定通道 ID 模式。

③ 通道序号。

④ 清除产生的错误。

⑤ RxACK 状态定时器使能。

⑥ Rx 状态定时器。

（3）配置寄存器 1：

① Rx FIFO 清除。

② Rx FIFO 定时器使能。

（3）中断源寄存器：

① Rx FIFO 满。

② 数据接收完成。

③ Rx FIFO 超时。

④ 接收的打破帧。

⑤ 打破帧接收错误。

⑥ RxACK 状态超时。

⑦ 丢失的时钟输入。

⑧ 增加的时钟输入。

（4）软件复位寄存器。

（5）通道 ID 寄存器。

（6）数据寄存器：

① Rx FIFO 输入。

② Rx FIFO 尺寸：32 位宽度×64 位深度（128 字节）。

2.15.3 模块图

1. 顶级模块图

Rx 模块部分基础架构与 Tx 模块部分相似。MIPI HIS 接口控制 Tx 模块顶层模块图如图 2-58 所示，MIPI HIS 接口控制 Rx 模块顶层模块图如图 2-59 所示，并行-串行块（Tx 模块部分）如图 2-60 所示，串行-并行块（Rx 模块部分）如图 2-61 所示。

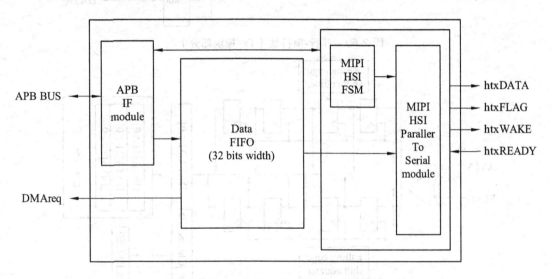

图 2-58　MIPI HIS 接口控制 Tx 模块顶层模块图

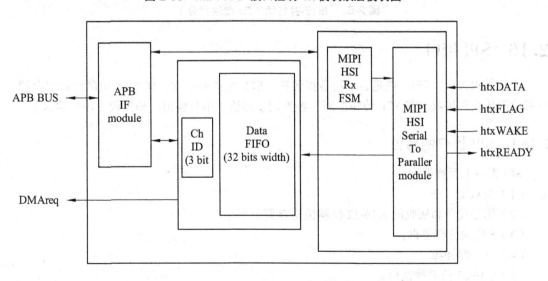

图 2-59　MIPI HIS 接口控制 Rx 模块顶层模块图

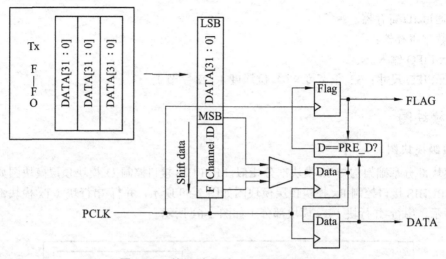

图 2-60　并行-串行块（Tx 模块部分）

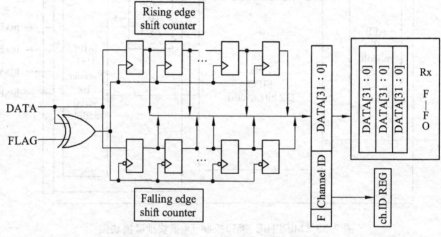

图 2-61　串行-并行块（Rx 模块部分）

2.16　SPI 接口

串行外设接口（SPI）能进行串行数据传输。SPI 包括两个 8、16、32 位的移位寄存器，分别用于传输和接收。在 SPI 传输期间，数据同步传输（串行输出）和接收（串行输入）。

2.16.1　SPI 接口的特性

SPI 支持下面特性：

（1）全双工。

（2）用于发送和接收的 8/16/32 位移位寄存器。

（3）8 位预分频逻辑。

（4）三个时钟源。

（5）8/16/32 位总线接口。

（6）两个独立的发送和接收 FIFO。

（7）主控器模式和从属器模式。

2.16.2 信号描述

表 2-53 列出了 SPI 和外部设备之间的外部信号。当无效时，SPI 的所有端口可以作为通用 I/O 端口。

表 2-53 外部信号描述

名称	方向	描 述
XspiCLK	输入输出	XspiCLK 是串行时钟，用于控制传输数据的时间
XspiMISO	输入输出	在主控器模式，该端口是输入端口。输入模式用于从从属器输出端口获得数据。数据通过从属器模式下的端口传输到主控器
XspiMOSI	输入输出	在主控器模式，该端口是输出端口。该端口用于从主控器输出端口传输数据。数据通过从属器模式下的端口被接收
XspiCS	输入输出	从属器选择信号，当 XspiCS 是低电平时，所有数据发送/接收依次被执行

2.16.3 SPI 操作

S3C6410 中，SPI 在 S3C6410 和外部设备之间传输 1 位串行数据。S3C6410 中的 SPI 支持 CPU 或 DMA 分别发送或接收 FIF，并且同时双向传输数据。SPI 有两个通道，发送通道和接收通道。

CPU（或 DMA）必须在 SPI_TX_DATA 寄存器写入数据以将数据写入 FIFO。寄存器的数据自动移动到发送 FIFO。为了从接收 FIFO 读数据，CPU（或 DMA）必须访问寄存器 SPI_RX_DATA，并且数据被自动发送到寄存器 SPI_RX_DATA。

1. 操作模式

HS_SPI 有两个模式，主控器模式和从属器模式。在主控器模式下，HS_SPICLK 产生，并被发送到外部设备。PSS 选择从属器的信号，当它为低电平时，表示数据有效。在信息包开始发送和传输前 PSS 必须设置为低电平。

2. FIFO 访问

S3C6410 的 SPI 支持 CPU 和 DMA 访问 FIFO。CPU 访问和 DMA 访问 FIFO 的数据大小可以选择 8 位或者 32 位。如果选择 8 位数据大小，有效位为 0 到 7 位。通过触发用户定义的阈值，CPU 访问正常打开和关闭。每个 FIFO 的触发器级别被设置为 0~64 字节。SPI_MODE_CFG 寄存器的 TxDMAOn 或 RxDMAOn 位必须设置 DMA 访问。DMA 访问仅仅支持单传输和四个脉冲传输。在发送 FIFO 时，DMA 要求信号为高电平直到 FIFO 满。在接收 FIFO 时，如果 FIFO 非空，DMA 要求信号是高电平。

3. 接收 FIFO 中的结尾字节

在中断模式下，接收 FIFO 中采样的数量小于阈值的值，或者是 DMA 四个脉冲模式下没有其他数据被接收，被保留字节被称作结尾字节。为了在接收 FIFO 中移动这些字节，需要用到内部时钟和中断信号。基于 APB 总线时钟，内部时钟的值能被设置到 1024 时钟。当定时器值为 0 时，中断信号发生，并且 CPU 能在 FIFO 中移动结尾字节。

4. 信息包数目控制

在主控器模式下，SPI 可以控制接收信息包的数量。如果有信息包要被接收，则设置 SFR

（Packet_Count_reg）有多少包要接收。当包的数量和设置的数量相同时，SPI 停止产生 SPICLK。在该功能被再次装载前，它严格遵循软件和硬件复位（软件复位能清除除了特殊功能寄存器外的所有的寄存器，但是硬件复位清除所有的寄存器）。

5. NCS 控制

nCS 可以选择自动控制和手动控制。对于手动控制，Auto_n_Manual 必须设置为默认值"0"。nCS 电平设置和设置的 nSSout 位相同。自动控制下，nCS 能被固定在包与包之间。Auto_n_Manual 设置为"1"，只要 nCS 不活动，nCS_time_count 必须设置。这时 nSSout 是可用的。

6. SPI 传输格式

S3C6410 支持 4 种不同的格式来传输数据。如图 2-62 所示，描述了 SPICLK 的 4 种波形。

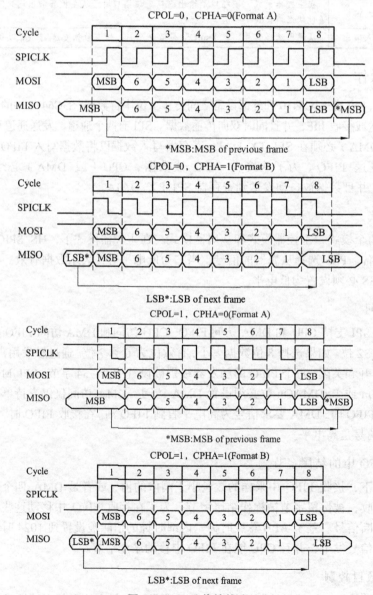

图 2-62 SPI 传输格式

2.17 IIC 总线接口

这一节主要讲述 S3C6410 RISC 中 IIC 总线接口的功能和使用方法。

2.17.1 IIC 总线接口概述

S3C6410 RISC 处理器能支持一个多主控器 IIC 串行接口。一个专用的串行数据线（SDA）和一个串行时钟线（SCL）在总线主控器和连接到 IIC 总线的外部设备之间传输数据。SDA 和 SCL 线是双向的。

在多主控制 IIC 总线模式下，多个 S3C6410 RISC 处理器能发送（或接收）串行数据到从属设备。主控器 S3C6410 能开始和结束 IIC 总线上的数据传输。在 S3C6410 中 IIC 总线使用标准的总线仲裁程序。

为了控制多个 IIC 总线操作，必须将值写入下面的寄存器：

（1）多主控器 IIC 总线控制寄存器，IICCON。

（2）多主控器 IIC 总线控制/状态寄存器，IICSTAT。

（3）多主控器 IIC 总线发送/接收数据移位寄存器，IICDS。

（4）读主控器 IIC 总线地址寄存器，IICADD。

当 IIC 总线空闲，SDA 和 SCL 线必须是高电平。SDA 从高到低转换能启动一个开始条件。当 SCL 处于高电平，保持稳定时，SDA 从低位到高位传输能启动一个停止条件。

主设备能一直产生开始和停止条件。开始条件产生后，主控器通过在第一次输出的数据字节中写入 7 位的地址来选择从属器设备。第 8 位用于确定传输方向（读或写）。

在 SDA 线上的每一个数据字节总数上必须是 8 位。在总线传输操作期间，发送或接收字节没有限制。数据一直是先从最高有效位（MSB）发送，并且每个字节后面必须立即跟随确认（ACK）位。IIC 总线模块图，如图 2-63 所示。

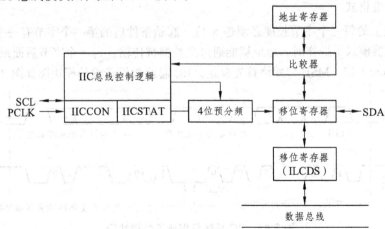

图 2-63　IIC 总线模块图

2.17.2 IIC 总线接口操作模式

S3C6410 IIC 总线接口有四种操作模式：

（1）主控器发送模式；

111

（2）主控器接收模式；

（3）从属器发送模式；

（4）从属器接收模式。

这些操作模式之间的功能关系描述如下：

1. 开始和停止条件

IIC 总线接口无效时，通常是在从属器模式下。换句话说就是，在 SDA 线检测一个开始条件前（当时钟信号 SCL 在高位时，SDA 线发生高位到低位的跃变，开始条件启动），接口必须在从属器模式下。当接口状态变为主控器模式时，在 SDA 线上的数据传输开始，并且产生 SCL 信号。

开始条件能通过 SDA 线传输一个字节的串行数据。一个停止条件能结束该数据传输。由主控器产生开始和停止条件。当一个开始条件产生后，IIC 总线获得繁忙信号。停止条件将使 IIC 总线空闲。

当主控器发起一个开始条件，它将发送一个从属地址来通知从属器设备。一个字节的地址域包含7位地址和1位传输方向指示器（表示写或读）。如果位 8 是"0"，表示写操作（发送操作）；如果位 8 是"1"，表示请求读取数据（接收操作）。

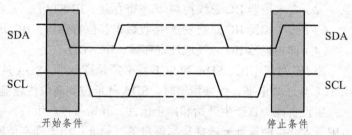

图 2-64　开始和停止条件模块图

主控器通过发出一个停止条件来完成传输操作。如果主控器要继续将数据发送到主线，它将产生另一个开始条件和一个从属地址。

通过这种方式，读写操作能在不同的格式下执行。开始和停止条件模块图如图 2-64 所示。

2. 数据传输格式

在 SDA 线上的每一个字节长度必须是 8 位。起始条件后的第一个字节有一个地址域。当 IIC 主线在主控器模式下操作时，地址域能通过主控器被传输。每一个字节后面跟随一个 ACK（acknowledgement）位。MSB 位始终首先发送。IIC 总线数据传输的模块图如图 2-65 所示。

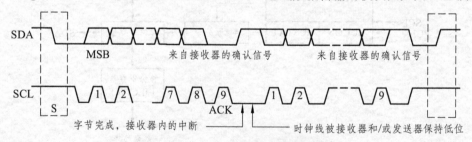

图 2-65　IIC 总线数据传输的模块图

3. ACK 信号传输

为了完成一个字节的发送操作，接收器必须将一个 ACK 位发送到发送器。ACK 脉冲在 SCL 线的第 9 个时钟产生。对于发送一个字节来说，8 个时钟是必要的。主控器将产生一个时钟脉冲来发送一个 ACK 位。

当 ACK 时钟脉冲被接收时，通过使 SDA 置高位，发送器释放 SDA 线。在传送 ACK 时钟脉冲期间，接收器驱使 SDA 线置低位，以使 SDA 线在第 9 个 SCL 脉冲的高位时期保持低位。

ACK 位传输功能能通过软件（IICSTAT）来激活或者禁止。然而，在 SCL 的第 9 个时钟，ACK 脉冲被要求，以完成一个字节的数据传输操作。

IIC 总线上的确认模块图，如图 2-66 所示。

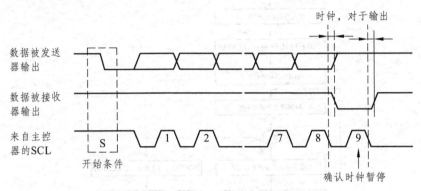

图 2-66　IIC 总线上的确认模块图

4. 读写操作

在发送模式下，当发送数据时，IIC 总线接口将一直等待，直到数据移位（IICDS）寄存器接收到一个新的数据。新的数据写入寄存器之前，SCL 线将被保持在低位，数据写入后释放。S3C6410 保持中断来确定当前数据发送完成。CPU 接收中断请求后，将新的数据写入 IICDS 寄存器。

在接收模式下，当接收数据时，IICDS 寄存器被读取前，IIC 总线接口将一直等待。在新的数据被读出前，SCL 线将保持低位，读取后释放。S3C6410 保持中断来确认新的数据接收完成。CPU 接收到中断请求后，将从 IICDS 寄存器读取数据。

5. 异常中断条件

如果一个从属接收器不承认该从属地址，它将保持 SDA 线为高位。在这种情况下，主控器产生一个中断条件中断传输。

中断传输和主控器的接收器是有关的。来自从属器的最后数据字节被接收后，通过取消一个 ACK 的产生，通知从属发送器操作结束。从属发送器释放 SDA 来允许主控器产生一个停止条件。

6. IIC 总线配置

为了控制串行时钟的频率（SCL），在 IICCON 寄存器中，4 位的预分频值被执行。IIC 总线接口地址被存储在 IIC 总线地址（IICADD）寄存器。IIC 总线地址有一个默认未知值。

7. 每个模块的操作流程图

在 IIC 发送/接收操作前必须执行下面的步骤：

（1）如果需要的话，在 IICADD 寄存器写入自己的从属器地址。

（2）设置 IICCON 寄存器。

① 启动中断。

② 定义 SCL 周期。

（3）设置 IICSTAT 以能够连续输出。

主控器/发送器操作模式的操作流程图，如图 2-67 所示。

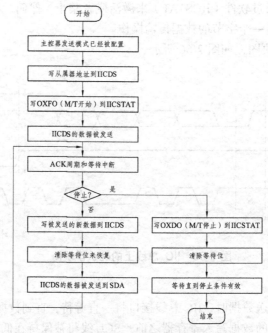

图 2-67　主控器/发送器操作模式

主控器/接收器操作模式的操作流程图，如图 2-68 所示。

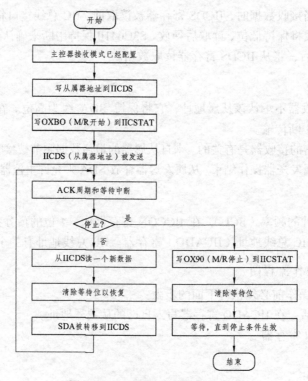

图 2-68　主控器/接收器操作模式

从属器/发送器操作模式的操作流程图，如图 2-69 所示。
从属器/接收器操作模式的操作流程图，如图 2-70 所示。

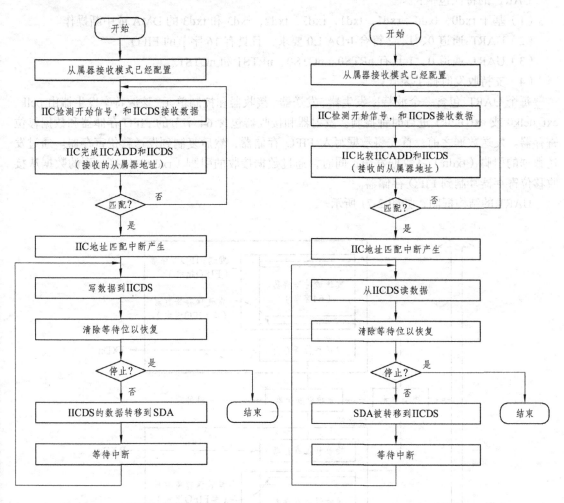

图 2-69　从属器/发送器操作模式　　　　　图 2-70　从属器/接收器操作模式

2.18　UART 接口

这一节介绍 S3C6410 RSIC 微处理器上的通用异步接收/发送器（UART）串行端口。

该 S3C6410 通用异步接收和发送器（UART）提供了四个独立的异步串行 I / O（SIO）端口。每个异步串行 I / O（SIO）端口通过中断或者直接存储器存取（DMA）模式来操作。换句话说，UART 是通过产生一个中断或 DMA 请求，在 CPU 和 UART 之间传输数据的。该 UART 使用系统时钟的时间可以支持的比特率最高为 115.2 KB/s。如果一外部设备提供 ext_uclk0 或 ext_uclk1，则 UART 可以以更高的速度运行。每个 UART 的通道包含了两个 64 字节收发 FIFO 存储器。

该 S3C6410 的 UART 包括可编程波特率，红外线（IR）的传送/接收，一个或两个停止位插入，5 位、6 位、7 位或 8 位数据的宽度和奇偶校验。

2.18.1　UART 接口特性

UART 的特性包括：

（1）基于 rxd0，txd0，rxd1，txd1，rxd2，txd2，rxd3 和 txd3 的 DMA 或中断操作。

（2）UART 通道 0、1、2 符合 IrDA 1.0 要求，且具有 16 字节的 FIFO。

（3）UART 通道 0、1 具有 nRTS0、nCTS0、nRTS1 和 nCTS1。

（4）支持收发时握手模式。

每个 UART 包含一个波特率发生器、发送器、接收器和控制单元。该波特率发生器由 pclk、ext_uclk0 或 ext_uclk1 进行时钟控制。发射器和接收器包含 64 字节的 FIFO 存储器和数据移位寄存器。发送数据之前，首先将数据写入 FIFO 存储器，然后复制到发送移位寄存器。通过发送数据的引脚（txdn）将数据发送，同时，通过数据接收的引脚（rxdn）将接收到的数据从接收移位寄存器复制到 FIFO 存储器。

UART 的结构框图，如图 2-71 所示。

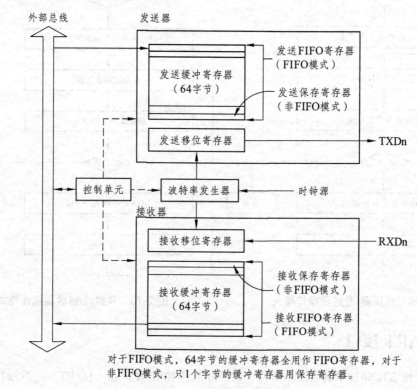

对于 FIFO 模式，64 字节的缓冲寄存器全用作 FIFO 寄存器，对于非 FIFO 模式，只 1 个字节的缓冲寄存器用保存寄存器。

图 2-71　UART 结构框图

2.18.2　UART 的操作

下面介绍 UART 的操作，包括数据传输、数据接收、中断产生、波特率产生、环回模式、红外线模式和自动流量控制。

1. 数据发送

数据帧发送是可编程的。它由 1 个起始位，5~8 个数据位，1 个可选的奇偶位和 1~2 个可由行控制寄存器（ULCONn）指定的停止位组成。发送器也可以产生中断条件，在传输过程中，它通过置位逻辑状态 0 来强制串行输出。当目前的发送全部传输完成后，发送中断信号。然后不断传送数据到发送 FIFO 寄存器（在非 FIFO 的模式下，发送保存寄存器）。

2. 数据接收

和数据发送一样，数据帧接收也是可编程的。它是由 1 个起始位，5~8 个数据位，1 个可选的奇偶位和行控制寄存器指定的 1~2 个停止位组成。接收器可以检测到溢出错误、奇偶错误、帧错误和中断条件，并为它们设置错误标志。溢出错误说明在数据被读取之前，新的数据已经将原有的数据覆盖。奇偶错误说明接收器已经检测到一个意外的奇偶条件。帧错误表示收到的数据没有有效的停止位。中断条件表明接收过程中置位逻辑状态 0 的时间比发送一帧的时间长。当三个字的时间（间隔由设置的字长决定）间隔内没有接收任何数据，并且 FIFO 模式下接收 FIFO 寄存器不为空，接收超时条件发生。

3. 自动流量控制（AFC）

该 S3C6410 的 UART0 和 UART1 通过 nRTS 和 nCTS 信号支持自动流量控制。某种情况下，它可以连接到外部 UART。如果要将 UART 和一台调制解调器连接，必须在 UMCONn 寄存器中禁用自动流量控制位，并且通过软件控制信号 nRTS。

在自动流量控制过程中，nRTS 依靠接收器的 nCTS 信号控制发送器的运作。只有当 nCTS 信号被激活（在 AFC 中，nCTS 意味着另一个 UART 的 FIFO 寄存器准备接收数据），UART 的发送器才会发送 FIFO 寄存器中的数据。在 UART 接收数据之前，如果接收 FIFO 寄存器超过两个字节以上的空间，则 nRTS 被激活；如果它的接收 FIFO 寄存器只有不足一个字节的空间，nRTS 则停止活动（在 AFC 中，nRTS 意味着它本身的接收 FIFO 寄存器已经准备接收数据）。图 2-72 显示了 UART AFC 接口的发送和接受状态图。这是一个非自动流量控制的例子。（通过软件控制 NRTS 和 NCTS）

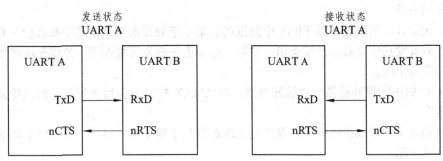

图 2-72　UART AFC 接口

4. 接收 FIFO 的操作

（1）选择接收模式（中断或 DMA 模式）。

（2）在 UFSTATn 中，查看 RX FIFO 计数器的值。如果该值小于 15，必须设置 UMCONn[0] 值为 "1"（激活 nRTS）；如果该值等于或大于 15，必须先设定 UMCONn[0] 值为 "0"（停止 nrts）。

（3）重复步骤（2）。

5. 发送 FIFO 的操作

（1）选择发送模式（中断或 DMA 模式）。

（2）检查 UMSTATn[0] 的值，如果这个值是 "1"（激活 nCTS），则写数据到发送 FIFO 寄存器。

（3）重复步骤（2）。

6. RS-232C 接口

要将 UART 连接到调制解调器接口（而不是零调制解调器），需要 nRTS、nCTS、nDSR、nDTR、DCD 和 nRI 信号。在这种情况下，可以通过软件来控制这些信号与一般的 I / O 端口。因为 AFC 不支持 RS - 232c 接口。

7. 中断/DMA 请求的产生

每个 S3C6410 的 UART 有 7 个状态（发射/接收/错误）信号：溢出错误、奇偶错误、帧错误、中断、接收缓冲区数据就绪、传输缓冲区为空、发送移位寄存器为空。其状态信号靠相应的 UART 的状态寄存器（UTRSTATn / UERSTATn）来指示。

溢出错误、奇偶错误、帧错误中断条件是指由于收到错误的信息，引起错误状态中断请求，如果在控制寄存器 UCONn 中将接收错误状态中断使能位设置为 "1"，当检测到一个接收错误状态中断请求，可通过读 UERSTSTn 的值来辨别信号。

当接收器将数据从接收移位寄存器传送到接收 FIFO 寄存器（在 FIFO 模式下），并且数量达到 RX FIFO 触发电平，则接收中断产生。如果控制寄存器（UCONn）中接收模式设置为 "1"（中断请求或轮询模式），则接收中断产生。

非 FIFO 模式中，在中断请求和轮询模式下，数据从接收移位寄存器传输到接收保存寄存器时会引发接收中断。

当发送器将数据从发送 FIFO 寄存器传输到发送移位寄存器，并且发送 FIFO 剩余的数据数量达到 TX FIFO 触发水平，发送中断产生。如果控制器的传输模式选定为中断请求或轮询模式，发送中断产生。

非 FIFO 模式中，在中断请求和轮询模式下，数据从发送保存寄存器传输到发送移位寄存器会引发发送中断。

注意，无论什么时候在发送 FIFO 中数据的数量小于触发水平，发送中断就会一直请求。这就是说，只要发送中断被激活就会请求中断，除非先添满发送缓冲区。建议先添满发送缓冲区，再激活发送中断。

S3C6410 的中断控制器是一级触发类型，对 UART 控制寄存器编程时，必须建立中断类型为 "一级"。

在上述情况下，如果接收模式和发送模式的控制器获得 DMA 请求，则 DMA 请求代替接收中断和发送中断。

与 FIFO 有关的中断如表 2-54 所示。

表 2-54　与 FIFO 相连的中断

类型	FIFO 模式	Non-FIFO 模式
接收中断	如果每次接收的数据达到了接收 FIFO 的触发水平，则 Rx 中断产生。如果 FIFO 非空并且在 3 字时间内（接收超时）没有接收到数据，则 Rx 中断也将产生。这段时间间隔由字的长度设置决定	如果每次接收缓冲区满时，接收保持寄存器产生一个中断
发送中断	如果每次发送的数据达到了发送 FIFO 的触发水平，则 Tx 中断产生	当发送缓冲区的数据变为空，发送保持寄存器产生一个中断
错误中断	当溢出错误、奇偶错误、帧错误、中断信号被检测到时出发	错误发生时产生，如果同时另一个错误发生，只产生一中断

8. UART 错误状态 FIFO

除了 Rx FIFO 寄存器之外，UART 还具有一个错误状态 FIFO。错误状态 FIFO 中表示了在 FIFO 寄存器中，哪一个数据在接收时出错。错误中断发生在有错误的数据被读取时。为清除错误状态 FIFO，寄存器 URXHn 和 UERSTATn 会被读取。

例如，假设 UART 的 Rx FIFO 连续接收到 A、B、C、D 字符，并且在接收 B 字符时发生了帧错误（即该字符没有停止位），在接收 D 字符时发生了奇偶校验错。虽然 UART 错误发生了，错误中断不会产生，因为含有错误的字符还没有被 CPU 读取。当字符被读出时错误中断才会发生。UART 接收 5 个字节其中包含两个错误的情况，如表 2-55 和图 2-73 所示。

表 2-55　UART 接收五个字节其中包含两个错误

时间	队列顺序	错误中断	说明
#0	没有读取字符		
#1	接收 A、B、C、D 和 E		
#2	读取 A 后	帧错误（对于 B）中断产生	必须读取 'B'
#3	读取 B 后		
#4	读取 C 后	奇偶错误（对于 D）中断产生	必须读取 'D'
#5	读取 D 后		
#6	读取 E 后		

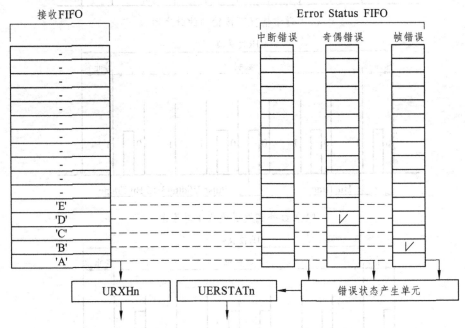

图 2-73　UART 接收五个字节其中包含两个错误的情况

9. 红外线（IR）模式

S3C64100 的 UART 模块支持红外线（IR）发送和接收，可以通过设置 UART 控制寄存器（ULCONn）中的红外模式位来选择这一模式。图 2-74 所示为如何实现 IR 模式。

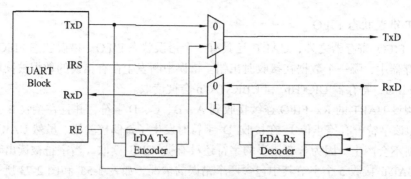

图 2-74　IrDA 功能模块框图

在 IR 发送模式下，发送阶段通过正常串行发送占空比 3/16 的脉冲波调制（当传送的数据位为 0）；在 IR 接收模式下，接收必须检测 3/16 脉冲波来识别 0 值，如图 2-75 所示。

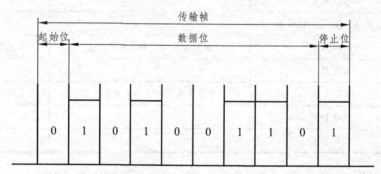

（a）通常情况下传输帧的时序图

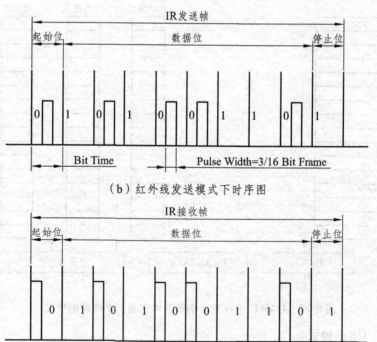

（b）红外线发送模式下时序图

（c）红外线接收模式下时序图

图 2-75　红外线传输模式时序

2.18.3 外部接口

UART 外部接口，如表 2-56 所示。

表 2-56 UART 外部接口

名称	类型	源/目的	描述
XuRXD[0]	输入	Pad	UART0 接收数据
XuTXD[0]	输出	Pad	UART0 发送数据
XuCTSn[0]	输入	Pad	UART0 清除发送（低位有效）
XuRTSn[0]	输出	Pad	UART0 请求发送（低位有效）
XuRXD[1]	输入	Pad	UART1 接收数据
XuTXD[1]	输出	Pad	UART1 发送数据
XuCTSn[1]	输入	Pad	UART1 清除发送（低位有效）
XuRTSn[1]	输出	Pad	UART1 请求发送（低位有效）
XuRXD[2]	输入	Pad	UART2 接收数据
XuTXD[2]	输出	Pad	UART2 发送数据
XuRXD[3]	输入	Pad	UART3 接收数据
XuTXD[3]	输出	Pad	UART3 发送数据

注：UART 与其他的接口处理器（CFCON、IrDA 等）共享外部信息包。为了使用这些信息包，必须提前设置通用 I/O 口。

2.19 PWM 定时器

S3C6410 RISC 微处理器由 5 个 32 位定时器组成。这些计时器用来产生内部中断到 ARM 子系统。此外，定时器 0、1、2 和 3 包含 PWM（脉宽调制）功能，它可以驱动外部的 I/O 信号。定时器 0 上的 PWM 能够产生一个可选的死区发生器。它可能被用来支持大量的通用装置。定时器 4 只是一个没有输出引脚的内部定时器。

该定时器的时钟频率通常是 APB-PCLK 分频的版本。定时器 0 和 1 共享一个可编程的 8 位预定标器，第一级时钟为 PCLK。计时器 2，3，4 共享不同的 8 位预定标器。每个定时器拥有它自己的时钟分频器，个别时钟分频器提供一个二级时钟版本（预定标器由 2、4、8 或 16 进行分频）。另外，定时器从外部引脚选择时钟来源。定时器 0 和 1 可以选择外部时钟 TCLK0。定时器 2、3 和 4 可以选择外部时钟 TCLK1。每个定时器有自己的 32 位向下计数器，被定时器时钟驱动。下数计数器是最初加载来自定时器计数缓冲寄存器（TCNTBn）。当下数计数器达到零，定时器产生中断请求通知 CPU，定时器操作完成。当定时器下数计数器达到零，相应的 TCNTBn 被自动重新进入下数计数器的下一个周期的开始。然而，如果定时器停止（例如，在定时器运行模式下，清除定时器的使能位 TCONn），TCNTBn 的值将不被加载到计数器中。

PWM 使用 TCMPBn 寄存器的值，当下数计数器的值匹配于定时器控制器逻辑中的比较寄存器的值时，定时器控制器逻辑改变输出标准。因此，比较寄存器决定 PWM 输出的打开时间（或关闭时间）。TCNTBn 和 TCMPBn 寄存器是双缓冲，允许定时器参数在循环中更新。直到目前的定时器周期完成，新的值才能生效。

PWM 周期的简单的例子如图 2-76 所示。

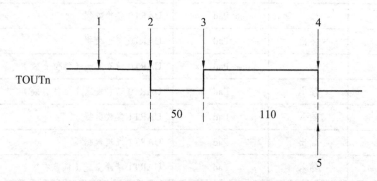

图 2-76　PWM 周期方框图的简单例子

（1）初始化 TCNTBn 和 TCMPBn，分别赋初值为 160（50+110）和 110。

（2）设置起始位启动定时器，并设置手动更新位关闭。TCNTBn 的值（160）载入下数计数器，输出为低电平。

（3）当下数计数器的计数下降到 TCMPBn 寄存器的值（110）时，输出从低电平变为高电平。

（4）当下数计数器达到零，产生中断请求。

（5）同时，通过 TCNTBn（重新启动循环）下数计数器自动重新载入。

如图 2-77 所示，描述的是 PWM 定时器的结构框图。

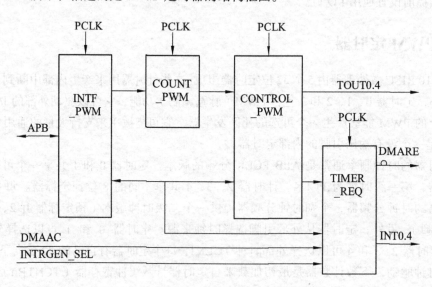

图 2-77　PWM 定时器的结构框图

图 2-78、图 2-79 描述了个别 PWM 通道时钟控制的产生。

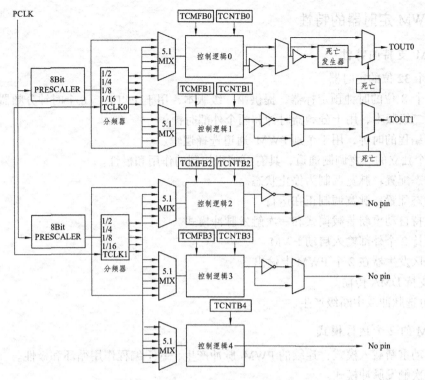

图 2-78　PWM 定时器的时钟树状框图

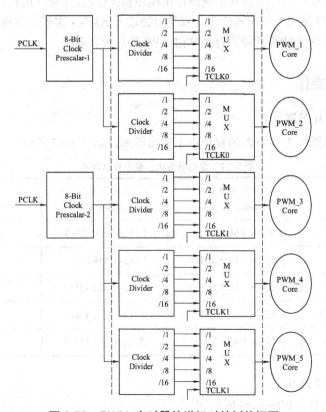

图 2-79　PWM 定时器的详细时钟树状框图

2.19.1 PWM 定时器的特性

1. PWM 支持的特性

（1）5个32位的定时器。

（2）2个8位的时钟预定标器，提供第一级版本，用于 PCLK，五个时钟分频器和多路复用器提供第二级版本，用于分频器时钟和两个外部时钟。

（3）可编程的时钟，用于个别 PWM 通道选择逻辑。

（4）4个独立的脉宽调制通道，具有可编程控制的作用和极性。

（5）静态配置：脉宽调制为停止状态。

（6）动态配置：脉宽调制正在运行。

（7）支持自动重新装载模式和一次触发脉冲模式。

（8）支持2个外部输入启动 PWM。

（9）死区发生器在2个 PWM 上输出。

（10）支持 DMA 传输。

（11）可选脉冲或中断级产生。

2. PWM 的2个运行模式

（1）自动重新载入模式：连续的 PWM 脉冲产生，基于编程作用循环和极性。

（2）一次触发脉冲模式。

只有一个 PWM 脉冲的产生是基于编程作用循环和极性的。PWM 的控制功能提供18个特殊功能寄存器。PWM 是一个可编程输出，双重时钟输入 AMBA 次模块并连接先进的外设总线（APB）。PWM 内的18个特殊功能寄存器通过 APB 处理被存取。

2.19.2 PWM 的操作

1. 预定标器与分配器

1个8位预定标器和3位分配器提出以下输出频率，如表2-57所示。

表2-57 定时器最大、最小输出周期

4 位分配器设置	最低分辨率 （prescaler=0）	最高分辨率 （prescaler=255）	最大间隔 （TCNTBn=65535）
1/1（PCLK=66 MHz）	0.015μs（66.0 MHz）	3.87μs（258 kHz）	0.23 s
1/2（PCLK=66 MHz）	0.031μs（33.0 MHz）	7.75μs（129 kHz）	0.50 s
1/4（PCLK=66 MHz）	0.060μs（16.5 MHz）	15.5μs（64.5 kHz）	1.02 s
1/8（PCLK=66 MHz）	0.121μs（8.25 MHz）	31.0μs（32.2 kHz）	2.03 s
1/16（PCLK=66 MHz）	0.242μs（4.13 MHz）	62.1μs（16.1 kHz）	4.07 s

2. 定时器的基本操作

其操作的基本流程，如图2-80所示。

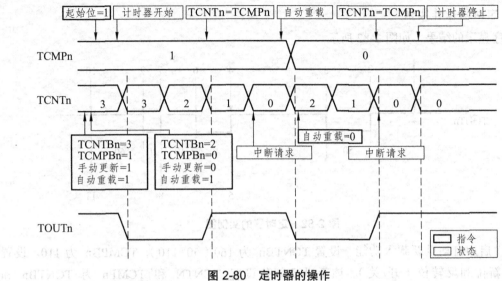

图 2-80　定时器的操作

定时器（除定时器通道 5）包括 TCMPBn、TCMPn、TCMPBn 和 TCMPn。当定时器置"0"时，TCNPBn 和 TCMPBn 载入 TCNTn 和 TCMPn 中。当 TCNTn 置"0"时，如果中断信号启动，则将产生中断请求。可以从 TCNTOn 寄存器中读取 TCNTn 寄存器。

3. 自动重新加载和双缓冲

定时器有一个双缓冲功能，在不停止当前定时器操作基础上，可以改变加载数值以适合于下一定时器的操作。虽然新的定时器值被设定，但当前定时器的操作已经被成功完成。定时器的值可以被写入 TCNTBn（定时器计数缓冲寄存器）以及定时器的当前计数器值从 TCNTOn 中被读取（定时器计数观察寄存器）。如果读 TCNTBn，这个值是下一个定时器的重载值不是当前计数器的状态。

自动重新载入是一个操作，当 TCNTn 置"0"时，它复制 TCNTBn 到 TCNTn。值写入TCNTBn，当 TCNTn 达到"0"并自动重新启动时，它只能被加载到 TCNTn 中。如图 2-81 所示，描述了双缓冲功能的框图实例。

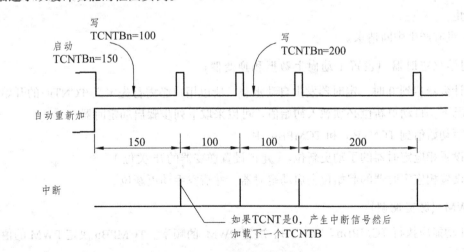

图 2-81　双缓冲功能框图实例

4. 定时器操作实例

程序显示的结果，如图 2-82 所示。

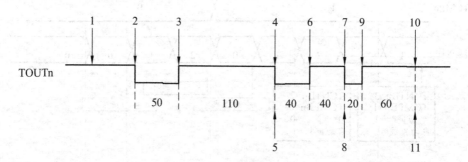

图 2-82　定时器的实例图

（1）启用自动重新载入功能。设置 TCNTBn 为 160（50+110），TCMPBn 为 110。设置手动更新位和反转位（开/关）。该手动更新位设置 TCNTN 和 TCMPn 为 TCNTBn 和 TCMPBn 的值。然后，设置 TCNTBn 和 TCMPBn 为 80（40+40）和 40，以确定下一个重新载入的值。

（2）启动定时器，即设置启动位和关闭手动更新位。

（3）当 TCNTn 和 TCMPn 有相同值时，TOUTn 的逻辑电平由低变为高。

（4）当 TCNTn 达到"0"时，TCNTn 和 TCNTBn 自动重装。在同一时间产生中断请求。

（5）在 ISR（中断服务程序）中，TCNTBn 和 TCMPBn 被设置为 80（60+20）和 60，它被用于下一个持续时间。

（6）当 TCNTn 和 TCMPn 有相同值时，TOUTn 的逻辑电平由低变为高。

（7）当 TCNTn 达到"0"时，TCNTn 和 TCNTBn 自动重装。在同一时间产生中断请求。

（8）在 ISR（中断服务程序）中，自动重新载入并中断请求被禁止，以便停止定时器。

（9）当 TCNTn 和 TCMPn 有相同值时，TOUTn 的逻辑电平由低变为高。

（10）当 TCNTn 达到"0"时，TCNTn 没有任何更多的重载，因为自动重载被禁止而使定时器被停止。

（11）没有产生中断请求。

5. 初始化定时器（设置手动向上数据和逆变器）

因为计数器达到 0 时，定时器发生自动重载，所以用户必需首先定义 TCNTn 的开始值。在这种情况下，自动更新位必须载入初始值。可以采取下列步骤启动定时器：

（1）写初始值到 TCNTBn 和 TCMPBn 中。

（2）设置相应定时器的手动更新位。（建议设置逆变器的开/关位）

（3）设置相应定时器的起始位去启动定时器，并清空手动更新位。

6. PWM（脉宽调制）

PWM 功能应执行 TCMPBn。TCNTBn 决定 PWM 的频率。TCMPBn 决定 PWM 的值，如图 2-83 所示。

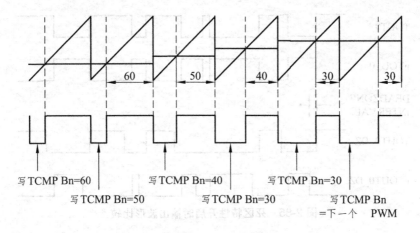

写 TCMP Bn=60   写 TCMP Bn=40   写 TCMP Bn=30

写 TCMP Bn=50   写 TCMP Bn=30   写 TCMP Bn
=下一个   PWM

图 2-83   PWM 的实例

因为有较高的 PWM 值,所以减少 TCMPBn 值。因为有较低的 PWM 值,所以增加 TCMPBn 值。如果逆变器输出启用,递增/递减可能会适得其反。

由于双缓冲的特性,对于下一个 PWM 周期,TCMPBN 可以通过 ISR 被写入当前 PWM 周期的任何一端。

7. 输出电平控制

图 2-84 显示了逆变器的开/关。

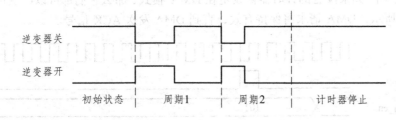

逆变器关

逆变器开

初始状态 | 周期1 | 周期2 | 计时器停止

图 2-84   逆变器的开/关

下列方法是用来控制 TOUT,作为高电平或低电平。(假定逆变器是关闭状态)

(1)关闭自动重新载入位。然后,TOUTn 达到高电平,同时定时器被停止,之后 TCNTn 达到 0。建议用这种方法。

(2)通过清空定时器的开始/停止位为 0 来停止定时器。如果 TCNTn ≤ TCMPn,输出高电平。如果 TCNTn > TCMPn,输出低电平。

(3)在 TCON 中,通过逆变器的开/关位,TOUTn 可以被转换。逆变器移除额外的电路以调节输出电平。

8. 死区发生器

该死区是用于电源设备的 PWM 控制。该功能用于关闭一个开关设备和打开另一个开关设备之间的插入。这个定时器禁止两个开关设备同时转向,间隔很短的时间。死区特性开启时输出波形比较如图 2-85 所示。

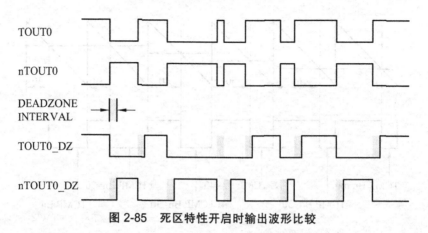

图 2-85　死区特性开启时输出波形比较

9. DMA 请求模式

在下数计数器的周期结束时，代替发送中断，定时器可以配置成发送一个 DMA 请求信号到 DMA 的一个通道中。这种模式是让 DMA 传输在源和目标之间以固定的时间段发生。

DMA 请求过程如下：定时器可以在任意时间产生 DMA 请求，并且保持 DMA 请求信号（nDMA_REQ）为低，直至收到 ACK 信号。当定时器收到 ACK 信号时，请求信号失效。只有一个定时器的时间可以被设定为 DMA 请求源。设置 DMA 模式位（在 TCFG1 寄存器中）决定了定时器产生 DMA 请求。如果 DMA 请求模式设定一个特定的定时器，即计时器发送 DMA 请求，并产生正常的 ARM 中断请求。而其他的定时器未被设定为 DMA 模式，仍然可以生成正常的 ARM 中断。如果没有的计时器被设定在 DMA 模式，那么它们都可以产生正常的中断。

如图 2-86 所示，DMA 请求将保持有效，直到 DMA 发送 ACK 信号。

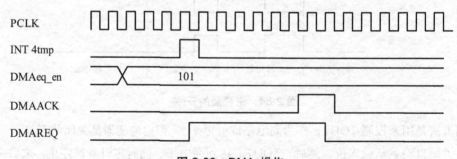

图 2-86　DMA 操作

如表 2-58 所示，显示在下数计数器中，完成的每个定时器的作用。

表 2-58　DMA 模式和 DMA 请求配置

DMA 模式	DMA 请求	INT0	INT1	INT2	INT3	INT4
000	无选择	ON	ON	ON	ON	ON
001	定时器 0	ON	ON	ON	ON	ON
010	定时器 1	ON	ON	ON	ON	ON
011	定时器 2	ON	ON	ON	ON	ON
100	定时器 3	ON	ON	ON	ON	ON
101	定时器 4	ON	ON	ON	ON	ON
110	无选择	ON	ON	ON	ON	ON

10. 定时器中断的产生

通过控制"INTRGEN_SEL"端口状态，PWMTIMER 提供产生脉冲中断和电平中断的灵活性。当"INTRGEN_SEL"端口状态是逻辑 1，将产生可选电平或可选脉冲中断。在 PWMTIMER 内部写入具体值到"TINT_CSTAT"寄存器，控制中断产生。中断产生是基于"TINT_CSTAT"寄存器中设置的值。

2.19.3　编程模型

为控制和观察 PWM 的状态，可使用下面的寄存器：

（1）TCFG0：时钟预定标器和死区结构。

（2）TCFG1：时钟多路复用器和 DMA 模式的选择。

（3）TCON：定时器控制寄存器。

（4）TCNTB0：定时器 0 计数缓冲寄存器。

（5）TCMPB0：定时器 0 比较缓冲寄存器。

（6）TCNTO0：定时器 0 计数观察寄存器。

（7）TCNTB1：定时器 1 计数缓冲寄存器。

（8）TCMPB1：定时器 1 比较缓冲寄存器。

（9）TCNTO1：定时器 1 计数观察寄存器。

（10）TCNTB2：定时器 2 计数缓冲寄存器。

（11）TCMPB2：定时器 2 比较缓冲寄存器。

（12）TCNTO2：定时器 2 计数观察寄存器。

（13）TCNTB3：定时器 3 计数缓冲寄存器。

（14）TCMPB3：定时器 3 比较缓冲寄存器。

（15）TCNTO3：定时器 3 计数观察寄存器。

（16）TCNTB4：定时器 4 计数缓冲寄存器。

（17）TCNTO4：定时器 4 计数观察寄存器。

（18）TINT_CSTAT：定时器中断控制和状态寄存器。

2.20　RTC 实时时钟

本节介绍了实时时钟（RTC）在 S3C6410 RISC 微处理器上的功能及其使用。当系统电源关闭时，通过备用电源可以运行 RTC 单元。数据包含的时间，即秒、分钟、小时、日期、日、月和年。RTC 单元操作一个 32.768 kHz 的外部晶体，并可以执行报警功能。

2.20.1　RTC 实时时钟的特性

实时时钟包括以下功能：

（1）二进制编码数据：秒、分钟、小时、日期、日、月和年。

（2）闰年发生器。

（3）报警功能：报警中断或从断电模式中唤醒。

（4）时钟计数功能：时钟节拍中断或从断电模式中唤醒。

（5）不存在千年虫问题。

（6）独立地电源引脚（RTCVDD）。

（7）支持毫秒标记的时间中断信号，用于 RTOS 内核时间标记。

2.20.2 实时时钟的操作说明

实时时钟的结构框图，如图 2-87 所示。

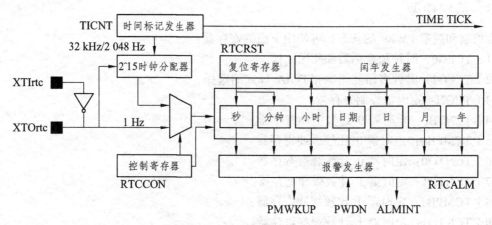

图 2-87　实时时钟的结构框图

1. 闰年发生器

闰年发生器通过 BCDDAY，BCDMON 和 BCDYEAR 的数据来决定每个月的最后一天是 28，29，30 还是 31。这个模块是通过决定最后的日期来判断闰年的。一个 8 位的计数器只能代表两个 BCD 数字，因此它不能决定"00"年（年的最后两个数字为"00"）是不是闰年。举例来说，它不能区分 1900 年和 2000 年。要解决这个问题，S3C6410 中的实时时钟模块，在 2000 年中，硬连接逻辑支持闰年。注意 1900 年不是闰年，而 2000 年是闰年。因此在 S3C6410 中的"00"的两个数字表示 2000 而不是 1900。

2. 读/写寄存器

RTCCON 寄存器的位 0 必须被设置为高位，原因是可以正常写入实时时钟模块中的 BCD 寄存器，以显示秒、分钟、小时、日期、日、月和年。CPU 必须分别在 RTC 模块的 BCDSEC、BCDMIN、BCDHOUR、BCDDATE、BCDDAY、BCDMON 和 BCDYEAR 寄存器中读取数据。但是，因为多个寄存器被读取，所以可能有 1 秒的偏差存在。例如，当用户从 BCDYEAR 到 BCDMIN 读取寄存器时，结果假设为 2059（年），12（月），31（日期），23（小时）和 59（分钟）。当用户读取 BCDSEC 寄存器及值范围从 1 到 59（秒）时，没有问题，但值为 0 秒，年、月、日、小时和分钟将被改变为 2060（年），1（月），1（日期），0（小时）和 0（分钟），就是因为这 1 秒的变差。在这种情况下，如果 BCDSEC 置 0，用户必须从 BCDYEAR 到 BCDSEC 重新读取。

3. 备份电源操作

通过备用电池可以驱动实时时钟逻辑，它是通过 RTCVDD 引脚进入实时时钟模块来提供电源的，即使系统电源被关闭。当系统关闭时，CPU 的接口和实时时钟的逻辑必须被封锁，备用电池只驱动振荡电路和 BCD 计数器，产生最小电源消耗。

4. 报警功能

实时时钟在断电模式或正常操作模式的某一特定时间内产生一个报警信号。在正常的操作模式下，报警中断（ALMINT）被激活。在断电模式下，电源管理唤醒（PMWKUP）信号与 ALMINT 一样被激活。实时时钟报警寄存器（RTCALM），决定了报警启用/禁用的状态和报警时间设置的条件。

5. 标记时间中断

实时时钟标记时间被用于中断请求。TICNT 寄存器有一个中断使能位和一个中断计数值。当标记时间中断发生时，计数器的值达到"0"。中断周期如下：

周期=（n+1）/32768 秒（n=标记计数器的值）

注意：RTC 时间标记可用于实时操作系统（RTOS）内核时间标记。如果时间标记是通过 RTC 时间标记产生的，RTOS 的时间相关功能将始终同步在实时时间中。

6. 32.768 kHz X-TAL 关系实例

图 2-88 显示了在 32.768 kHz 下，实时时钟单位振动的电路。

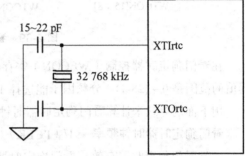

图 2-88　主振荡器电路的实例

7. 外部接口

表 2-59 显示了两种外部接口。

表 2-59　外部接口描述

名称	方向	描述
XTI	输入	32 kHz RTC 振荡器的时钟输入
XTO	输入	32 kHz RTC 振荡器的时钟输出

2.21　看门狗定时器

当控制器操作被噪声或系统错误等故障打断时，S3C6410 RISC 微处理器的看门狗定时器恢复控制器的操作。它用于正常的 16 位间隔定时器来要求中断服务。看门狗定时器产生中断信号。用 WDT 代替 PWM 定时器的优点是 WDT 产生复位信号。

2.21.1　看门狗定时器的特性

看门狗定时器包含下面的特性：

（1）具有中断请求的正常间隔定时器模式。

（2）当定时器计数值达到 0（超时），内部复位信号有效。

（3）电平触发器中断机制。

2.21.2 功能描述

图 2-89 为看门狗定时器的功能模块图。看门狗定时器用 PCLK 作为它的源时钟。PCLK 频率被预分频来产生相应的看门狗定时器时钟，并将所得的频率再次分频。

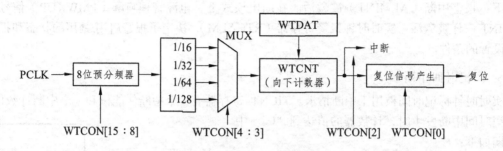

图 2-89 看门狗定时器模块图

在看门狗定时器控制（WECON）寄存器，预分频器值和分频因子被指定。有效的预分频器值的范围是 0 ~ (28-1)。分频因子能选择 16、32、64 或 128。

用下面的等式来计算看门狗定时器时钟频率，每一个定时器的时钟周期：

看门狗定时器时钟频率 = 1/（PCLK /（预分频值+ 1）/分频因子）

一旦看门狗定时器有效，看门狗定时器数据（WTDAT）寄存器的值将不能被自动重新载入定时器计数器（WTCNT）。在看门狗定时器开始前，一个初始值必须写入看门狗定时器计数（WTDAT）寄存器。

在 ARM11 处理器中，看门狗操作的具体代码如下：

```
//      WDT_operate 函数：主要功能通过输入操作看门狗定时器。
//      输入: uEnReset, uEnInt, uEnWDT [0:禁用  1:使能]
//      uSelectCLK (时钟分频因子) [0:16 1:32 2:64 3:128]
//      uPrescaler [1~256]
//      uWTDAT [0~2^15]
//      uWTCNT [0~2^15]
//      输出: NONE
void WDT_operate(u32 uEnReset, u32 uEnInt, u32 uSelectCLK, u32 uEnWDT,
    u32 uPrescaler,u32
uWTDAT, u32 uWTCNT)
{
    float fWDTclk;
    Outp32(rWTCON,0);
    Outp32(rWTDAT,0);
    Outp32(rWTCNT,0);
    Outp32(rWTDAT,uWTDAT);
    Outp32(rWTCNT,uWTCNT);
     Outp32(rWTCON,(uEnReset<<0)|(uEnInt<<2)|(uSelectCLK<<3)|(uEnWDT<<5)|((uPrescaler)<<8));
    fWDTclk = (1/(float)((float)g_PCLK/((float)uPrescaler+1)/
    (1<<(uSelectCLK+4))))*uWTDAT;
    printf("WDT_clk = %f sec\n",fWDTclk);
}
```

2.21.3 考虑调试环境

当 S3C6410 在调试模式（使用嵌入的 ICE）时，看门狗定时器不能进行操作。在调试模式下，看门狗定时器能决定来自 CPU 内核的信号（DBACK 信号）是否是当前的信号。一旦 DBGACK 信号无效，看门狗定时器的复位输出禁止，并终止看门狗定时器。

2.22 AC97 控制器

S3C6410X 的 AC97 控制器单位支持 AC97 2.0 版的功能。带有 AC97 解码器的 AC97 控制器用于连接音频控制器（AC-link），控制器发送立体声 PCM 数据给多媒体数字信号编解码器。在多媒体数字信号编解码器里，外部数字模拟转换器（DAC）由音频采样转换为一个模拟音频波形。多媒体数字信号编解码器接收立体声 PCM 数据和单声道麦克风的数据，然后存入存储器中。这一节主要介绍了 AC97 控制器单元的设计模型。

1. AC97 控制器

AC97 控制器包括以下特性：

（1）独立通道，用于立体声 PCM 输入，立体声 PCM 输出和单声道 MIC 输入。

（2）基于 DMA 操作和基于中断操作。

（3）变量取样速率 AC97 多媒体数字信号编解码器接口（48 kHz 和低于 48 kHz）。

（4）16 位，16 个 FIFO 每通道。

（5）只支持基本多媒体数字信号编解码器。

2. 信 号

显示信号，如表 2-60 所示。

表 2-60　显示信号

名称	方向	说　明
AC_nRESE	输出	低级多媒体数字信号编解码器复位
AC_BIT_CL	输入	12.288 MHz 位速率时钟
AC_SYNC	输出	48 kHz 指示器结构和同步装置
AC_SDO	输出	连续音频输出数据
AC_SDI	输入	连续音频输入数据

2.23 IIS 总线接口

IIS 是一种常用的数字音频接口。总线只处理音频数据，像编码和控制这样的其他信号被转移分开。IIS 总线一般为 3 线串行总线，包括一个数据通道路线、一个选择路线和一个时钟路线，尽量在两个 IIS 总线之间传输数据，以减少插槽和保持简单的配线。

IIS 接口传输接收来自外部立体声音频编解码器的声音数据。为了传输和接收数据，包括两个 32×16 FIFO 数据结构。DMA 传输模式能支持传输或接收样本。时钟控制器通过 IIS 时钟分频器获取时钟，或直接提供 IIS 的特定时钟。

2.23.1 IIS 总线特征

在 IIS 总线接口包括以下功能：

（1）2 通道 IIS 总线用于 DMA 装置的音频接口运作。

（2）串行，8/16 位经通道数据传输。

（3）支持 IIS、MSB-justified 和 LSB-justified 数据格式。

2.23.2 结构框图

对 IIS 总线结构框图的描述，如图 2-90 所示。

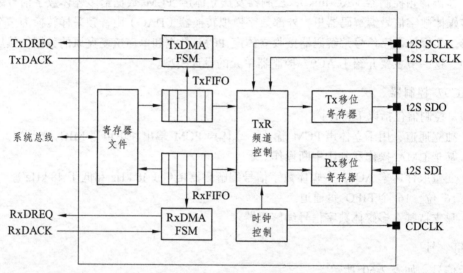

图 2-90　IIS 总线结构框图

2.23.3 功能说明

IIS 接口由寄存器层、FIFI、移位寄存器、时钟控制、DMA 有限状态设计和通道控制模块组成。每个 FIFO 有 32 位的宽度和 16 位深度构成，其中包括左/右通道数据。因此 FIFO 的访问和数据传输以左/右成对的单元进行操作。

1. 主/从模式

可以通过 IIS MOD 寄存器设置 IMS 位，来选择主/从模式。在主模式中，内部产生 IIS SCLK 和 IIS LRCLK 并提供给外部设备。因此区分产生 IIS SCLK 和 IIS LRCLK 需要一个启动时钟。IIS 预分频器以内部系统时钟分出的频率产生一个启动时钟。在外部主模式下，从 IIS 外部直接反馈启动时钟。在从模式中从引脚提供 IIS SCLK 和 IIS LRCLK。

主/从模式不同于发射/接收。主/从模式主要介绍 IIS LRCLK 和 IIS SCLK 的用法。IIS LRCLK（这个只是辅助）的用法并不重要。如果 IIS 总线接口传送 3 时钟信号到 IIS 编解码器，则 IIS 总线在主模式中。但如果 IIS 总线接口传输数据到 IIS 编解码器，则是 TX 模式。反过来说，IIS 总线接口从 IIS 编解码器接收时钟信号，则是 RX 模式。发射/接收模式会显示数据流的方向。

如图 2-91 所示，显示在 IIS 时钟控制模块和系统控制器设置内部或外部主模式的启动路线。

RCLK 表明，在外部的主模式下启动时钟能被提供给外部 IIS 编解码器。

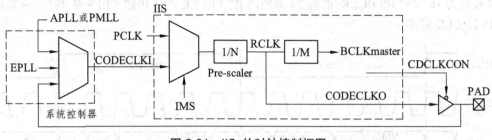

图 2-91　IIS 的时钟控制框图

2. DMA 传输

在 DMA 传输模式中，发送器或接收器 FIFO 能通过 DMA 控制器被访问。DMA 的服务请求由发送器或接收器 FIFO 的状态被激活。IIS CON 寄存器的 FTXEMPT、FRXEMPT、FTXFULL 和 FRXFULL 位代表发送器或接收器 FIFO 数据状态。特别是 FTXEMPT 和 FRXFULL 位，它们是对 DMA 服务请求准备好的标记；当发送 FIFO 不为空时，发送 DMA 服务请求有效；当接收 FIFO 为空时，接收 DMA 服务请求有效。对于单一数据，DMA 传输只用 "握手" 的方法。确认 DMA 被激活，则数据读取或写入操作必须执行。

DMA 请求点：

（1）发送模式：FIFO 不满并且 TXDMACTIVE 有效。

（2）接收模式：FIFO 非空并且 RXDMACTIVE 有效。

2.23.4　音频串行数据格式

1. IIS 的总线格式

IIS 总线有四线，包括串行数据输入 IIS SDI、串行数据输出 IIS SDO，左右声道选项时钟 IIS LRCLK 和串行位时钟 IIS DCLK；设备产生 IIS LRCLK 和 IISBCLK 是主模式。

串行数据以 2 的补码形式传输，其中 MSB 有固定的位置，而 LSB 的位置要依据字长。发送器在一个时钟周期中发送下一个 MSB 后，IIS LRCLK 被改变。IIS LRCLK 改变后，发送器发送下一个字的 MSB。然而在串行时钟信号的最主要优势上，串行数据必须被锁存到接收器里。因此数据传输对同步的最主要优势有一定的限制。

LR 通道选择线显示，该通道被传送。在任一尾随或领先的串行时钟上 IIS LRCLK 可能被改变，但它不是强制性的被对称。在从属模式内，该信号锁存时钟信号第一位的边。在 MSB 传输前，IIS LRCLK 线改变一个时钟周期。这允许从属发送器来驱动一个同步时速。进而，它使接收器来存储先前的字并为下一个字清除输入。

2. MSB（左）的对齐

MSB 对齐（左对齐）格式与 IIS 总线格式类似，除了在 MSB 对齐格式里面，每当 IIS LRCLK 被改变，发送机始终在同一时间发送 MSB 的下一个消息。

3. LSB（右）的对齐

LSB 的对齐(右对齐)格式是相对 MSB 对齐的格式。换句话说，传输串行数据以 IIS LRCLK 移位的结束点对齐。

如图 2-92 所示，显示 IIS 的串行音频格式，MSB 对齐和 LSB 对齐。注意，在这个形式内，该字节长度为 16 位和 IIS BCLK 的每 24 周期内 IIS LRCLK 产生传输（BFS 是 48fs，fs 采样频率；IIS LRCLK 频率）。

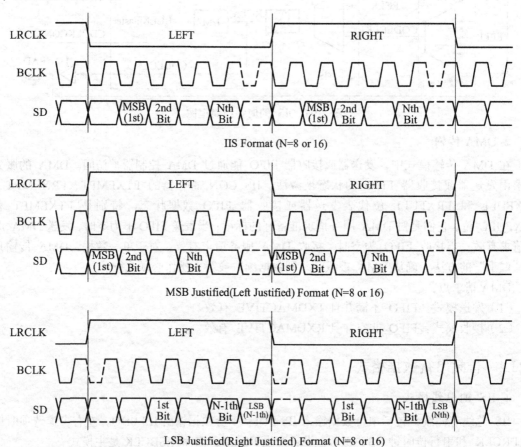

图 2-92　IIS 音频串行数据格式

4. 采样频率和主时钟

采样频率可以选择主时钟频率（RCLK）参考表 2-61 所示。因为 RCLK 源于 IIS 预分频，所以预分频值和 RCLK 类型（256 fs 或 384 fs 或 512 fs 或 768 fs）必须确定。

表 2-61　编解码器的时钟（CODECLK=256fs，384fs，512fs，768fs）

IIS LRCK /fs	8.000 kHz	11.025 kHz	16.000 kHz	22.050 kHz	32.000 kHz	44.100 kHz	48.000 kHz	64.000 kHz	88.200 kHz	96.000 kHz
	256 fs									
	2.048 0	2.822 4	4.096 0	5.644 8	8.192 0	11.289 6	12.288 0	16.384 0	22.579 2	24.576 0
	384 fs									
CODECLK /MHz	3.072 0	4.233 6	6.144 0	8.467 2	12.288 0	16.934 4	18.432 0	24.576 0	33.868 8	36.864 0
	512 fs									
	4.096 0	5.644 8	8.192 0	11.290 0	16.384 0	22.579 0	24.579 0	32.768 0	45.158 0	49.152 0
	768 fs									
	4.096 0	5.644 8	8.192 0	11.290 0	16.384 0	22.579 0	24.579 0	32.768 0	45.158 0	49.152 0

5. IIS 的时钟映射表

IIS MOD 寄存器选择 BFS，RFS，和 BLC 位，需参考表 2-62 的时钟频率映射关系。

表 2-62 IIS 的时钟映射表

时钟频率		RFS			
		256 fs（00B）	512 fs（01B）	384 fs（10B）	768 fs（11B）
BFS	1 6fs（10B）	（a）	（a）	（a）	（a）
	24 fs（11B）			（a）	（a）
	32 fs（00B）	（a）（b）	（a）（b）	（a）（b）	（a）（b）
	48 fs（01B）			（a）（b）	（a）（b）
描述		（a）允许 BLC 为 8 位 （b）允许 BLC 为 16 位			

2.24 PCM 音频接口

这节主要介绍 PCM 音频接口在 S3C6410X RISC 微处理器上的功能及使用。PCM 音频接口模块提供 PCM 双向串行接口到一个外部编解码器。

该 PCM 音频接口包括以下特性：

（1）主模式：这个模块源于主移位时钟。

（2）所有 PCM 连续定时，选通脉冲和主要移位时钟基于一个外部 PCM 音频时钟输入。

（3）基于内部 APB PCLK 的可选时间。

（4）输入和输出 FIFO 到缓冲数据。

（5）可选的 DMA 接口为 Tx 和/或 Rx。

2.24.1 PCM 音频接口

PCM 音频接口提供了一个串行接口到外部编解码器。PCM 模块收到一个输入 PCMCODEC_CLK，用来产生串行移位时间。PCM 接口输出一个串行数据、一个串行移位时间以及同步信号。通过一个串行输入线从外部接收数据。串行数据输入、串行数据输出和同步信号同步于串行的转变时钟。

串行移位时钟（PCMSCLK）是由 PCMCODEC_CLK 产生。同步信号 PCMSYNC 的产生基于串行时钟，并且是一个串行时钟的宽度。

PCM 数据字为 16 位宽，并且每 PCMSCLK 串行输出一位。每个 PCMSYNC，只有一个 16 位的字被移出。所有 16 位已被转移出来后 PCMSCLK 将继续切换。16 位字被完成后 PCMSOUT 数据将未被定义。下一个 PCMSYNC 将发信号给下一个 PCM 数据字的优先位。

Tx FIFO 提供 16 位数据字被串行移出。该数据首先被连续转移出 MSB，每 PCMSCLK 一位。PCM 连续输出数据 PCMSYNC 通过上升边缘连续被计时。有关的 MSB 位的位置是可编程的，通过同步的 PCMSYNC 或者延后的 PCMCLK。16 位被移出后，一个中断产生，以指示传输结束。PCMSIN 输入用于从外部的编解码器连续移动数据。被接收的数据首先是 MSB，并且在 PCMSCLK 的下降边缘被锁定。第一位的位置可以和 PCMSYNC 同步或者 PCMSCLK 延后，由编程设定。

首 16 位串行转移到 PCM_DATAIN 寄存器中，随后它加载到 RX FIFO 中。后来的位被忽略直到下一个 PCMSYNC。

各种中断可以显示 RX 和 TX FIFO 的状态。当 CPU 需要服务 FIFO 时，每个 FIFO 有一个可编程的编辑显示。对于 RX FIFO，当 FIFO 超越一个可编程 almost_full 深度时，有一个中断将被提出。对于 TX FIFO，同样有一个可编程 almost_empty 中断。

2.24.2　PCM 时序

以下显示，PCM 传输的时序关系。注意所有情况下，PCM 转移时序通过区分输入时钟 PCMCODEC_CLK 被导出。当时序是基于在 PCMCODEC_CLK 上时，没有尝试重整输出 PCMSCLK 的上升边缘和原来的 PCMCODEC_CLK 输入时钟。通过位置和方位测定系统，内部延迟将扭曲这些边缘，与分隔器的逻辑是一样的。这不代表一个问题，因为实际的转移时钟，PCMSCLK 是输出数据。如果 PCMSCLK 输出没有使用，歪曲率比 PCMCODEC_CLK 的周期是不重要的。自从大部分的 PCM 接口在时钟下降边缘上夺取数据以来，它不能代表一个问题。

如图 2-93 所示，显示的 PCM 传输与 MSB 配置是符合 PCMSYNC。在 PCMCTL 寄存器置低位，MSB 配置符合设置 MSB_POS_WR 和 MSB_POS_RD 位。

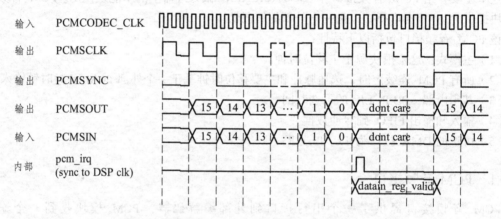

图 2-93　PCM 的时序，POS_MSB_WR/RD = 0

如图 2-94 所示，MSB 配置的 PCM 传输为 PCMSYNC 向后移位一个时钟。在 PCMCTL 寄存器置高位，MSB 配置符合设置 MSB_POS_WR 和 MSB_POS_RD 位。

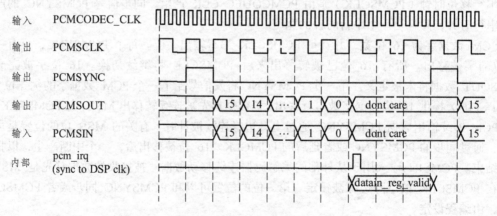

图 2-94　PCM 的时序，POS_MSB_WR/RD = 1

S3C6410X 可以提供多种时钟的 PCM。PCM 能选择两个时钟 PCLK 或 AUDIO（来自系统控制器）。我们还可以选择音频时钟里的 PLL 或外部输入时钟，如图 2-95 所示。

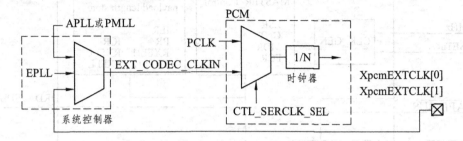

图 2-95　PCM 输入时钟图

2.25　红外控制器

本节主要描述 S3C6410X RSIC 微处理器内的红外控制器的功能和用法。

2.25.1　概　述

三星红外核心是无限系列通信控制器。三星红外核心支持两种不同类型的红外速度。此核心可以转换红外脉冲高达 4 Mbps。它包括可配置的 FIFO 功能，用于减少 CPU 的负担。这使调整内部 FIFO 尺寸变得简单。

可以通过访问 16 个内部寄存器运行核心。当接收到红外脉冲时，核心可以检测到三种线性错误，如 CRC 错误、PHY 错误和有效和在长度错误。

1. 性　能

红外线控制器支持以下性能：

（1）红外规格兼容。

（2）红外 1.1 物理延迟规格。

（3）在 MIR 和 FIR 模式下的 FIFO 操作（4 Mbps，1.152 Mbps 和 0.576 Mbps）。

（4）64 字节的 FIFO 尺寸。

（5）Back-to-Back 交易。

（6）选择 Temic-IBM 和 HP 收发器的软件。

2. 模块图

模块图如图 2-96 所示。

3. 外部接口信号

IRDA_TX：红外 Tx 信号（输出）。

IRDA_RX：红外 Rx 信号（输入）。

IRDA_SDBW：红外收发器控制（输出）。

MCLK：红外运行时钟。

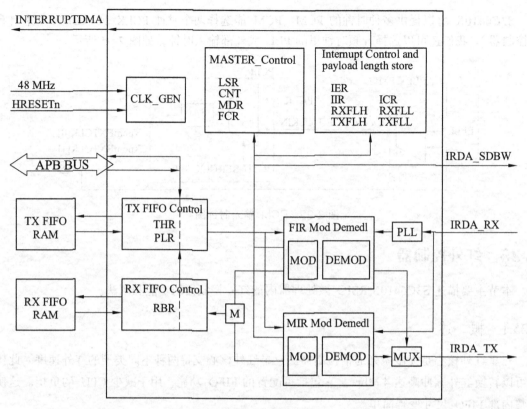

图 2-96　模块图

必须设置 SYSCON 内的红外时钟为 48 MHz。外部接口信号描述如表 2-63 所示。

表 2-63　外部接口信号描述

组	名称	位	描述	源/目的地
红外特殊信号	MCLK	1	输入	SYSCON 源时钟：USB 时钟，PLL 时钟
	IrDA_Rx	1	输入	PAD
	IrDA_Tx	1	输出	PAD
	IrDA_SDBW	1	输出	PAD

2.25.2　功能描述

1. 快速红外（FIR）模式（IRDA 1.1）

在快速红外模式（FIR）下，红外以 4 Mbps 的波特速率传输。在数据传输模式下，核心将有效荷载数据解码为 4PPM 格式，并且将前同步信号、开始标志、CRC-32 和停止标志附加在解码的有效数据上，并成串转换。在数据接收模式下，核心反向工作。首先，当检测到红外脉冲时，核心覆盖接收时钟并且移动前同步信号和停止标志。核心检测三个不同种类的错误，这些错误发生在传输的中间位置，包括 PHY 错误、帧长度错误和 CRC 错误。当接收到整体有效荷载数据时可以检测到 CRC 错误。微控制器可以通过读取接收帧末尾的线性状态寄存器镜像接收帧的错误状态。

图 2-97 为 FIR 调制过程，图 2-98 为显示了 FIR 解调状态机。当 IRD_CNT 寄存器位 6 设

140

置为逻辑高电平时，状态机开始。

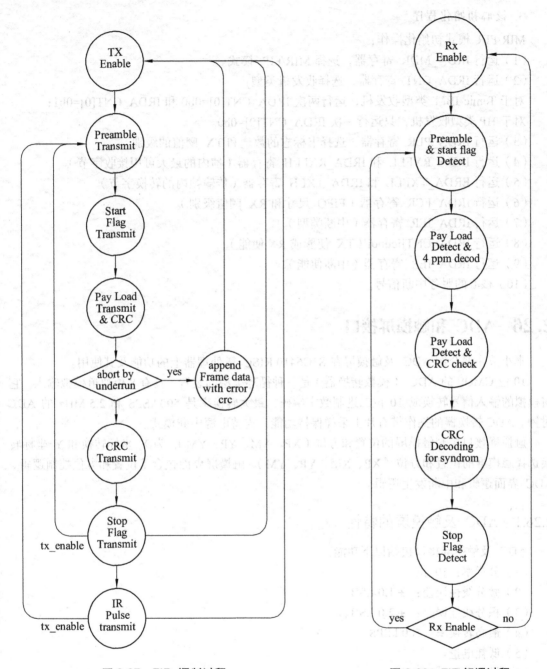

图 2-97　FIR 调制过程　　　　　　　　图 2-98　FIR 解调过程

2. 中速红外（MIR）模式（IRDA 1.1）

在中速红外（MIR）模式下，红外以 1.152 Mbps 和 0.576 Mbps 的速率传输。有效载荷数据有开始标志、CRC16 和停止标志包裹。开始标志最小为 3 个字节。在传输和接收过程中，基本包和解包进程与 FIR 模式相同。中速模式需要一个位填充进程。MIR 模式下的位填充由核心插入 0 位。在接收模式下，必须转移填充位。如 FIR 模式下，可以通过读取 IRDA_LSR 寄存器向接收模式内的微控制器报告三种不同的错误。

3. 核心初始化程序

MIR/FIR 模式初始化操作：

（1）运行 IRDA_MDR 寄存器，选择 MIR/FIR 模式。

（2）运行 IRDA_CNT 寄存器，选择收发机类型：

对于 Temic-IBM 类型收发机，运行两次 IRDA_CNT[0]=0b0 和 IRDA_CNT[0]=0b1；

对于 HP 类型收发机，只运行一次 IRDA_CNT[0]=0b0。

（3）运行 IRDA_PLR 寄存器，选择卡标志的数量和 TX 阈值的级别。

（4）运行 IRDA_RXFLL 和 IRDA_RXFLH 寄存器（帧内的最大可用接收字节）。

（5）运行 ERDA_TXFLL 和 IRDA_TXLH 寄存器（传输帧内的转换字节）。

（6）运行 IRDA_FCR 寄存器（FIFO 尺寸和 RX 阈值级别）。

（7）运行 IRDA_IER 寄存器（中断类型）。

（8）运行 IRDA_CNTjicunqi（TX 使能或 RX 使能）。

（9）运行 IRDA_IER 寄存器（中断使能）。

（10）核心的服务中断信号。

2.26 ADC 和触摸屏接口

本小节主要介绍 ADC 及触摸屏在 S3C6410 RISC 微处理器上的功能及其使用。

10 位 CMOS 的 ADC（模数转换器）是一种循环类型的装置，具有 8 位通道模拟输入。它将模拟的输入信号转换成 10 位二进制数字编码，最大转换率是 500 kSPS 和 2.5 MHz 的 ADC 时钟。ADC 转换器的操作带有片上采样保持功能，支持电源中断模式。

触摸屏接口控制触摸屏的位置和方位（XP、XM、YP、YM），为 X 坐标转换和 Y 坐标转换选择触摸屏的位置和方位（XP、XM、YP、YM）。触摸屏界面包含了位置和方位控制逻辑、ADC 界面逻辑和中断发生逻辑。

2.26.1 ADC 及触摸屏的特性

ADC 及触摸屏接口包括以下功能：

（1）分辨率：10 位。

（2）微分线性误差：±1.0 LSB。

（3）积分线性误差：±2.0 LSB。

（4）最高转换率：500 kSPS。

（5）低耗电量。

（6）供电电压：3.3 V。

（7）模拟输入范围：0～3.3 V。

（8）对芯片采样保持功能。

（9）正常转换模式。

（10）单独的 X / Y 坐标的转换模式。

（11）自动（顺序）的 X / Y 坐标的转换模式。

（12）等待中断。

（13）停止模式唤醒源。

2.26.2 ADC 及触摸屏界面操作

显示 ADC 和触摸屏接口的功能结构框图如图 2-99 所示。ADC 的装置是一个循环的类型。

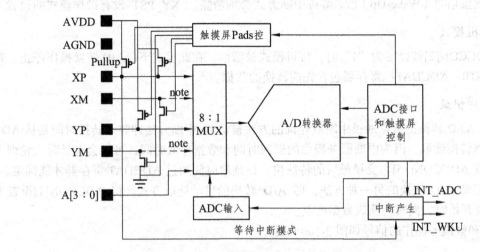

图 2-99　ADC 和触摸屏接口的功能结构框图

当触摸屏装置被使用，触摸屏的 I/F、XM 或 YM 只接地。当触摸屏的装置未被使用，为正常 ADC 转换，XM 或 YM 连接模拟输入信号。

2.26.3　功能描述

1. A/D 转换时间

当 GCLK 频率是 50 MHz，分频器值是 49 时，总的 10 位转换时间如下：

A/D 转换频率= 50 MHz /（49+1）= 1 MHz

转换时间= 1 /（1 MHz / 5 周期）= 1/200 kHz = 5 μs

ADC 可在最高为 2.5 MHz 时钟下操作，因此转换率可高达 500 kSPS。

2. 触摸屏接口方式

（1）正常转换模式。

单个转换模式，是最有可能用于通用的 ADC 转换。这种模式可以通过设置 ADCCON（ADC 的控制寄存器）初始化，并完成读和写存入 ADCAT0（ADC 数据寄存器 0）。

（2）单独的 X / Y 坐标转换模式。

触摸屏控制器可以使用两个转换模式中的一个转换。单独的 X/Y 坐标转换模式可以在以下方法中转换：X 坐标模式写 X 坐标的转换数据入 ADCDAT0，因此，触摸屏接口产生中断源到中断控制器。Y 坐标模式写 Y 坐标的转换数据到 ADCDAT1，因此，触摸屏接口生成中断源到中断控制器。

（3）自动（顺序）的 X/Y 坐标转换模式。

自动（顺序）的 X/Y 坐标转换模式，按以下方法转换：触摸屏控制器顺序转换被触摸的 X

坐标和 Y 坐标。触摸屏写 X 测量数据入 ADCDAT0，写 Y 测量数据入 ADCDAT1。触摸屏接口在自动位置转换模式上，产生中断源到中断控制器。

（4）等待中断方式。

当该系统在停止模式（电源中断）时，触摸屏控制器产生唤醒信号（WKU）。在触摸屏接口下，触摸屏控制器等待中断模式必须设置位置和方位状态（XP、XM、YP、YM）。触摸屏控制器产生唤醒信号（Wake-Up）后，等待中断方式必须清除。（XY_PST 没有操作模式的设置。）

3. 待机模式

当 ADCCON[2]被设定为"1"时，待机模式被激活。在此模式下，A/D 转换操作停止，并且 ADCDAT0，ADCDAT1 寄存器包含先前转换的数据。

4. 编程记录

（1）该 A / D 转换的数据通过中断或轮询的方法被访问。中断方法即整个转换时间是从 ADC 开始到数据转换读取，因为中断服务程序的返回时间和数据存取时间，可能会有延时。轮询方法用来检查 ADCCON[15]，交换最后的特征位。该读取时间通过 ADCDAT 寄存器才能确定。

（2）启动 A/D 转换的另一种方法，即 A/D 转换的启动读取方式，将 ADCCON[1]设置为 1. A/D 转换开始时，同时转换成数据读取。

ADC 和触摸屏操作的信号如图 2-100 所示。

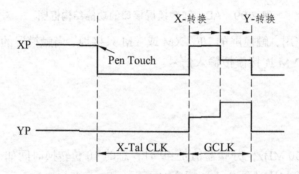

图 2-100　ADC 和触摸屏操作的信号

（3）如果在 STOP 模式下，唤醒源被使用，XY_PST 位（ADCTSC[1：0]）应设置为等待中断模式（0b11）。为了使触摸笔笔尖向上/向下移动有效，使用 UD_SEN 位。

2.27　键盘接口

2.27.1　概　述

S3C6410X 内的键盘接口模块使之与外部键盘设备的通信变得便利。端口多路复用采用 GPIO 端口，提供 8 行 8 列。CPU 通过中断检测键盘按压和键盘释放事件。当行内发生任何中断时，软件用适当的程序浏览列行，检测一个或多个键盘按压及释放事件。

当键盘按压或释放或者两种情况都发生时，提供中断状态寄存器位。为了防止开关噪声，提供内部去抖过滤器。键盘矩阵接口外部链接向导如图 2-101 所示。

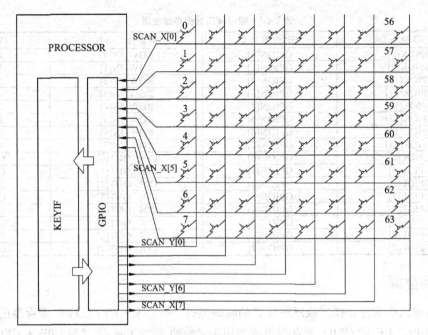

图 2-101　键盘矩阵接口外部链接向导

1. 去抖过滤器

去抖过滤器支持任何键盘输入的键盘中断。过滤的宽度大约为 62.5 μs。键盘中断是过滤以后所有行输入的 ANDed 信号。内部去抖过滤器操作如图 2-102 所示。

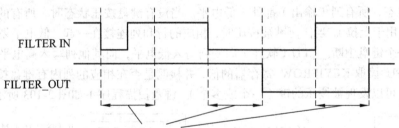

Filter width: FCLK two-clock
Filter Clock(FCLK) is a FLT_CLK or the division of that clock
FLT_CLK is come from OSCIN(ex:12 MHz)

图 2-102　内部去抖过滤器操作

2. 滤波时钟

键盘接口去抖滤波时钟是 OSC_IN，由 FLT_CLK 中划分出来。用户可以设置 10 位加计数器（KEYIFFC）的对比值。当滤波器使能位为高电平时，滤波器时钟分压器处于打开状态。FCLK 的频率是 FLT_CLK 的功率/（(keyiffc+1)×2）。相反的，FC_CN 为低电平时，过滤时钟分压器不划分 FLT_CLK。

2.27.2　管脚多路复用

在 S3C6410X 中，键盘接口输入、输出端口是 GPIO K 和 GPIO L 端口的多路复用。输入、输出端口计数由位控制，有 8 输入、8 输出。键盘接口管脚多路复用如表 2-64 所示。

表 2-64　键盘接口管脚多路复用

GPIO 端口 1	GPIO 端口 2	键盘接口端口	I/O
GPIOK[8]	GPION[0]	ROW_IN[0]	I
GPIOK[9]	GPION[1]	ROW_IN[1]	I
GPIOK[10]	GPION[2]	ROW_IN[2]	I
GPIOK[11]	GPION[3]	ROW_IN[3]	I
GPIOK[12]	GPION[4]	ROW_IN[4]	I
GPIOK[13]	GPION[5]	ROW_IN[5]	I
GPIOK[14]	GPION[6]	ROW_IN[6]	I
GPIOK[15]	GPION[7]	ROW_IN[7]	I
GPIOL[0]	GPIOH[0]	COL_OUT[0]	O
GPIOL[1]	GPIOH[1]	COL_OUT[1]	O
GPIOL[2]	GPIOH[2]	COL_OUT[2]	O
GPIOL[3]	GPIOH[3]	COL_OUT[3]	O
GPIOL[4]	GPIOH[4]	COL_OUT[4]	O
GPIOL[5]	GPIOH[5]	COL_OUT[5]	O
GPIOL[6]	GPIOH[6]	COL_OUT[6]	O
GPIOL[7]	GPIOH[7]	COL_OUT[7]	O

2.27.3　唤醒源

当键盘输入作为停止模式或睡眠模式的唤醒源时，不要求 KEYPAD I/F 寄存器的设置。唤醒需要 KYEPAD I/F 的 GPIO 寄存器设置和用于屏蔽的 SYSCON 寄存器（PWR_CFG）。GPIO（键盘）端口 1 输入（GPIOK[15：8]）可以用来作为唤醒源，但是 GPIO（键盘）端口 2（GPION[7]）不能用来作为唤醒源。

2.27.4　软件键盘扫描程序

在初始状态，所有列（输出）都处于低电平。当没有键盘按压状态时，所有的行（输入）都是高电平（用于上拉）。当任何键被按压时，相应的行和列连接在一起，低电平划分到相应的行，将产生一个键盘中断。CPU（软件）向一列写入低电平，向其他列写入高电平。在每次写入的时候，CPU 读取 KEYIFROW 寄存器的值，并检测是否在相应的列内有键盘按压。当扫描程序结束时，可以发现被按压的键（一个或多个）。键盘扫描程序 1 如图 2-103 所示。

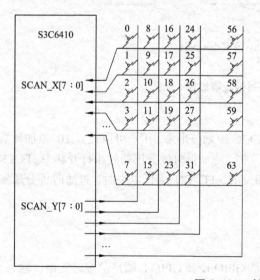
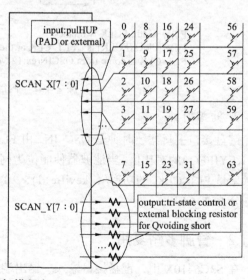

图 2-103　键盘扫描程序 1

146

2.28 IIS 多音频接口

2.28.1 概　述

IIS（Inter-IC Sound）是一个流行的数字音频接口。总线只控制音频数据，其他信号如子编码和控制信号都分开转换。可以在两个 IIS 总线中传输数据。为了使要求的管脚数目最少，保持接线简单，用三线串联总线组成两个时间复用数据通道的线，一个是字选择线一个是时钟线。

IIS 接口从外部立体声音频编解码器上传输或接收声音数据。为了传输和接收数据，包括了两个 16×32 位的 FIFO 数据结构。可以支持 DMA 转换模式的传输或接收样本。

1. 性　能

IIS-BUS 接口包括以下性能：

（1）DMA 基本操作的音频接口可以达到 5.1ch IIS-Bus。

（2）每个通道可以转换 8/16/24 位数据

（3）支持 8～192 kHz 的速率。

（4）支持 IIS，MSB 校验和 LSB 校验数据格式。

（5）64 字节 TX FIFO/64 字节 Rx FIFO 端口。

2. 信号描述

IIS 外部板由其他 IP 如 PCM、AC97 等共用。IIS 为了使用这些外部板，必须在 IIS 开始之前设置 GPIO。参考本手册的 GPIO 章节可以得到更多的信息。IIS 总线模块图如图 2-104 所示。

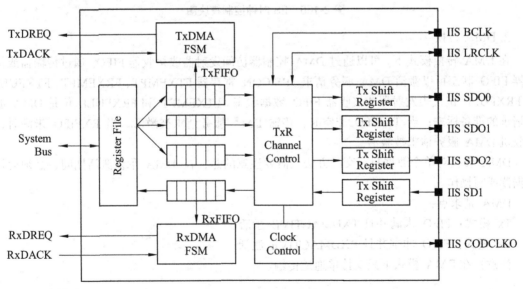

图 2-104　IIS 总线模块图

2.28.2 功能描述

IIS 接口包括寄存器区间、FIFO、移位寄存器、时钟控制、DMA 有限状态机以及如图 2-104 所示的通道控制模块。需要注意的是每个 FIFO 宽 32 位，深 16 位，包含了左右通道数据。因此 FIFO 访问和数据转换由左右成对单元处理。

1. 主/从模式

可以通过设置 IIS MOD 寄存器的 IMS 位选择主模式或从模式。在主模式下，产生 IIS SCLK 和 IIS LRCLK，并且支持外部设备。因此在产生 IIS SCLK 和 IIS LRCLK 时需要 IIS CDCLK。使用 IIS 预先定标器从内部系统时钟内产生不同频率的 IIS CDCLK。在外部主模式下，IIS CDCLK 可以从 IIS 外部反馈回来。从模式下的管脚（GPIO）支持 IIS SCLK 和 IIS LRCLK。

主/从模式与 TX/RX 不同。主/从模式表示 IIS LRCLK 和 IIS SCLK 的方向。IIS CDCLK 的方向不重要。如果 IIS 总线接口向 IIS 编解码器传输时钟信号，IIS 总线处于主模式。如果 IIS 总线接口从 IIS 编解码器接收时钟信号，IIS 总线处于从模式。TX/RX 模式指明数据流的方向。如果 IIS 总线接口向 IIS 编解码器传输数据时，为 TX 模式。相反的，IIS 总线接口从 IIS 编解码器接收数据时为 RX 模式。需要将主/从模式和 TX/RX 模式区分开。图 2-105 指出 IISCDCLK 的路径，是设置在 IIS 时钟控制模块和系统控制器内的内部主模式或外部主模式。需要注意的是 RCLK 指出了路线时钟，这个时钟可以在外部主模式下向外部 IIS 编解码器芯片提供。

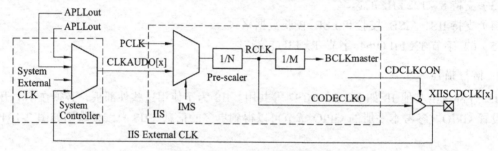

图 2-105　IIS 时钟控制模块图

2. DMA 转换

在 DMA 转换模式下，可以通过 DMA 控制器访问发射器或接收器 FIFO。通过传输器或接收器 FIFO 状态可以激活 DMA 服务请求。IIS CON 寄存器 FTXEMPT、FRXEMPT、FTXFULL 和 FRXFULL 位代表发射器或接收器 FIFO 数据状态。FTXEMPT 和 FRXFULL 位是 DMA 服务请求的准备标志；当 TXFIFO 非空时，传输 DMA 服务请求被激活，当 RXFIFO 未满时，接收机 DMA 服务请求被激活。

DMA 转换对单个数据只有交易方法。需要注意的是，在 DMA 承认激活期间，必须运行数据读或写操作。

DMA 请求点：

Tx 模式：FIFO 未满并且 TXDMACTIVE 激活。

Rx 模式：FIFO 非空并且 RXDMACTIVE 激活。

注意：在 DMA 模式下只支持单通道传输。

2.28.3　音频串行数据格式

1. IIS 总线格式

IIS 总线有四条线，包括串行数据输入 IIS SDI，串行数据输出 IIS SDO，左/右通道选择时钟 IIS LRCLK 和串行位时钟 IIS BCLK。产生 IIS RCLK 和 SIIS BCLK 的是主机。

串行数据在两个组成部分内传输，MSB 有固定的位置，根据字长度可决定 LSB 的位置。IIS LRCLK 变化以后，发射器在一个时钟期间发送最后字的 MSB。通过发射器发送的串行数据可以同时钟信号的尾沿和前沿同步。然而，串行信号必须被锁在接收器内串行时钟信号的前沿上。因此，传输数据与前沿同步有一定的约束条件。

LR 通道选择行指明通道正在传输数据。在串行时钟的后沿或前沿可以改变 IIS LRCLK，但是 IIS LRCLK 不能调整到对称状态。在从模式下，这个信号被锁在时钟信号的前沿上。在传输 MSB 之前，IIS LRCLK 行改变时钟周期。这就允许子发射器得到传输信号的同步时序可以被设置用于传输，也就是说，使接收器储存先前的字，清除输入接收下一字的行为可行。

2. MSB（左）校验

MSB 校验（左校验）格式与 IIS 总线格式相似，不同的是在 MSB 校验格式下，发射器经常发送下一字节的 MSB，同时改变 IIS LRCLK.

3. LSB（右）校验

LSB 校验（右校验）格式与 MSB 校验格式相反。在其他字内，正在传输的串行数据与 IIS LRCLK 转变的终结点对齐。

图 2-106 显示出 IIS，MSB 校验，LSB 校验的音频格式。需要注意的是，在此图中，字的长度是 16 位的。

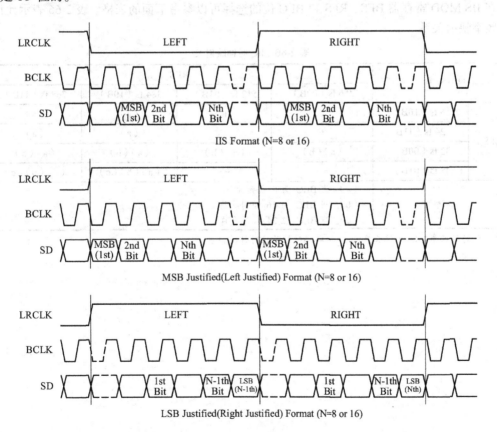

图 2-106　IIS 音频串行数据格式

2.28.4 采样频率和主时钟

可以通过如表 2-65 所示的采样频率选择主时钟（RCLK）频率。因为 RCLK 是由 IIS 预先扫描产生的，因此预先扫描值和 RCLK 类型必须正确定义。

表 2-65　编解码器时钟（CODECLK=256 fs，384 fs，512 fs，768 fs）

IISLRCK /fs	8.000 kHz	11.025 kHz	16.000 kHz	22.050 kHz	32.000 kHz	44.100 kHz	48.000 kHz	64.000 kHz	88.200 kHz	96.000 kHz
	256 fs									
	2.048 0	2.822 4	4.096 0	5.644 8	8.192 0	11.289 6	12.288 0	16.384 0	22.579 2	24.576 0
	384 fs									
CODECLK /MHz	3.072 0	4.233 6	6.144 0	8.467 2	12.288 0	16.934 4	18.432 0	24.576 0	33.868 8	36.864 0
	512 fs									
	4.096 0	5.644 8	8.192 0	11.290 0	16.384 0	22.579 0	24.579 0	32.768 0	45.158 0	49.152 0
	768 fs									
	6.144 0	8.467 2	12.288 0	16.934 0	24.576 0	33.869 0	36.864 0	49.152 0	—	—

注：fs 表示采样频率。CODEC 时钟是 fs（256、384、512、768）。

2.28.5 IIS 时钟映射表

在 IIS MOD 寄存器 BFS、RFS 和 BLC 位的选择可以参考下面的表格。表 2-66 表示允许的时钟频率映射关系。

表 2-66　IIS 时钟映射表

时钟频率		RFS			
		256 fs（00B）	512 fs（01B）	384 fs（10B）	768 fs（11B）
BFS	16 fs（10B）	（a）	（a）	（a）	（a）
	24 fs（11B	—	—	（a）	（a）
	32 fs（00B）	（a）（b）	（a）（b）	（a）（b）	（a）（b）
	48 fs（01B）	—	—	（a）（b）（c）	（a）（b）（c）
描述	（a）：当 BLC 为 8 位时允许 （b）：当 BLC 为 16 位时允许 （c）：当 BLC 位 24 位时允许				

注：位时钟频率≥fs*（位长度*2）。编解码时钟是位时钟的倍数。

第 3 章　Tiny6410 开发板

3.1　Tiny6410 核心板接口说明

Tiny6410 是一款以 ARM11 芯片（三星 S3C6410）作为主处理器的嵌入式核心板，该 CPU 基于 ARM1176JZF-S 核设计，内部集成了强大的多媒体处理单元，支持 Mpeg4、H.264/H.263 等格式的视频文件硬件编解码，可同时输出至 LCD 和 TV 显示；它带有 3D 图形硬件加速器，以实现 OpenGL ES 1.1 & 2.0 加速渲染，另外它还支持 2D 图形图像的平滑缩放，翻转等操作。

Tiny6410 采用高密度 6 层板设计，尺寸为 64×50 mm，它集成了 128M/256M DDR RAM，SLC NAND Flash（256 M/1 GB）或 MLC NAND Flash（2 GB）存储器，采用 5 V 供电，在板实现 CPU 必需的各种核心电压转换，还带有专业复位芯片，通过 2.0 mm 间距的排针，引出各种常见的接口资源，以供不打算自行设计 CPU 板的开发者进行快捷的二次开发使用。

Tiny6410 SDK 增强版 是采用 Tiny6410 核心板的一款参考设计底板，它主要帮助开发者以此为参考进行核心板的功能验证以及扩展开发。该底板具有三 LCD 接口、4 线电阻触摸屏接口、100 M 标准网络接口、标准 DB9 五线串口、Mini USB 2.0 接口、USB Host 1.1、3.5 mm 音频输入/输出口、标准 TV-OUT 接口、SD 卡座、Mini PCIe 接口、电容屏接口等；另外还引出 4 路 TTL 串口，另 1 路 TV-OUT、SDIO2 接口（可接 SD WiFi）接口等；在板的还有蜂鸣器、I2C-EEPROM、备份电池、AD 可调电阻、8 个中断式按键等。

Tiny6410 SDK1.2 相比原底板，进行了以下改动，使之更加适用于移动互联网相关的产品研发：

（1）增加了以下接口：

① Mini PCIe：可连接使用市面上大部分 3G 上网模块，如中兴、华为、龙尚等品牌，底板背面配套增加了 SIM 卡插槽。

② 45 Pin 电容触摸屏接口：支持 4.3″、7″等电容屏。

（2）去掉了以下不常用的一些资源：

① 红外接收头。

② 温度传感器。

除了 Tiny6410 SDK 增强版，我们还设计了另一款 TinySDK 标准版底板，是一款通用开发参考底板，可支持 Tiny2416/Tiny2451/Tiny6410/Tiny210 系列核心板。它主要帮助开发者以此为参考进行核心板的功能验证以及扩展开发。该底板具有不同位置的 3 个 LCD 接口（支持一线触摸，和 I2C 电容触摸），以便不同尺寸的 LCD 安装固定；还带有 100/10 M 自适应标准网络接口、标准 DB9 五线串口×2、MiniUSB 2.0 接口、USB Host×4、3.5 mm 音频输入/输出口、弹出式 SD 卡座等常用接口；另外还引出 4 路 TTL 串口、SDIO2 接口（可接 SD WiFi 之用）、CMOS Camera 接口（Tiny2416 不支持）接口，多余的 GPIO 口等；在板的还有蜂鸣器、IIC-EEPROM、备份电池、AD 可调电阻、4 个中断式按键等资源。

在布局安排上，尽量考虑把常用尺寸的 LCD 模块能够固定在底板上，比如 3.5″，4.3″LCD，

5″LCD，7″LCD 等，这样用户在使用时不至于把各种电线搅在一起，更增加了开发套件的便携性。

为充分发挥 6410 支持 SD 卡启动这一特性，可使用精心研制的 Superboot，无需连接计算机，只要把目标文件拷贝到 SD 卡中（可支持高达 32 G 的高速大容量卡），就可以在开发板上极快极简单地自动安装各种嵌入式系统（WindowsCE6/Linux/Android/Ubuntu/uCos2 等）；甚至无需烧写，就可以在 SD 卡上直接运行它们！

3.1.1 Tiny6410 核心板资源特性

Tiny6410 核心板的描述见表 3-1 所示。

表 3-1 Tiny6410 核心板的描述

名称	描　述
CPU	Samsung S3C6410A，运行速率 533 MHz ARM1176JZF-S，高达 667 MHz
存储器	256 DDR RAM（128 M 可选），默认：256 M
内存	128/256 M/512 M/1 GB/2 GB Nand Flash，默认：256 M SLC Nand Flash
板载资源	- 4×用户 Led - 10 Pin 2.0mm 间距 Jtag 连接器 - 复位按键
接口	- 2×60 Pin 2.0 mm 间距 DIP 连接器 - 2×30 Pin 2.0 mm 间距 GPIO 连接器
电源	支持 2.0～6 V 供电
尺寸	64×50×12 mm（L×W×H）

3.1.2 Tiny6410 核心板引脚定义

Tiny6410 采用 2.0 mm 间距的双排插针，总共引出 4 组：P1、P2、CON1、CON2。其中 P1 和 P2 各为 60 Pin；CON1 和 CON2 各为 30 Pin，总共引出 180 Pin。Tiny6410 在板引出 10 Pin Jtag 接口，如图 3-1 为其布局图，表 3-2 为其布局说明。

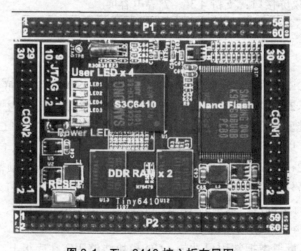

图 3-1　Tiny6410 核心板布局图

表 3-2　Tiny6410 核心板说明

端口	简要说明
P1	包含 LCD，AD，SDIO2， 中断，USB，TVOUT0 等接口信号
P2	包含串口，SPI1，IIC，SD Card，AC97（IIS），系统总线等接口信号
CON1	包含 GPIO，AD，SPI0，TAVOUT1 等接口信号，该接口与 Mini6410 的 CON6 完全兼容
CON2	包含 CMOS，GPIO 等接口信号；其中 CMOS 接口和 Mini6410/Mini2440 兼容
JTAG	包含具有完整的 JTAG 信号，可连接 J-Link 等仿真器进行单步调试
其他	在板 4 个用户 LED（绿色），电源指示灯（红色），复位按键等

3.2　Tiny6410 SDK 增强版底板接口资源简介

3.2.1　Tiny6410 SDK 开发板简介

Tiny6410 SDK 底板布局及接口资源描述如表 3-3 所示，它是一个双层电路板，为了方便用户学习开发参考使用，上面引出了常见的各种接口，并且按照功能模块集中在电路板一侧，以方便开发使用。Tiny6410 SDK 开发板资源特性如下：

表 3-3　Tiny6410 SDK 底板布局及接口资源描述

项目	描 述
CPU	Samsung S3C6410A（ARM1176JZF-S）
频率	运行频率 533 MHz，最高可达 667 MHz
RAM	标配 256 M DDR 内存，可选 128 M
Nand Flash	标配 256 M，可选 128 M/256 M/512 M/1 GB/2 GB
多媒体	支持 Mpeg4、H.264、H.263、VC1 硬件编解码，高达 720×480@30 fps
3D	支持 3D 硬件加速处理
2D	支持图形图像无极缩放、旋转、翻转
调试口	COM0 + JTAG + USB Slave
PCB 尺寸	180×130 mm
供电	5 V
指示灯	4×User LED（在核心板），1×Power LED
测试按键	8×User Buttons，中断式按键，同时带 8PIN 的引脚引出
USB Slave	1×mini USB（底板没有设计 OTG 功能）
USB Host	通过 USB HUB 芯片，实现 4 个 USB Host 接口
网络接口	10/100 M 自适应以太网，RJ-45 接口
音频输入/输出	3.5 mm 标准双声道音频输入/输出口，在板麦克风头
SD 卡	弹出式 SD 卡座
串口	2×RS232 DB9 串口，4×TTL 电平串口座
TV-OUT	1×RCA 输出口
SDIO 接口座	主要用于接 SD WiFi 模块（还包括 SPI，IIC，串口等接口）
mini PCIe	可连接使用市面大部分 miniPCIe 接口的接 3 G 模块，SIM 卡座在底板背面
SIM 卡座	配合 miniPCIe 3 G 模块使用
LCD 接口	3 种 LCD 接口引出座： - LCD1：45 Pin，可连接使用电容触摸屏 - LCD2，3：40 Pin，定义相同，可连接使用一线精准触摸屏，分别位于底板两面，方便用户安置 LCD 模块
蜂鸣器	1×PWM 控制蜂鸣器输出
ADC 转换	- 板载 1 个可调电阻，连接 CPU 的 AD0 通道，用于测试 - 引出核心板上总共 6 路 AD 通道
CAMERA	在底板上预留了 CMOS Camera 引脚，需配合核心板的 CON1 焊接方向使用
RTC 时钟	在板 RTC 时钟备份电池

3.2.2 系统内存分配图

系统内存分配图表如表 3-4 所示。

表 3-4 系统内存分配图表

地　　址		大小/MB	描　述
0x0000_0000	0x07FF_FFFF	128	启动镜像区
0x0800_0000	0x0BFF_FFFF	64	内部 ROM
0x0C00_0000	0x0FFF_FFFF	128	Stepping Stone（8 KB）
0x1000_0000	0x17FF_FFFF	128	
0x1800_0000	0x1FFF_FFFF	128	DM9000AEP
0x2000_0000	0x27FF_FFFF	128	
0x2800_0000	0x2FFF_FFFF	128	
0x3000_0000	0x37FF_FFFF	128	
0x3800_0000	0x3FFF_FFFF	128	
0x4000_0000	0x47FF_FFFF	128	
0x4800_0000	0x4FFF_FFFF	128	
0x5000_0000	0x5FFF_FFFF	256	128M DDR RAM
0x6000_0000	0x6FFF_FFFF	256	

3.3 TinySDK 标准版通用底板介绍

TinySDK 开发参考板如图 3-2 所示（可兼容 Tiny2416/Tiny2451/Tiny6410/Tiny210）。

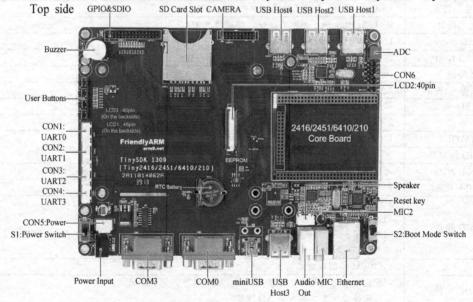

图 3-2　TinySDK 开发参考板正面

3.4 开发底板接口说明

本小节主要介绍 Tiny6410 SDK 开发底板的各个接口的详细定义和说明。

3.4.1 电源接口和插座

本开发板采用 5 V 直流电源供电，提供了 2 个电源输入口，CN1 为附带的 5 V 电源适配器插座，S1 为电源开关，白色的 CON5 为 4 Pin 插座，方便板子放入封闭机箱时连接电源。引脚及方向如图 3-3 所示。

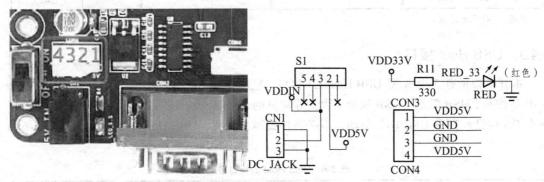

图 3-3　电源接口和插座

3.4.2 串　口

Tiny6410 核心板引出了 UART0、1、2、3 四个串口，其中 UART1 为五线串口，其他均为三线串口。

在 Tiny6410 SDK 开发板上，UAR0，3 经过 RS232 电平转换，并引出至 DB9 串口座，可以通过附带的蓝色头交叉串口线和 PC 互相通信。

为了方便开发，我们把这 4 个串口通过 CON1 ~ 4 分别从 CPU 直接引出，CON1、CON2、CON3，CON4 在开发板上的位置和原理图中的连接定义对应关系，如图 3-4 所示。

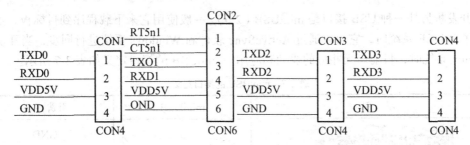

图 3-4　CON4 在开发板上的位置和原理图

COM0 ~ 3 的引脚定义说明分别如表 3-5 所示。

表 3-5　COM0 ~ 3 的引脚定义

COM0	引脚定义	COM1	引脚定义	COM2	引脚定义	COM3	引脚定义
1	NC	无	无	无	无	1	NC
2	RSRXD0					2	RSRXD3

155

COM0	引脚定义	COM1	引脚定义	COM2	引脚定义	COM3	引脚定义
3	RSTXD0					3	RSTXD3
4	NC					4	NC
5	GND					5	GND
6	NC					6	NC
7	NC					7	NC
8	NC					8	NC
9	NC					9	NC

说明：NC 代表悬空。

3.4.3 USB Host 接口

本开发板带有 3 个 A 型 USB Host 1.1 接口，它和普通 PC 的 USB 接口是一样的，可以接 USB 摄像头、USB 键盘、USB 鼠标、优盘等常见的 USB 外设；还可以接 USB Hub 进行扩展，各个 OS 均已经自带 USB Hub 驱动，不必另外编写或配置，USB Host 的接口定义如表 3-6 所示。

表 3-6 USB Host 的接口定义

图　　例	USB Host	引脚定义
	1	5 V
	2	D-
	3	D+
	4	GND

3.4.4 USB Slave 接口

本开发板另外一种 USB 接口是 miniUSB（2.0），一般使用它来下载程序到目标板，当开发板装载了 WinCE 系统时，它可以通过 ActiveSync 软件和 Windows 系统进行同步，当开发板装载了 Linux 系统时，目前尚无相应的驱动和应用。miniUSB 的接口定义如表 3-7 所示。

表 3-7 miniUSB 的接口定义

图　　例	miniUSB	引脚定义
	5	GND
	4	OTGID
	3	D+
	2	D-
	1	Vbus

3.4.5 mini PCIe 接口

本开发板提供了一个 Mini PCIe 接口，可用于连接市面上大部分 3G 模块，比如中兴，华为，龙尚等品牌，如图 3-5 所示。

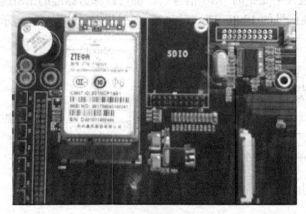

图 3-5 Mini PCIe 接口

3.4.6 网络接口

本开发板采用了 DM9000 网卡芯片，它可以自适应 10/100M 网络，RJ45 连接头内部已经包含了耦合线圈，因此不必另接网络变压器，使用普通的网线即可连接本开发板至路由器或者交换机。

3.4.7 音频接口

S3C6410 支持 I2S/PCM/AC97 等音频接口，本开发板采用的是 AC97 接口，它外接了 WM9714 作为 CODEC 解码芯片。

音频系统的输出为常用 3.5 mm 绿色孔径插座，音频输入为蓝色座，蓝色座上面的黑色器件为在板麦克风插头。

3.4.8 电视输出口

S3C6410 带有 2 路电视输出接口，本开发板把其中一路 DACOUT0 经过放大输出，可以直接使用 AV 线把它接到普通电视上使用。

注意：当使用 DACOUT0 时，需要把电视机设置为 CVBS 输入模式。

3.4.9 JTAG 接口

当开发板从贴片厂下线，里面是没有任何程序的，这时一般可以通过 JTAG 接口烧写第一个程序，但 S3C6410 可以支持 SD 卡启动，也就是说可以把 Bootloader 烧写到 SD 卡中启动系统，从这个意义上来讲，JTAG 已经变得无从重要。

JTAG 接口在开发中另一个最常见的用途是单步调试，不管是市面上常见的 JLINK、ULINK，还是其他仿真调试器，最终都是通过 JTAG 接口连接的。标准的 JTAG 接口是 4 线：TMS、TCK、TDI、TDO，分别为模式选择、时钟、数据输入和数据输出线，加上电源和地，一般总共 6 条线就够了；为了方便调试，大部分仿真器还提供了一个复位信号。

因此，标准的 JTAG 接口是指是否具有上面所说的 JTAG 信号线，并不是 20 Pin 或者 10 Pin 等这些形式上的定义表现。这就如同 USB 接口，可以是方的，也可以扁的，还可以是其他形式的，只要这些接口中包含了完整的 USB 信号线，都可以称为标准的 USB 接口。本开发板提供了包含完整 JTAG 标准信号的 10 Pin JTAG 接口，各引脚定义如图 3-6 所示。

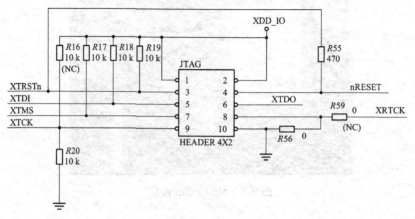

图 3-6   JTAG 接口

需要说明的是，对于打算致力于 Linux 或者 WinCE 开发的初学者而言，JTAG 接口基本是没有任何意义和用途的，因为大部分开发板都已经提供了完善的 BSP，这包括最常用的串口和网络以及 USB 通信口，当系统装载了可以运行的 Linux 或者 WinCE 系统，用户完全可以通过这些高级操作系统本身所具备的功能进行各种调试，这时是不需要 JTAG 接口的；即使可以用 JTAG 口进行跟踪，但鉴于操作系统本身结构复杂，接口繁多，单步调试犹如大海捞针，毫无意义可言。想一想我们使用的 PC 机就知道了，几乎没有人会在 PC 主板上插一个仿真器，来调试 PCI 这样接口的 WindowsXP 或者 Linux 驱动。这就是为什么我们经常见到或者听到那么多人在讲驱动“移植”，因为大部分人都是参考前辈的实现来做驱动的。

3.4.10 用户 LED

LED 是开发中最常用的状态指示设备，本开发板具有 4 个用户可编程 LED，它们位于核心板上，直接与 CPU 的 GPIO 相连接，如图 3-7。LED 详细的资源占用如表 3-8 所示。

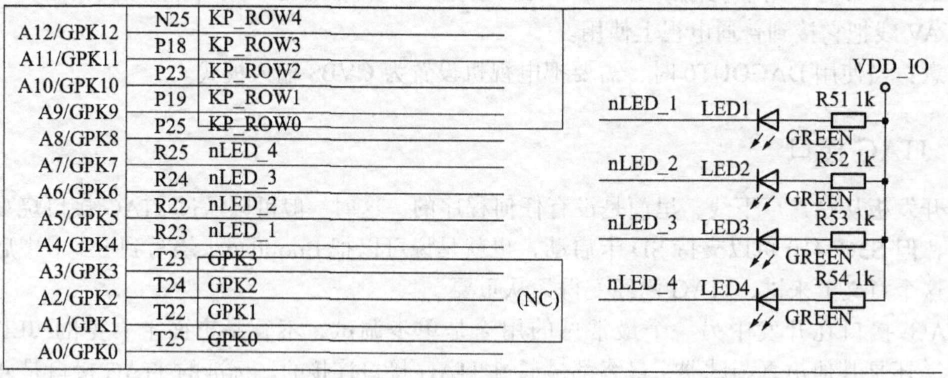

图 3-7   LED

表 3-8　LED 详细的资源占用

GPIO	LED4	LED3	LED2	LED1
	GPK7	GPK6	GPK5	GPK4

3.4.11　用户按键

本开发板总共有 8 个用户测试用按键,它们均从 CPU 中断引脚直接引出,属于低电平触发,这些引脚也可以复用为 GPIO 和特殊功能口,如表 3-9 所示。

表 3-9　用户测试用按键

按键	K1	K2	K4	K4	K5	K6	K7	K8
对应的中断	EINT0	EINT1	EINT2	EINT3	EINT4	EINT5	EINT19	EINT20
可复用为 GPIO	GPN0	GPN1	GPN2	GPN3	GPN4	GPN5	GPL11	GPL12

3.4.12　LCD 接口和一线触摸

为了方便用户使用,本开发板带有 3 个 LCD 接口座:LCD1、LCD2 和 LCD3。其中,LCD2 和 LCD3 是 0.5 mm 间距的 40 Pin 贴片座;LCD1 为 0.5 mm 间距的 45 Pin 插针座,适用于电容触摸屏。

LCD 接口座中包含了常见 LCD 所用的大部分控制信号(行场扫描、时钟和使能等)和 RGB 数据信号。

其中,37、38、39、40 为四线触摸屏接口,这 4 个信号直接从 CPU 引出,可以使用 CPU 本身所带的触摸屏控制器,直接连接四线电阻触摸屏使用。

不过,采用 CPU 自带的 AD 转换器连接四线电阻触摸屏很难达到较好的触摸效果,特别是当触摸屏尺寸比较大的时候(比如 7″以上)。

为了达到更好的触摸效果,我们特意设计了一线精准触摸电路,并集成到 LCD 的驱动板上,它采用专业的触摸屏控制芯片 ADS7843(或兼容),配合一个单片机,构成一个独立的四线电阻触摸屏采集电路,可以实现更好的数据采集、去抖处理,最后通过一个普通的 GPIO 口把处理过的数据发送出去。在开发板上与之相连的是 LCD 接口的第 31 引脚,该端口是可复用的,我们只使用了它的 GPIO 功能,也就是 GPF15,这也是"一线触摸"名称的由来。

注意:如果需要全色的 LCD 信号(即 8∶8∶8 模式),则还需要从核心板的 CON2 接口引出缺失的 LCD 信号(详见 Tiny6410 核心板引脚定义说明),LCD2&LCD3(40Pin)的接口定义如表 3-10 所示。

表 3-10　LCD2&LCD3(40 Pin)的接口定义

引脚序号	引脚说明		引脚序号	引脚说明	
	LCD1	LCD2 & LCD3		LCD1	LCD2 & LCD3
1	5 V	5 V	7	VD4	VD4
2	5 V	5 V	8	VD5	VD5
3	NC	NC	9	VD6	VD6
4	NC	NC	10	VD7	VD7
5	VD2	VD2	11	GND	GND
6	VD3	VD3	12	NC	NC

引脚序号	引脚说明		引脚序号	引脚说明	
	LCD1	LCD2 & LCD3		LCD1	LCD2 & LCD3
13	NC	NC	30	GPE0	GPE0
14	VD10	VD10	31	GPF15	GPF15
15	VD11	VD11	32	nRESET	nRESET
16	VD12	VD12	33	VDEN/VM	VDEN/VM
17	VD13	VD13	34	VSYNC	VSYNC
18	VD14	VD14	35	HSYNC	HSYNC
19	VD15	VD15	36	VCLK	VCLK
20	GND	GND	37	GND	TSXM
21	NC	NC	38	GND	TSXP
22	NC	NC	39	GND	TSYM
23	VD18	VD18	40	GND	TSYP
24	VD19	VD19	41	I2CSCL	无
25	VD20	VD20	42	I2CSDA	无
26	VD21	VD21	43	XEINT12	无
27	VD22	VD22	44	XEINT8	无
28	VD23	VD23	45	GND	
29	GND	GND			

3.4.13　ADC 输入

Tiny6410 总共引出 2 路 A/D（模数转换）转换通道，其中 AIN0 连接到了开发板上的可调电阻 W1。S3C6410 的 A/D 转换可以配置为 10 bit/12 bit。

为了方便操作，W1 特意放置在靠近电路板边缘的地方，使用 4.3″ LCD 的时候，即使上面加了屏，也不会被遮住，如图 3-8 所示。

说明：如果 LCD 驱动板内置了一线精准触摸屏电路，则可以把 CPU 本身所带的四线电阻触摸屏接口改用为普通的 AD 输入功能。

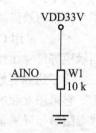

图 3-8　A/D 转换

3.4.14　PWM 控制蜂鸣器

本开发板的蜂鸣器 Buzzer 是通过 PWM 控制的，原理图如图 3-9 所示，其中 PWM0 对应 GPF14，该引脚可通过软件设置为 PWM 输出，也可以作为普通的 GPIO 使用。

3.4.15　SD 卡

S3C6410 带有 2 路 SDIO 接口，其中 SDIO0 通常被用作普通 SD 卡使用，它对应于本开发板背面的 CON10 接口，该接口可以支持 SDHC，也就是高速大容量卡（最大可支持 32G 启动）。

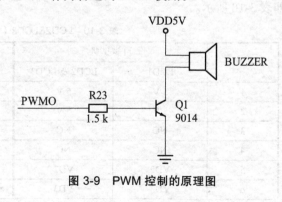

图 3-9　PWM 控制的原理图

3.4.16　SDIO 接口

S3C6410 的另一路 SDIO 接口如图 3-10 所示，它是一个 2.0 mm 间距的 20 Pin 插针座，为了方便扩展，该接口中还包含了 1 路 SPI、1 路 IIC、1 路串口、2 个 GPIO。

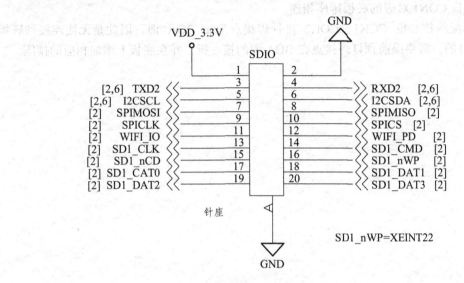

图 3-10　SDIO 接口

SDIO 接口最常用的功能扩展就是接 SD WiFi 模块，SD WiFi 模块的结构尺寸如图 3-11 所示。

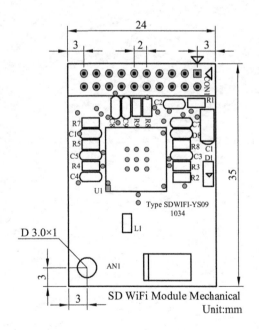

图 3-11　SD WiFi 模块的结构尺寸

说明：SD WiFi 模块并非标配，用户可根据自己的需要另行选购，或购买相应的套餐。

3.4.17 CMOS 摄像头接口

如前所述，Tiny6410 核心板引出了 CMOS 摄像头接口，其定义保持和 Mini6410/Mini2440 一致，因此可以使用提供的同一款 CMOS 摄像头模块，另外，底板上面也保留了 Camera 的引脚，它和核心板 CON1 对应的底板排座相连。

注意：标配的核心板 CON1、CON2 排针焊接点为非 BGA 面，因此是无法连接到底板 CAMERA 接口的。需要提前预订焊接点在 BGA 面的核心板，并在底板上增加相应的排座。

第4章　建立 LINUX 开发环境

4.1　安装并设置 Fedora 9

本节从在虚拟机/PC 机上安装 Fedora 9.0 开始，详细介绍了如何建立 Linux 开发环境。Linux 的发行版本众多，重点选择 Fedora 9。

根据测试，Fedora 9 经过比较简单的安装和设置，依然可以使用 root 用户登录（大多数开发均需要此用户权限），Fedora 10 及其以后的版本则需要经过稍微复杂的设置才能使用 root，这不利于不了解 Linux 的初学者，Fedora 8 及其以前的版本则相对老了一些。并且按照我们提供的步骤安装 Fedora 9，配合开发软件包，不再需要其他补丁之类的繁琐设置（ubuntu 就需要经常更新设置）。

4.1.1　图解安装 Fedora 9.0

Step1：将的安装光盘放到光驱中，将 BIOS 改为从光盘启动，启动后系统将会出现如图 4-1所示的界面，按回车继续。

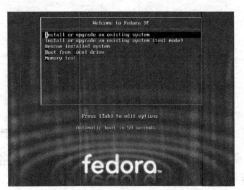

图 4-1

Step2：然后进入下一步，检查安装盘，一般不需要检测，所以选择 Skip（跳过），如图 4-2所示。

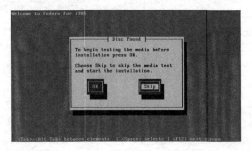

图 4-2

Step3：稍等后会进入安装图形化画面（见图 4-3），点击 Next 即可。

Step4：选择安装过程用什么语言，此处选择的是英文，如图 4-4 所示。

图 4-3

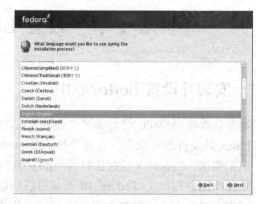

图 4-4

Step5：选键盘。一般选美式键盘即可，如图 4-5 所示。

Step6：开始设置网络，如图 4-6 所示。

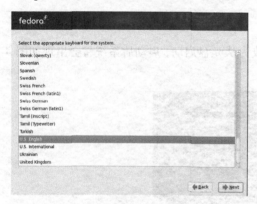

图 4-5

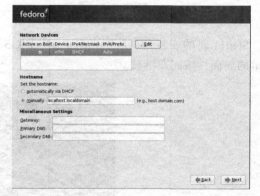

图 4-6

点击"Edit"按钮，不要设置为 DHCP，一般使用静态 IP，对照下面进行填写，分别输入 IP 和子网掩码，如图 4-7 所示。

点击"OK"返回，开始设置机器名和网关以及 DNS 等，如图 4-8 所示。

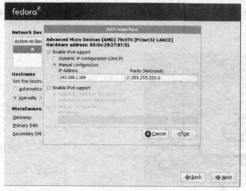

图 4-7

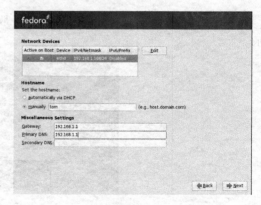

图 4-8

Step7：设置时区，如果不使用虚拟机安装，可以去掉"System clock uses UTC"选项，如图 4-9 所示。

Step8：设置 root 用户密码，必须是 6 位数以上，如图 4-10 所示。

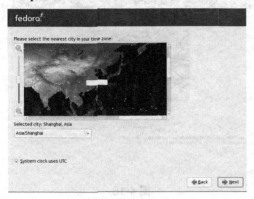 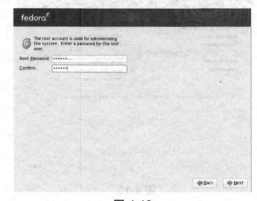

图 4-9   图 4-10

Step9：设置分区，一般选择默认即可，注意要备份好硬盘数据，如图 4-11 所示。

点击"Next"会出现警告信息，告知用户继续执行会格式化分区中的所有数据，一般我们在 Vmware 虚拟机中使用，因此可以选"Write changes to disk"，之后开始进行格式化操作，如图 4-12 所示。

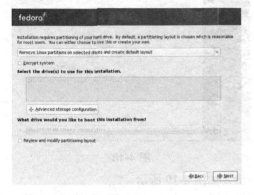 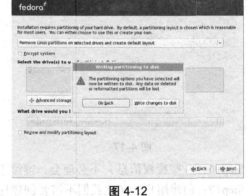

图 4-11   图 4-12

格式化的进程如图 4-13 所示。

Step11：选择安装类型，如图 4-14 所示，点击"Next"开始定制。

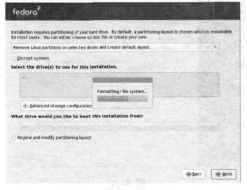 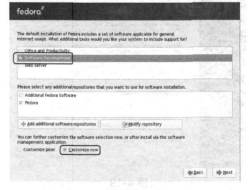

图 4-13   图 4-14

Step12：在 Servers 项中，选择如图 4-15 所示。

Step13：开始安装系统，此过程时间会比较长，请耐心等待，如图 4-16 所示。

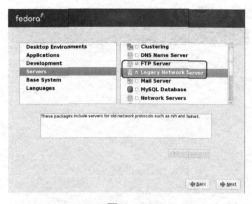

图 4-15

图 4-16

Step14：安装完毕，如图 4-17 所示。

Step15：接上一步，按"Reboot"按钮重启系统，出现第一次使用的界面，如图 4-18 所示。

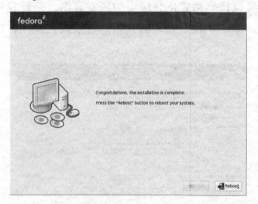

图 4-17

图 4-18

Step16：一些授权信息，不必理会，继续下一步，如图 4-19 所示。

Step17：创建用户，在此我们不需要创建任何新的用户，点击"Forward"继续，如图 4-20 所示。

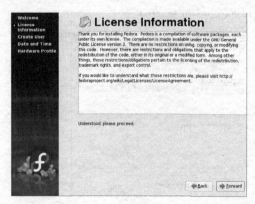

图 4-19

图 4-20

这时会出现提示信息让用户确认，点击"Continue"继续下一步，如图 4-21 所示。

Step18：设置日期和时间，不必理会，继续下一步，如图 4-22 所示。

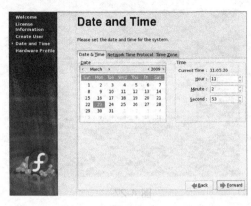

图 4-21　　　　　　　　　　　　　　　　图 4-22

Step19：列出了本机的一些硬件信息，采用默认设置，点"Finish"，如图 4-23 所示。出现提示信息，如图 4-24 所示选择，进行下一步。

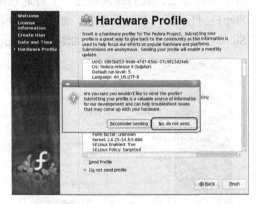

图 4-23　　　　　　　　　　　　　　　　图 4-24

Step20：出现登录界面，如图 4-25 所示，可以用 root 用户进行登录，因此先输入 root 。再输入刚才设定的密码，如图 4-26 所示。

图 4-25　　　　　　　　　　　　　　　　图 4-26

登录后会出现一个提示，以后如果以 root 用户登录，每次都会出现这个提示，每次均点

"Continue"即可，如图 4-27 所示。

登录后的界面如图 4-28 所示，和 Windows 或者 Ubuntu 十分类似。

图 4-27

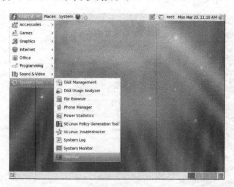

图 4-28

4.1.2　添加新用户

为了方便开发，我们通常创建一个普通权限的用户，步骤如下。

Step1：打开用户和组管理器，如图 4-29 所示。

Step2：出现用户管理窗口，如图 4-30 所示。

图 4-29

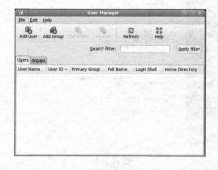

图 4-30

Step3：点击工具栏的"Add User"按钮，添加新用户，并设置密码，如图 4-31 所示。

点击"OK"返回，可以看到已经增加了 plg 用户，同时/home 目录下也增加了 plg 用户目录，如图 4-32 所示。

图 4-31

图 4-32

点击 Add User 按钮，出现添加新用户窗口，按提示操作就可以了。

4.1.3 访问 Windows 系统中的文件

无论用户使用的是虚拟机还是真实的 Fedora 9 系统，都可以很方便地访问 Windows 中的共享文件，前提是两个系统之间的网络是互通的。

提示：要在虚拟机中使用网络，最简单的方式是设置"Guest"为"Bridges"方式的网络连接，如图 4-33 所示。

访问 Windows 系统中共享文件的步骤如下：

Step1：在 Windows 中设置共享文件夹"share_f9"（示例），如图 4-34 所示。

图 4-33　　　　　　　　　　　　　　　　　　图 4-34

Step2：在 Fedora 9 系统中，按如图 4-35 所示操作。

打开图 4-36 所示窗口。

图 4-35　　　　　　　　　　　　　　　　　　图 4-36

在 Service type 列表中选择 Windows share，如图 4-37 所示。

输入所要共享 Windows 主机的 IP 地址和共享文件夹的名字，如图 4-38 所示。

图 4-37　　　　　　　　　　　　　　　　　　图 4-38

点击"Connect"，会出现如图 4-39 所示提示窗口。

不必理会图 4-39 的提示，直接点击"Connect"，就可以看到 Windows 共享文件中的内容了，在此可以像操作其他目录一样来使用它，如图 4-40 所示。

图 4-39

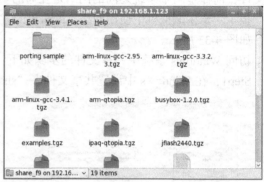

图 4-40

如果想在命令行使用这个目录，可以如图 4-41 所示操作进行。

说明：在控制台下，TAB 键是一个很好使用的小技巧。

要想断开共享目录，只需要在桌面的共享文件夹上用右键如图 4-42 操作就可以了。

图 4-41

图 4-42

4.1.4 配置网络文件系统 NFS 服务

使用本开发板做开发，NFS 服务并不是必须的，因为 NFS 主要用于通过网络远程共享文件，使用常见的 ftp 或者 SD 卡，基本上也可以达到同样的目的。

NFS 服务对于没有接触过 Linux 的人来讲可能比较难以理解，另外，每个人的网络环境也不尽相同，因此设置和使用并没有严格的标准，这就导致初学者比较难以掌握，所以并不推荐使用，在此提供的步骤仅供参考；事实上，网络上有很多爱好者根据自己的情况记录了经验总结，读者可以自己搜索学习，关键词是"mini2440 nfs"，这些经验基本上大同小异。

Step1：设置共享目录。

以 root 身份登录 Fedora9，在命令行运行：

```
#gedit /etc/exports
```

编辑 nfs 服务的配置文件（注意：第一次打开时该文件是空的），添加以下内容：

```
/opt/FriendlyARM/mini6410/linux/root_qtopia_qt4 * （rw，sync，no_root_squash）
```

其中：

"/opt/FriendlyARM/mini6410/linux/root_qtopia_qt4"表示将要共享的的目录，它可以作为开发板的根文件系统通过 nfs 挂接；

"*"表示所有的客户机都可以挂接此目录

"rw"表示挂接此目录的客户机对该目录有读写的权力

"no_root_squash"表示允许挂接此目录的客户机享有该主机的 root 身份

Step2：启动 NFS 服务。

可以通过命令行和图形界面两种方式启动 NFS 服务，我们建立 NFS 服务的目的是通过网络对外提供目录共享服务，但默认安装的 Fedora 系统开启了防火墙，这会导致 NFS 服务无法正常使用。因此先关闭防火墙，在命令行输入"lokkit"命令，打开防火墙设置界面如图 4-43 所示。

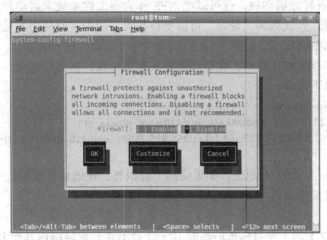

图 4-43

选择其中（*）Disabled，然后选择"OK"退出，这样就永久关闭了防火墙。

下面是启动 NFS 服务的方法和步骤：

（1）通过命令启动和停止 nfs 服务。

在命令行下运行：

```
#/etc/init.d/nfs start
```

这将启动 nfs 服务，可以输入以下命令检验 nfs 该服务是否启动：

```
#mount -t nfs localhost: /opt/FriendlyARM/mini6410/root_qtopia_qt4 /mnt/
```

如果没有出现错误信息，将可以浏览到/mnt 目录中的内容和"/opt/FriendlyARM/mini6410/root_qtopia_qt4"是一致的。

使用以下命令可以停止 nfs 服务：

```
#/etc/init.d/nfs stop
```

（2）通过图形界面启动 NFS 服务。

为了在每次开机时系统都自动启动该服务，可以输入：

```
# serviceconf
```

打开系统服务配置窗口，在左侧一栏找到 nfs 服务选项框，并选中它，然后点击工具栏的"Enable"启动它，如图 4-44 所示。

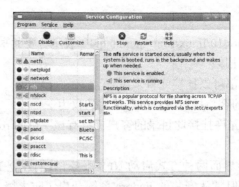

图 4-44

Step3：通过 NFS 启动系统。

当 NFS 服务设置好并启动后，就可以把 NFS 作为根文件系统来启动开发板了。通过使用 NFS 作为根文件系统，开发板的"硬盘"可以变得很大，因为这时使用的是主机的硬盘，这是 Linux 开发经常使用的方法。

设置开发板为 SDBOOT 启动，注意需要进入菜单模式，连接好电源、串口线、网线；打开串口终端，输入以下命令：

```
console=ttySAC0root=/dev/nfs
nfsroot=192.168.1.111:/opt/FriendlyARM/mini6410/root_qtopia_qt4
ip=192.168.1.70:192.168.1.111:192.168.1.111:255.255.255.0:mini6410.arm9.net:eth0:off
```

各参数的含义如下：

"nfsroot"是开发主机的 IP 地址，如果使用了虚拟机，该地址是虚拟机中 Fedora9 的 IP 地址，总之，它是直接提供 NFS 服务的 Linux 系统 IP 地址。

"ip="后面：

第一项（192.168.1.70）是目标板的临时 IP（注意不要和局域网内其他 IP 冲突）；

第二项（192.168.1.111）是开发主机的 IP；

第三项（192.168.1.111）是目标板上网关（GW）的设置；

第四项（255.255.255.0）是子网掩码；

第五项是开发主机的名字（一般无关紧要，可随便填写）。

"eth0"是网卡设备的名称。

由于该命令比较长，容易输入错误，我们已经把它写入了光盘的 nfs.txt 文件中，这样直接复制过来就可以了，如图 4-45 所示。回车后，该启动参数将被自动保存在 NAND 中。

然后输入"b"，按回车就可以通过 nfs 启动系统了，如图 4-46 所示。

图 4-45

图 4-46

4.1.5 建立交叉编译环境

在 Linux 平台下，要为开发板编译内核、图形界面 Qtopia/Qt4、bootloader，还有其他一些应用程序，均需要交叉编译工具链，我们使用的是 arm-linux-gcc-4.5.1，它默认采用 armv6 指令集，支持硬浮点运算，下面是安装它的详细步骤。

Step1：将光盘 Linux 目录中的 arm-linux-gcc-4.5.1-v6-vfp-20101103.tgz 复制到 Fedora9 某个目录下如 tmp/，然后进入该目录，执行解压命令：

```
#cd /tmp
#tar xvzf arm-linux-gcc-4.5.1-v6-vfp-20101103.tgz –C /
```

注意：C 后面有个空格，并且 C 是大写的，它是英文单词"Change"的第一个字母，在此是改变目录的意思。

执行该命令，将把 arm-linux-gcc 安装到/opt/FriendlyARM/toolschain/4.5.1 目录。

Step2：把编译器路径加入系统环境变量，运行命令：

```
#gedit /root/.bashrc
```

编辑/root/.bashrc 文件，注意"bashrc"前面有一个".",修改最后一行为 export PATH=$PATH：/opt/FriendlyARM/toolschain/4.5.1/bin，注意路径一定要写对，否则将不会有效。如图 4-47 所示，保存退出。

重新登录系统（不必重启机器，开始->logout 即可），使以上设置生效，在命令行输入arm-linux-gcc –v，会出现如下信息，这说明交叉编译环境已经成功安装，如图 4-48 所示。

图 4-47   图 4-48

第5章 建立 WindowsCE 6.0 开发环境

本章所述软件及其安装步骤均基于 Microsoft Windows 7 系统（旗舰版），其他 Windows 系统未经测试。建议把安装软件复制到硬盘安装（ISO 光盘映象文件可借助虚拟光驱）。

Windows CE 6.0 的安装过程十分烦琐，并且对开发主机的要求比较高（否则会很慢），建议用户特别是初学者务必按照介绍的步骤安装开发环境。

这里是采用的开发主机的关键配置，仅供参考：

- CPU：Intel Core Duo E8400
- 内存：DDR2 4 GB
- 硬盘空间：500 GB

安装所需的软件列表如下（读者可以到微软网站自行下载它的试用版）：

- Visual Studio 2005

（试用版下载地址：

http：//download.microsoft.com/download/e/1/4/e1405d9e-47e3-404c-8b09-489437b27fb0/Envs_2005_Pro_90_Trial.img）

- Visual Studio 2005 Service Pack 1（文件名：VS80sp1-KB926601-X86-ENU.exe）

（下载地址：

http：//www.microsoft.com/downloads/details.aspx?familyid=bb4a75ab-e2d4-4c96-b39d-37baf6b5b1dc&displaylang=en）

- Visual Studio 2005 Service Pack 1 Update for Windows Vista（文件名：VS80sp1-KB932232-X86-ENU.exe）

（下载地址：

http：//www.microsoft.com/downloads/details.aspx?FamilyID=90E2942D-3AD1-4873-A2EE-4ACC0 AACE5B6&displaylang=en）

- Visual Studio 2005 Service Pack 1 ATL Security Update （文件名：VS80sp1-KB971090-X86-INTL.exe）

（下载地址：

http：//www.microsoft.com/downloads/details.aspx?familyid=7C8729DC-06A2-4538-A90D-FF9464 DC0197&displaylang=en）

- Windows Embedded CE 6.0

（试用版下载地址：

http：//www.microsoft.com/downloads/details.aspx?displaylang=en&FamilyID=7e286847-6e06-4a0c-8cac-ca7d4c09cb56）

- Windows Embedded CE 6.0 Platform Builder Service Pack 1

（下载地址：

http：//www.microsoft.com/downloads/details.aspx?FamilyId=BF0DC0E3-8575-4860-A8E3-

290ADF242678&displaylang=en）

- Windows Embedded CE 6.0 R2

（下载地址：

http：//www.microsoft.com/downloads/details.aspx?FamilyId=F41FC7C1-F0F4-4FD6-9366-B61E0AB59565&displaylang=en）

- Windows Embedded CE 6.0 R3

（下载地址：

http：//www.microsoft.com/downloads/details.aspx?FamilyID=BC247D88-DDB6-4D4A-A595-8EEE3556FE46&amp；displaylang=ja&displaylang=en）

- 腾讯 QQ（第三方软件）

（下载地址：

http：//www.microsoft.com/downloads/details.aspx?FamilyID=527042f7-bb5b-4831-a6ad-5081808824ec&displaylang=en）

- WesttekFileViewers6.exe（office 文件浏览器，亦属于第三方软件）

（下载地址：

http：//www.microsoft.com/downloads/details.aspx?FamilyID=d2fd14eb-7d5c-428b-951c-343f910047c1&displaylang=en）

以上列表顺序基本也说明了这些软件的安装顺序：先安装 Visual Studio 2005 及补丁，再安装 Windows CE 6.0 及补丁，最后安装第三方软件。

说明：Windows CE 6.0 所使用的 Platform Builder 和以往的 Windows CE 5.0/4.2 等均不同，它并不是独立的开发平台软件，而是作为 VS2005 的一个插件来安装使用的，因此必须先安装 VS2005，以后所有的内核配置编译等开发都基于 VS2005 进行。

下面是详细的步骤。

5.1 安装 Visual Studio 2005 及补丁

Step1：打开 Visual Studio 2005 文件夹，找到 setup.exe，双击运行开始安装，如图 5-1 所示。

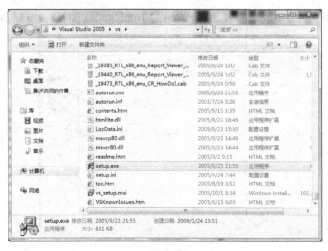

图 5-1

Step2：出现如图 5-2 所示界面，点击"Install Visual Studio 2005"，继续。

Step3：出现如图 5-3 所示界面，稍等片刻，点击"Next"继续。

图 5-2

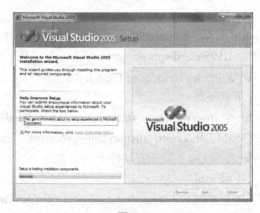

图 5-3

Step4：出现如图 5-4 所示界面，勾选框内信息，并输入序列号，点击"Next"继续。

Step5：出现如图 5-5 所示界面，选择安装类型，在此选择完全安装，即"Full"，点击"Install"继续。

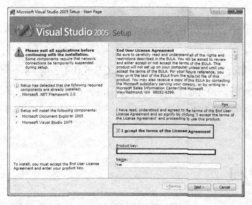

图 5-4

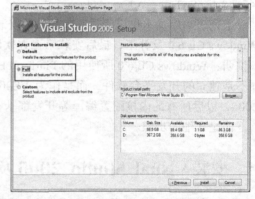

图 5-5

Step6：出现如图 5-6 所示界面，开始正式安装 Visual Studio 2005，此过程较长，请耐心等待。

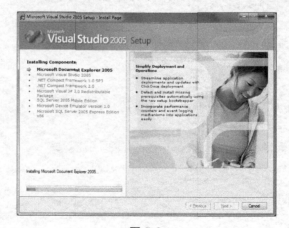

图 5-6

Step7：Visual Studio 2005 安装完毕，出现如图 5-7 所示界面，点击"Finish"结束安装。

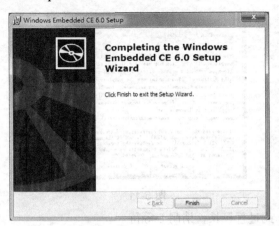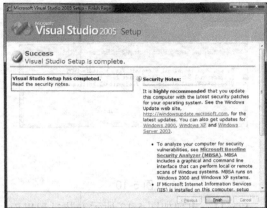

图 5-7

接着会出现如图 5-8 所示界面，点击"Exit"退出即可。

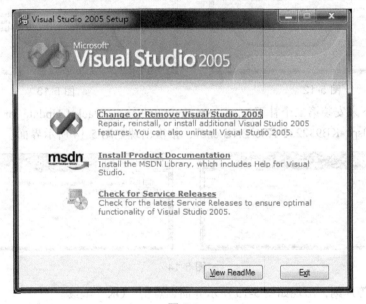

图 5-8

Step8：现在开始安装第一个补丁文件 Visual Studio 2005 Service Pack 1，双击运行 "VS80sp1-KB926601-X86-ENU.exe"开始安装，出现如图 5-9 所示界面。

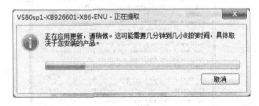

图 5-9

Step9：须稍等片刻，出现如图 5-10 所示界面，点击"OK"开始正式安装。

Step10：接受安装许可协议，点击"I accept"继续，如图 5-11 所示。

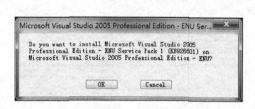

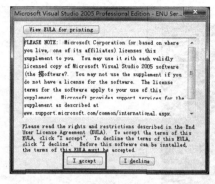

图 5-10   图 5-11

Step11：出现如图 5-12 所示安装过程界面，此过程较长，请耐心等待。

Step12：安装完毕，出现如图 5-13 所示界面，点"OK"结束本补丁的安装。

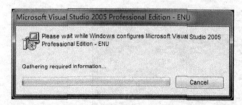

图 5-12   图 5-13

Step13：接下来安装第二个补丁 Visual Studio 2005 Service Pack 1 Update for Windows Vista，双击运行"VS80sp1-KB932232-X86-ENU.exe"，依次出现如图 5-14 所示界面。

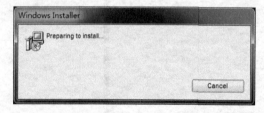

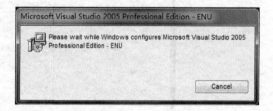

图 5-14

Step14：稍等片刻，出现如图 5-15 所示界面，点击"OK"继续。

Step15：出现如图 5-16 所示安装许可协议界面，点击"I accept"继续。

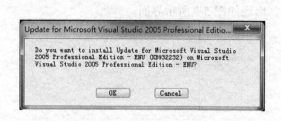

图 5-15   图 5-16

Step16：出现如图 5-17 所示安装过程界面，此过程较长，请耐心等待。

Step17：安装完毕，出现如图 5-18 所示界面，点击"OK"结束本补丁的安装。

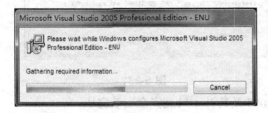

图 5-17   图 5-18

Step18：接下来安装第三个补丁 Visual Studio 2005 Service Pack 1 ATL Security Update，双击运行"VS80sp1-KB971090-X86-INTL.exe"，依次出现如图 5-19 所示界面。

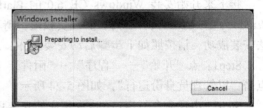

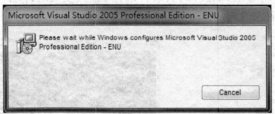

图 5-19

Step19：稍等片刻，出现如图 5-20 所示界面，点击"OK"继续。

Step20：出现如图 5-21 所示安装许可协议界面，点击"I accept"继续。

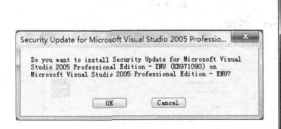

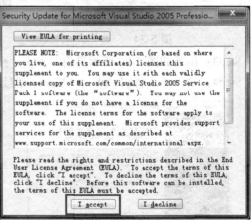

图 5-20   图 5-21

Step21：出现如图 5-22 所示安装过程界面，此过程较长，请耐心等待。

Step22：安装完毕，出现如图 5-23 所示界面，点击"OK"结束本补丁的安装。

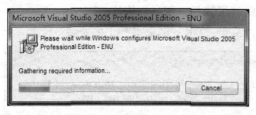

图 5-22　　　　　　　　　　　　　　图 5-23

　　至此，基于 Windows 7 平台的 Visual Studio 2005 及其补丁已经完全安装完毕。

5.2　安装 Windows CE 6.0 及补丁

　　接下来开始安装 Windows CE 6.0 的 Platform Builder。注意：在 Windows 7 系统上安装 Windows CE 6.0 及其补丁需要管理员权限，请不要双击运行安装文件执行安装，否则到后面无法安装成功，请按照如下步骤启动安装文件。

　　Step1：点"开始"→"程序"→"附件"，找到"命令行提示符"，然后点击右键出现菜单，点击"以管理员身份运行"，如图 5-24 所示。

　　Step2：出现命令行窗口，进入相应的安装目录，并输入安装程序名"Windows Embedded CE 6.0.msi"，开始安装，如图 5-25 所示。

图 5-24　　　　　　　　　　　　　　图 5-25

　　Step3：出现如图 5-26 所示界面，点击"Next"继续。

　　Step4：输入产品密钥，点击"Next"继续，如图 5-27 所示。

图 5-26　　　　　　　　　　　　　　图 5-27

Step5：出现如图 5-28 所示安装许可协议界面，选择"I accept"，点击"Next"继续。

Step6：如图 5-29 所示进行选择及设置，点击"Next"继续。

图 5-28

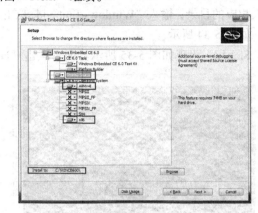

图 5-29

Step7：出现如图 5-30 所示界面，点击"Next"继续。

Step8：出现如图 5-31 所示界面，点击"Install"继续。

图 5-30

图 5-31

Step9：开始正式安装，如图 5-32 所示，此过程时间较长，请耐心等待。

Step10：安装结束，出现如图 5-33 所示界面，点击"Finish"结束安装。

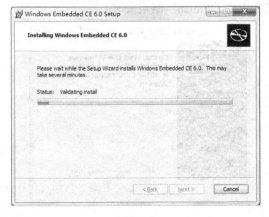

图 5-32

图 5-33

Step11：接下来安装 Windows CE 6.0 的第一个补丁 Windows Embedded CE 6.0 Platform Builder Service Pack 1.msi，按照本小节开头 Step1 的方法以管理员的身份进入命令行窗口，并进入相应的目录，输入"Windows Embedded CE 6.0 Platform Builder Service Pack 1.msi"开始安装，如图 5-34 所示。

Step12：出现如图 5-35 所示界面，点击"Next"继续。

图 5-34

图 5-35

Step13：出现如图 5-36 所示界面，选择"I accept"，并点击"Next"继续。

Step14：出现如图 5-37 所示界面，点击"Install"继续。

图 5-36

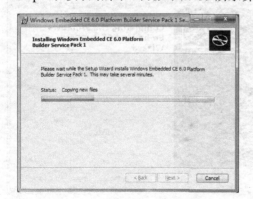

图 5-37

Step15：开始正式安装，如图 5-38 所示，此过程时间较长，请耐心等待。

Step16：安装结束，出现如图 5-39 所示界面，点击"Finish"结束安装。

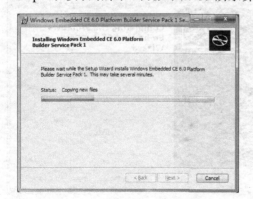

图 5-38

图 5-39

Step17：接下来安装 Windows CE 6.0 的第二个补丁 Windows Embedded CE 6.0 R2.msi，按照本小节开头 Step1 的方法以管理员的身份进入命令行窗口，并进入相应的目录，输入"Windows Embedded CE 6.0 R2.msi"开始安装，如图 5-40 所示。

说明：有的用户可能会下载单独的 Windows Embedded CE 6.0 R2.msi 安装文件，大小为 50 MB 左右，但此补丁似乎是不完整的，在安装时可能会遇到缺少"help.cab"文件的问题，导致无法顺利安装，因此建议使用提供的 R2 补丁，它总共 122 个文件，大概 1.01 GB。

Step18：出现如图 5-41 所示界面，点击"Next"继续。

图 5-40

图 5-41

Step19：出现如图 5-42 所示界面，选择"I accept"，并点击"Next"继续。

Step20：出现如图 5-43 所示界面，不用作任何改动，点击"Next"继续。

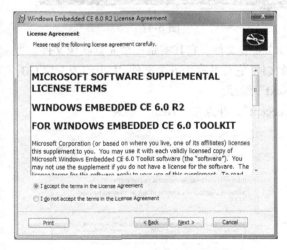

图 5-42

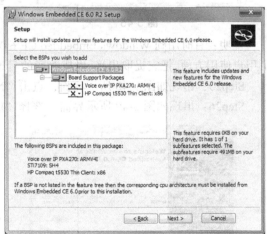

图 5-43

Step21：出现如图 5-44 所示界面，点击"Next"继续。

Step22：开始正式安装，此过程时间较长，请耐心等待，如图 5-45 所示。

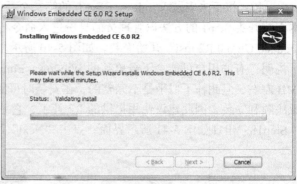

图 5-44 　　　　　　　　　　　　　　　　图 5-45

Step23：安装结束，出现如图 5-46 所示界面，点击"Finish"结束安装。

Step24：现在开始安装 Windows CE 6.0 的第三个补丁 R3，按照本小节开头 Step1 的方法以管理员的身份进入命令行窗口，并进入相应的目录，输入"Windows Embedded CE 6.0 R2.msi"开始安装，如图 5-47 所示。

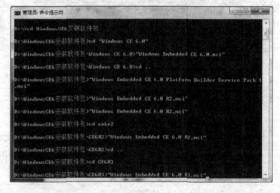

图 5-46 　　　　　　　　　　　　　　　　图 5-47

说明：有时用到 Windows Embedded CE 6.0 R3 安装文件，它其实是一个光盘映像文件，为了用户使用方便，把它提取出来，做成普通的目录文件。它总共有 166 个文件，大小约为 1.14 GB。

Step25：出现如图 5-48 所示界面，点击"Next"继续。

Step26：出现如图 5-49 所示界面，选择"I accept"，并点击"Next"继续。

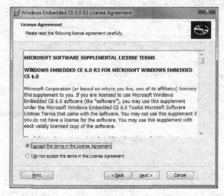

图 5-48 　　　　　　　　　　　　　　　　图 5-49

Step27：出现如图 5-50 所示界面，点击"Install"继续。

Step28：开始正式安装，此过程时间较长，请耐心等待，如图 5-51 所示。

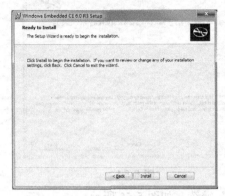 

图 5-50　　　　　　　　　　　　　　　　　　　　　图 5-51

Step29：安装结束，出现如图 5-52 所示界面，点击"Finish"结束安装。

图 5-52

Step30：继续安装补丁：WinCEPB60-101231-Product-Update-Rollup-Armv4I.msi。（下载地址 http：//www.microsoft.com/download/en/details.aspx?displaylang=en&id=1127）

注意：此补丁必须要安装，否则编译出的 NK.bin 烧写到板子上无法运行。

5.3　安装第三方软件腾讯 QQ

在 Windows CE 6.0 R3 补丁中，微软还正式提供了可选的第三方的软件，分别有腾讯 QQ 和 File Viewers，可以在微软网站下载它们。

后面的例子中，实际只用到腾讯 QQ，因此只安装 QQ，其他软件读者可以自行安装测试。

说明：

Step1：进入 QQ 安装目录，双击运行"setup.exe"开始安装，如图 5-53 所示。

Step2：出现如图 5-54 所示界面，点击"Next"继续。

图 5-53　　　　　　　　　　　　　　图 5-54

Step3：使用默认配置，不作任何改动，点击"Next"继续，如图 5-55 所示。

Step4：出现如图 5-56 所示界面，选择"I accpet"，点击"Next"继续。

图 5-55　　　　　　　　　　　　　　图 5-56

Step5：出现如图 5-57 所示界面，点击"Next"继续。

Step6：出现如图 5-58 所示安装界面，稍等片刻。

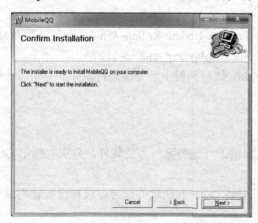
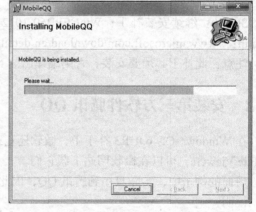

图 5-57　　　　　　　　　　　　　　图 5-58

Step7：出现如图 5-59 所示界面，点击"Close"结束安装。

图 5-59

5.4 安装 BSP 及内核工程示例

Mini6410 的 BSP 和示例工程等文件只有一个安装文件 Mini6410-WinCE6-Suite-1030（尾缀 1030 是版本标识，请以光盘为准），其中包含所有的 BSP 源代码以及内核工程示例、SDK 工程示例，可以在 http://www.arm9.net 网站查找最新版本，下面是详细的安装过程。

Step1：找到 Mini6410-WinCE6-Suite-1030 可执行安装文件，并双击运行，如图 5-60 所示。

Step2：保持各项设置不变，点击"Install"继续，如图 5-61 所示。

图 5-60   图 5-61

Step3：出现安装过程界面如图 5-62 所示，因为安装的文件很小，安装会很快结束。

Step4：安装结束，出现如图 5-63 所示界面，点击"Close"结束安装。

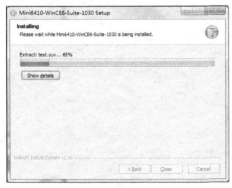

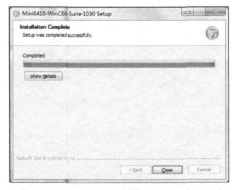

图 5-62   图 5-63

安装完毕，会在 WinCE600\PLATFORM 目录下创建 SMDK6410 目录，如图 5-64 所示。

图 5-64

同时，在 WinCE600\OSDesigns 目录下创建了内核示例工程文件目录，从图 5-65 中可以看到有 3 个目录，它们分别是代表了三个语言版本：

（1）Mini6410 ——简体中文。

（2）Mini6410-en ——英文（English）。

（3）Mini6410-tw ——繁体中文。

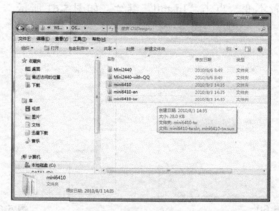

图 5-65

至此，Windows CE 6.0 的开发环境就已经完全创建了。

第6章　建立 Android 编译环境

6.1　建立 Android 编译环境

本章节介绍如何从源代码编译 Android 系统并生成可烧写的 Images，以及如何建立 Android 的应用开发环境。

6.1.1　关于开发平台和交叉编译器

Android 开发环境与 Linux 开发环境主要的区别在于，Android2.3.4 需要安装 Fedora14 开发平台才能编译，而其他如交叉编译器和 mktools 工具链的安装方法与 Linux 基本相同。Android 所使用的编译器和标准 Linux 是相同的，详细步骤请参考 Linux 开发指南。

注意：编译安装 Android 整个系统至少需要 5G 的硬盘空间。

安装前可到 http：//www.arm9home.com 论坛下载得到 Fedora14 的 DVD 光盘映像文件，然后在计算机上安装 Fedora14。一般情况下，Fedora14 可以进行 Android 和 Linux 平台的开发，因此，如果已经安装了 Fedora9 并且硬盘空间有限，可以考虑逐渐用 Fedora14 取代 Fedora9。

安装 Fedora14 的过程中，在选择软件包时，建议除了 DNS\DHCP 服务器之类的选项不选，将其他软件包全部选中进行安装。

注意，Fedora14 需要安装 32 bit 版本，不要安装 64 bit 版本。

Fedora14 与 Fedora9 不同之处在于，Fedora14 默认不能用 root 用户登录 GUI，这会造成很大的不便，用以下方法可以解决这个问题。

① 在 Fedora14 下用普通用户登录后，打开终端，输入如下命令编译/etc/pam.d/gdm 文件：

```
# sudo vim /etc/pam.d/gdm
```

② 在 gdm 文件中找到以下行，并在前面加上 "#"，把这个行注释掉：

```
#auth required pam_succeed_if.so user != root quiet
```

③ 保存退出，回到终端，用同样的方法编辑/etc/pam.d/gdm-password：

```
sudo vim /etc/pam.d/gdm-password
```

④ 在 gdm-password 中找到以下行，并在前面加上"#"将该行注释掉：

```
#auth required pam_succeed_if.so user != root quiet
```

⑤ 保存退出后，重启 Fedora14，在登录界面上选择 "其他"，然后输入 root 用户名和密码即可用 root 用户登录了。

6.1.2　解压安装源代码

首先创建工作目录/opt/FriendlyARM/mini6410/android，

在命令行执行：

```
#mkdir –p /opt/FriendlyARM/mini6410/android
```

后面步骤的所有源代码都会解压安装到此目录中，目前它里面是空的。

1. 下载准备 Android 源代码包

在 Fedora14 系统的/tmp 目录中创建一个临时目录/tmp/android：

```
#mkdir /tmp/android
```

从 http://www.arm9.net/下载包含 Android 源代码、支持 Tiny6410 或支持 mini6410 的光盘文件。本章下文中提到的光盘光件，均指下载安装的光盘文件。

为方便统一描述，把光盘 Android 目录中的所有文件复制到/tmp/Android 目录中。

2. 解压安装 u-boot 源代码

在工作目录/opt/FriendlyARM/mini6410/android 中执行：

```
#cd /opt/FriendlyARM/mini6410/android
#tar xvzf /tmp/android/u-boot-mini6410-20101106.tar.gz
```

将创建生成 u-boot-mini6410 目录，里面包含了完整的内核源代码。

说明："20101106"是发行更新日期标志，请以光盘中实际日期尾缀为准。

3. 解压安装 Android 内核源代码

在工作目录/opt/FriendlyARM/mini6410/android 中执行：

```
#cd /opt/FriendlyARM/mini6410/android
#tar xvzf /tmp/android/android-kernel-2.6.36-20110215.tar.gz
```

将创建生成 linux-2.6.36-android 目录，里面包含了完整的内核源代码。

说明："20110215"是发行更新日期标志，请以光盘中实际日期尾缀为准。

4. 解压安装 Android 系统源代码包

在工作目录/opt/FriendlyARM/mini6410/android 中执行：

```
#cd /opt/FriendlyARM/mini6410/android
#tar xvzf /tmp/android/android-2.3-fs-20110215.tar.gz
```

将创建 Android-2.3 目录。

说明："20110215"是发行或更新日期标志，请以光盘中实际日期尾缀为准；源代码包中也包含了编译创建 Android-2.3 系统所需的所有源代码和脚本。

5. 解压 Android 系统

通过源代码编译的方式创建文件系统需要很长的时间，有时可能不需要从头编译，rootfs_android 就是我们已经编译好的 android 系统包。

在工作目录/opt/FriendlyARM/mini6410/android 中执行：

```
#cd /opt/FriendlyARM/mini6410/android
#tar xvzf /tmp/android/rootfs_android-20110215.tar.gz
```

将创建 rootfs_android 目录。

说明："20110215"是发行或更新日期标志，请以光盘中实际日期尾缀为准。

6.2 配置和编译 U-boot

Android 所用的 U-boot 其实和标准 Linux 是一样的，根据开发板不同的内存（DDR RAM）容量，需要使用不同的 U-boot 配置项。

6.2.1 配置编译支持 NAND 启动的 U-boot

根据开发板不同的内存（DDR RAM）容量，需要使用不同的 U-boot 配置项。

（1）编译适合于 128M 内存的 U-boot，请按照以下步骤。

进入 U-boot 源代码目录，执行：

```
#cd /opt/FriendlyARM/mini6410/linux/u-boot-mini6410
#makemini6410_nand_config-ram128;make
```

将会在当前目录配置并编译生成支持 Nand 启动的 U-boot.bin，使用 SD 卡或者 USB 下载到 Nand Flash 即可使用，详见第 3 章。光盘 images/linux 目录中已经提供了编译好的该文件，为了便于区分，我们把它重新命名为 u-boot_nand-ram128.bin。

（2）编译适合于 256M 内存的 U-boot，请按照以下步骤。

进入 U-boot 源代码目录，执行：

```
#cd /opt/FriendlyARM/mini6410/linux/u-boot-mini6410
#makemini6410_nand_config-ram256;make
```

将会在当前目录配置并编译生成支持 Nand 启动的 U-boot.bin，使用 SD 卡或者 USB 下载到 Nand Flash 即可使用，详见第 3 章，光盘 images/linux 目录中已经提供了编译好的该文件，为了便于区分，我们把它重新命名为 u-boot_nand-ram256.bin。

6.2.2 配置编译支持 SD 卡启动的 U-boot

根据开发板不同的内存（DDR RAM）容量，需要使用不同的 U-boot 配置项。

（1）编译适合于 128M 内存的 U-boot，请按照以下步骤。

进入 U-boot 源代码目录，执行：

```
#cd /opt/FriendlyARM/mini6410/linux/u-boot-mini6410
#makemini6410_sd_config-ram128;make
```

将会在当前目录配置并编译生成支持 SD 启动的 U-boot.bin，用 SD-Flasher.exe 工具把它烧写到 SD 卡中，设置开发板从 SD 卡启动，可以参考之前相关章节的步骤，把其中的 Superboot.bin 改为 U-boot.bin 即可。光盘 images/linux 目录中已经提供了编译好的该文件，为了便于区分，我们把它重新命名为 u-boot_sd-ram128.bin。

（2）编译适合于 256M 内存的 U-boot，请按照以下步骤。

进入 U-boot 源代码目录，执行：

```
#cd /opt/FriendlyARM/mini6410/linux/u-boot-mini6410
#makemini6410_sd_config-ram256;make
```

将会在当前目录配置并编译生成支持 SD 启动的 U-boot.bin，用 SD-Flasher.exe 工具把它烧写到 SD 卡中，设置开发板从 SD 卡启动，可以参考之前相关章节的步骤，把其中的 Superboot.bin 改为 U-boot.bin 即可。光盘 images/linux 目录中已经提供了编译好的该文件，为了便于区分，把它重新命名为 u-boot_sd-ram256.bin。

6.3 配置和编译 Linux 内核

用如下命令来编译内核：

```
#cp config_linux_mini6410 .config//注意：config 前面有个"."
#make zImage//开始编译内核，也可以直接使用 make 命令
```

6.4 从源代码开始创建 Android

Android 系统十分庞大，而且编译一次所需的时间很长（1.5～4 h，甚至更长），为了方便大家使用，准备好了现成的源代码包，并且制作了 3 个脚本分别用来编译和创建 Andoid 系统：build-android、genrootfs.sh 和 genrootfs-s.sh。

在命令行执行：

```
#cd /opt/FriendlyARM/mini6410/android/Android-2.3
#./build-android
```

就开始编译 Android-2.3 系统，这需要等待很长的时间，建议开发 Android 系统不要使用虚拟机编译，使用多核的 CPU 加真实的 Linux 系统会快一些。

然后，再执行脚本：

```
#./genrootfs.sh
```

就可以从编译完的 Android 系统提取出需要的目标文件系统了，最后会生成 rootfs_dir 目录，如图 6-1 所示，它和上面提到的 rootfs_android 内容是完全相同的。

提示：使用 genrootfs-s.sh 脚本，可以编译出适用于串口触摸屏控制器的 LCD 套餐。

图 6-1

至此，我们已经从源代码开始，创建了在开发板上运行 Android 所需的所有核心系统文件：Bootloader、内核和文件系统。

6.5 制作安装或运行文件系统映像

要在开发板上安装 Android 系统，还需要把上面生成的各部分文件烧写到 Nand Flash 中。其中，Bootloader 和内核已经是单文件映像形式，可以很方便地通过 USB 下载烧写，或者复制到 SD 卡中。而文件系统部分则是一个目录，这就需要 mktools 系列工具先把它制作成单个映像文件，才能方便使用。根据要选用的不同文件系统格式，下面分别介绍它们的制作方法。

说明：可以通过源代码编译生成的 android 系统来制作映像文件，也可以使用解压已经编译好的 android 文件系统包来制作以下的映像文件。下面的步骤基于前者。

6.5.1 制作 UBIFS 格式的文件系统映像

注意：针对不同组织结构的 Nand Flash，分别有不同的压制工具，在此以三星 2 代 MLC Nand

Flash 为例（如 K9GAG08U0E 等，以下简称 MLC2）。

进入工作目录/opt/FriendlyARM/mini6410/linux，执行以下命令：

```
#cd /opt/FriendlyARM/mini6410/android/Android-2.3
#mkubimage-mlc2 rootfs_dir rootfs_android-mlc2.ubi
```

稍等片刻，将会在当前目录下生"rootfs_android-mlc2.ubi"文件，它适用于块页组织结构为"1 Page= 8K Byte，1 Block=1M"的 MLC2 Nand Flash，可以参考之前相关章节的步骤方法，通过 USB 或者 SD 把它烧写到 Nand Flash 中。

提示 1：如果使用的是 SLC Nand Flassh（如 K9F2G08，K9K8G08 等），使用 mkubimage-slc 压制工具。

提示 2：如果使用了串口触摸屏控制器，则需要使用 rootfs_android-s 目标文件系统包。

6.5.2　制作 yaffs2 格式文件系统映像

注意：mkyaffs2image 及 mkyaffs2image-128M 压制工具目前仅适用于制作 SLC NandFlash 的 yaffs2 文件系统映像，它并不适合 MLC2 Nand Flash。

使用 mkyaffs2image-128M 工具，可以把目标文件系统目录制作成 yaffs2 格式的映像文件，当它被烧写入 Nand Flash 中启动时，整个根目录将会以 yaffs2 文件系统格式存在，默认的 Android 内核支持该文件系统，在命令行输入：

```
#cd /opt/FriendlyARM/mini6410/android/Android-2.3
#mkyaffs2image-128M rootfs_dir rootfs_android.img
```

将会在当前目录下生成"rootfs_android.img"文件，它适用于块页组织结构为"1 Page=2K Byte，1 Block=128K"的 SLC Nand Flash（如 K9F2G08，k9K8G08 等），也可以参考之前相关章节的步骤方法，通过 USB 或者 SD 把它烧写到 Nand Flash 中。

提示：如果使用了串口触摸屏控制器，则需要使用 rootfs_android-s 目标文件系统包。

6.5.3　制作 ext3 格式的文件系统映像

使用 mkext3image 工具，可以把目标文件系统目录制作成 EXT3 格式的映像文件，把它拷贝到 SD 卡中，这样就可以在 SD 卡中直接运行它，而不必烧写入 Nand Flash 中了。默认的 Android 内核支持该文件系统，默认的配置文件 FriendlyARM.ini 也支持启动 ext3 映像文件，在命令行输入：

```
#cd /opt/FriendlyARM/mini6410/android/Android-2.0
#mkext3image rootfs_dir rootfs_android.ext3
```

稍等片刻，将会在当前目录下生成 rootfs_android.ext3 文件，一般把它直接复制到 SD 卡中的 images/Android/目录中，并覆盖掉同名文件就可以使用了；当然也可以改为其他名字，同时修改配置文件 FriendlyARM.ini 中"Android-RootFs-RunImage ="的定义文件名。

注意：EXT3 格式文件系统是可以保存数据的，使用 mkext3image 工具制作的映像文件一般比实际目录容量要大 30%，目的就是为了保存一些常用的配置文件，对于小于 64M 的目标文件系统，则以 64M 为基本容量计算，也就是说，最小的 ext3 文件映像为 64M × 1.3 =83.2M。

提示：如果使用了串口触摸屏控制器，则需要使用 rootfs_android-s 目标文件系统包。

第7章 Tiny6410 下 linux 系统移植与开发

7.1 解压安装源代码及其他工具

本小节将解压安装开发学习过程所用到的全部源代码以及其他一些小工具，这包括：

- Linux 内核源代码
- Qtopia-2.2.0 平台源代码（分为 x86 和 arm 平台两个版本）
- arm-qt-extended-4.4.3 平台源代码（也就是 Qtopia4，分为 x86 和 arm 两个版本）
- QtE-4.8.5 平台源代码（arm 版本）
- busybox-1.17 源代码
- Linux 编程示例源代码
- U-boot 源代码
- 目标文件系统目录
- 目标文件系统映象制作工具（包括 yaffs2 和 UBIFS）
- 图形界面的 Linux logo 制作工具 logomaker

注：本章中使用到的源代码及开发工具等光盘资料，读者可以从 http://www.arm9.net/下载 FriendlyARM-Tiny6410-DVD-A 获取。所有的源代码和工具都是通过解压方式安装的，所有的源代码均使用统一的编译器 arm-linux-gcc-4.4.1 编译。本章下文中提到的光盘光件，均指下载安装的光盘文件。

下面是详细的解压安装过程，并有简要的介绍。

7.1.1 解压安装源代码

首先创建工作目录/opt/FriendlyARM/mini6410/linux，在命令行执行：

```
#mkdir-p /opt/FriendlyARM/mini6410/linux
```

后面步骤的所有源代码都会解压安装到此目录中。

1. 准备好 Linux 源代码包

在 Fedora9 系统/tmp 目录中创建一个临时目录/tmp/linux：

```
#mkdir /tmp/linux
```

把光盘中 linux 目录中的所有文件都复制到/tmp/linux 目录中。

说明：这样做是为了统一下面的操作步骤，其实可以使用其他目录，也可以直接从光盘解压安装。

2. 解压安装 U-boot 源代码

在工作目录/opt/FriendlyARM/mini6410/linux 中执行：

```
#cd /opt/FriendlyARM/mini6410/linux
#tar xvzf /tmp/linux/u-boot-mini6410-20101106.tar.gz
```

将创建生成 u-boot-mini6410 目录，里面包含了完整的 U-boot 源代码。

说明："20101106" 是发行更新日期标志，请以光盘中实际日期尾缀为准。

3. 解压安装 Linux 内核源代码

在工作目录/opt/FriendlyARM/mini6410/linux 中执行：

```
#cd /opt/FriendlyARM/mini6410/linux
#tar xvzf /tmp/linux/linux-2.6.38-20110325.tar.gz
```

将创建生成 linux-2.6.38 目录，里面包含了完整的内核源代码。

说明："20110325" 是发行更新日期标志，请以光盘中实际日期尾缀为准。光盘中还有其他较老版本的内核源代码包，仅供参考使用。

4. 解压安装目标文件系统

执行以下命令：

```
#cd /opt/FriendlyARM/mini6410/linux
#tar xvzf /tmp/linux/rootfs_qtopia_qt4-20101120.tgz
```

将创建生成 rootfs_qtopia_qt4 目录。

说明："20101120" 是发行更新日期标志，以光盘中实际日期尾缀为准。

5. 解压安装嵌入式图形系统 qtopia 源代码

在工作目录/opt/FriendlyARM/mini6410/linux 中执行：

```
#cd /opt/FriendlyARM/mini6410/linux
#tar xvzf /tmp/linux/x86-qtopia-20100420.tar.gz
#tar xvzf /tmp/linux/arm-qtopia-20101105.tar.gz
```

将创建 x86-qtopia 和 arm-qtopia 两个目录，并内含相应的全部源代码。

说明：x86-qtopia 和 arm-qtopia 后面或许会有日期尾缀，它是发行或更新日期标志，请以光盘中实际日期尾缀为准。源代码包中也包含了嵌入式浏览器 konquor 的源代码。

6. 解压安装嵌入式图形系统 qt-extended-4.4.3 源代码

在工作目录/opt/FriendlyARM/mini6410/linux 中执行：

```
#cd /opt/FriendlyARM/mini6410/linux
#tar xvzf /tmp/linux/x86-qt-extended-4.4.3-20101003.tgz
#tar xvzf /tmp/linux/arm-qt-extended-4.4.3-20101105.tgz
```

将创建 x86-qt-extended-4.4.3 和 arm-qt-extended-4.4.3 两个目录，并内含相应的全部源代码。

说明：x86-qt-extended-4.4.3 和 arm-qt-extended-4.4.3 后面或许会有日期尾缀，它是发行或更新日期标志，请以光盘中实际日期尾缀为准。

7. 解压安装 QtE-4.8.5 源代码

在工作目录/opt/FriendlyARM/mini6410/linux 中执行：

```
#cd /opt/FriendlyARM/mini6410/linux
#tar xvzf /tmp/linux/arm-qte-4.8.5-20131209.tar.gz
```

8. 解压安装 busybox 源代码

Busybox 是一个轻型的 linux 命令工具集，在此使用的是 busybox-1.13.3 版本。可以从其官方网站下载最新版本（http：//www.busybox.net）。

在工作目录/opt/FriendlyARM/mini6410/linux 中执行：

```
#cd /opt/FriendlyARM/mini6410/linux
#tar xvzf /tmp/linux/busybox-1.17.2-20101120.tgz
```
将创建 busybox-1.17.2 目录，内含相应版本的全部源代码。

说明：为了方便用户编译使用，可以做一个默认的配置文件 fa.config。

9. 解压安装 Linux 示例程序

执行以下命令：

```
#cd /opt/FriendlyARM/mini6410/linux
#tar xvzf /tmp/linux/examples-mini6410-20101110.tgz
```
将创建 examples 目录，并包含初学 linux 编程代码示例。

说明："20101110"是发行更新日期标志，请以光盘中实际日期尾缀为准。examples 目录中的代码均为友善之臂自主开发，并全部以源代码方式提供，它们都是一些基于命令行的小程序。

7.1.2　解压创建目标文件系统

根据触摸屏的连接配置方式，为了方便用户使用，制作了 2 个目标文件系统压缩包：

- rootfs_qtopia_qt4-20101120.tgz
- rootfs_qtopia_qt4-s-20101120.tgz

其中：带"-s"的表示适合于采用专业串口触摸屏控制器的 LCD 套餐，它适合于大尺寸的四线电阻触摸屏，会达到更好的效果；不带"-s"的表示采用 ARM 本身触摸屏控制器，或一线触摸屏（第一次运行时会自动识别）。它们的唯一不同之处在于"/etc/friendlyarm-ts-input.conf"配置文件的定义。

执行以下命令：

```
#cd /opt/FriendlyARM/mini6410/linux
#tar xvzf /tmp/linux/rootfs_qtopia_qt4-20101120.tgz
#tar xvzf /tmp/linux/rootfs_qtopia_qt4-s-20101120.tgz
```
将创建 rootfs_qtopia_qt4 和 rootfs_qtopia_qt4-s 两个目录，该目录和目标板上使用的文件系统内容是完全一致的。

说明："20101120"是发行更新日期标志，请以光盘中实际日期尾缀为准，该文件系统包含了前面的 qtopia-2.2.0、Qtopia4 和 QtE-4.8.5 测试软件、busybox 和常用的命令行工具等。和之前的版本相比，它具有如下特性：

（1）自动识别 NFS 启动或本地启动。

（2）自动识别所接的输出显示模块是否接了触摸屏，以判断在第一次开机使用时是否要进行校正。如果没有连接，会自动进入系统，使用鼠标即可；否则会先校正触摸屏。

（3）自动识别普通或者高速 SD 卡（最大可支持 32G）和优盘。

（4）自动检测 USB 鼠标或触摸屏。

（5）支持 USB 鼠标和触摸屏共存（自 Linux-2.6.36 开始支持）。

7.1.3　解压安装文件系统映像工具

要把目标文件系统全部写入开发板中，一般还需要先把目标文件系统目录制作成单个的映像文件以便烧写或者复制，Linux 内核启动时，一般会根据命令行参数挂在不同格式的系统，如 yaffs2、ubifs、ext2、nfs 等。它们一般都是命令行方式的小程序。

针对不同组织结构（主要是 block 和 page 的大小）的 Nand Flash，以及不同类型的文件系统，分别提供了以下几种文件系统映像压制工具，我们把这些统称为 mktools。

1. mkyaffs2image

适用于为块页组织为"1 Page= 512 Byte，1 Block=16K"的 SLC Nand Flash 压制 yaffs2 格式的映像文件，如 K9F1208 或兼容型号等。

2. mkyaffs2image-128M

适用于为块页组织为"1 Page= 2K Byte，1 Block=128K"的 SLC Nand Flash 压制 yaffs2 格式的映像文件，如 K9F2G08，K9F4G08，K9K8G08 或兼容型号等，因历史原因，我们把该工具统称为 mkyaffs2image-128M。

3. mkubimage-slc

适用于为块页组织为"1 Page= 2K Byte，1 Block=128K"的 SLC Nand Flash 压制 UBIFS 格式的映像文件，如 K9F2G08，K9F4G08，K9K8G08 或兼容型号等。

4. mkubimage-mlc2

适用于为块页组织为"1 Page= 8K Byte，1 Block=1M"的 MLC Nand Flash 压制 UBIFS 格式的映像文件，如 K9GAG08U0E 或兼容型号等。

5. mkext3image

适用于把目标文件系统制作成单个的 EXT3 映像文件，这样就可以在普通的 FAT32/FAT 格式的 SD 卡中安装使用各类 Linux 系统了，只需将相应的单个系统映像文件复制到 SD 卡中，不再需要很复杂的步骤。

执行以下命令：

```
#tar xvzf /tmp/linux/mktools.tar.gz-C /
```

将会在/usr/sbin 目录下创建生成相应的工具集。

注意：C 是大写的，C 后面有个空格，C 是改变解压安装目录的意思。

说明：如果以前安装过 mini2440 使用的 mkyaffs2image 系列工具，它们将会被覆盖，请不必担心，它们功能都是相同的。

7.1.4 解压安装 LogoMaker

LogoMaker 是友善之臂开发的一个 Linux Logo 简易制作工具，网上有很多资料介绍如何使用命令行的工具把 bmp、jpg、png 等格式的图片转换为 Linux Logo 文件，在此设计了一个图形化的版本，它是基于 Fedora9 开发的。

执行以下命令：

```
#tar xvzf /tmp/linux/logomaker.tgz-C /
```

注意：C 是大写的，C 后面有个空格，C 是改变解压安装目录的意思。

执行以上命令，LogoMaker 将会被安装到/usr/sbin 目录下，它只有一个文件，安装完之后在命令行输入"logomaker"可出现如图 7-1 所示界面，在后面的章节会介绍它的使用方法。

图 7-1

7.2 配置和编译 U-boot

三星公司已经为 6410 移植好了 U-boot，并且支持 USB 下载，Nand 启动等。我们在此基础上对 U-boot 做了诸多改进：

（1）增加了下载菜单，类似 Superboot 的 USB 下载菜单。

（2）增加了 SD 卡启动配置。

（3）支持直接下载烧写 yaffs2 文件系统映像。

（4）支持烧写 WindowsCE BootLoader 之 Nboot。

（5）支持烧写 WindowsCE 映像的功能。

（6）支持烧写单文件映像文件，就是通常所说的裸机程序。

（7）支持返回原始 shell。

（8）增加了对 256M DDR RAM 的支持。

下面我们就介绍一下它的配置和编译以及使用方法。

7.2.1 配置编译支持 NAND 启动的 U-boot

根据开发板不同的内存（DDR RAM）容量，需要使用不同的 U-boot 配置项。

（1）编译适合于 128M 内存的 U-boot，请按照以下步骤。

进入 U-boot 源代码目录，执行：

```
#cd /opt/FriendlyARM/mini6410/linux/u-boot-mini6410
#make mini6410_nand_config-ram128 //生成配置文件
#make //开始编译
```

将会在当前目录配置并编译生成支持 Nand 启动的 U-boot.bin，使用 SD 卡或者 USB 下载到 Nand Flash 即可使用，详见"刷机指南"。光盘 images/linux 目录中已经提供了编译好的该文件，为了便于区分，把它重新命名为 u-boot_nand-ram128.bin。

（2）编译适合于 256M 内存的 U-boot，请按照以下步骤。

进入 U-boot 源代码目录，执行：

```
#cd /opt/FriendlyARM/mini6410/linux/u-boot-mini6410
#make mini6410_nand_config-ram256 //生成配置文件
#make //开始编译
```

将会在当前目录配置并编译生成支持 Nand 启动的 U-boot.bin，使用 SD 卡或者 USB 下载到 Nand Flash 即可使用，详见"刷机指南"，光盘 images/linux 目录中已经提供了编译好的该文件，为了便于区分，把它重新命名为 u-boot_nand-ram256.bin。

7.2.2　配置编译支持 SD 卡启动的 U-boot

根据开发板不同的内存（DDR RAM）容量，需要使用不同的 U-boot 配置项。

（1）编译适合于 128M 内存的 U-boot，请按照以下步骤：

进入 U-boot 源代码目录，执行：

```
#cd /opt/FriendlyARM/mini6410/linux/u-boot-mini6410
#make mini6410_sd_config-ram128 //生成配置文件
#make //开始编译
```

将会在当前目录配置并编译生成支持 SD 启动的 U-boot.bin，使用 SD-Flasher.exe 工具把它烧写到 SD 卡中，设置开发板从 SD 卡启动即可，可以参考之前相关章节的步骤，把其中的 Superboot.bin 改为 U-boot.bin 就可以了。光盘 images/linux 目录中已经提供了编译好的该文件，为了便于区分，我们把它重新命名为 u-boot_sd-ram128.bin。

（2）编译适合于 256M 内存的 U-boot，请按照以下步骤。

进入 U-boot 源代码目录，执行：

```
#cd /opt/FriendlyARM/mini6410/linux/u-boot-mini6410
#make mini6410_sd_config-ram256 //生成配置文件
#make //开始编译
```

将会在当前目录配置并编译生成支持 SD 启动的 U-boot.bin，使用 SD-Flasher.exe 工具把它烧写到 SD 卡中，设置开发板从 SD 卡启动即可，可以参考之前相关章节的步骤，把其中的 Superboot.bin 改为 U-boot.bin 就可以了。光盘 images/linux 目录中已经提供了编译好的该文件，为了便于区分，我们把它重新命名为 u-boot_sd-ram256.bin。

7.2.3　U-boot 使用说明

请参考 u-boot 的官方使用说明。

7.3　配置和编译内核（Kernel）

7.3.1　配置和编译内核

用如下命令来编译内核：

```
#cp config_linux_mini6410 .config//注意：config 前面有个"."
#make zImage//开始编译内核
```

也可以直接使用 make 命令，如图 7-2 所示。

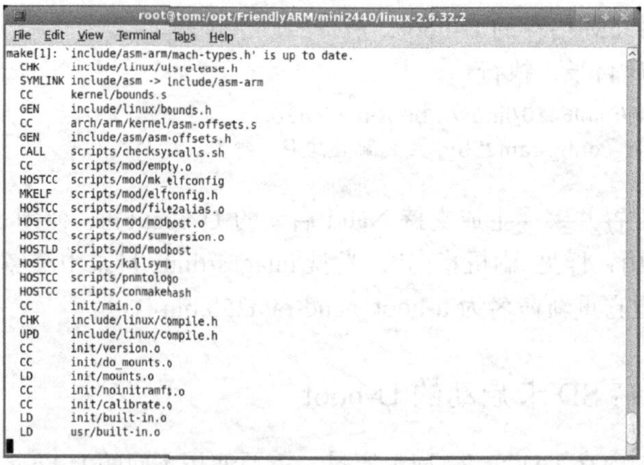

图 7-2

编译结束后，会在 arch/arm/boot 目录下生成 linux 内核映象文件 zImage，可以使用之前章节介绍的方法把 zImage 下载到开发板测试。

7.3.2 驱动程序的位置

Mini6410 和 Tiny6410 在硬件资源分配上是完全相同的，因此它们的软件也完全一致，为方便起见，在各软件程序的名称和路径上也采用一致的做法，不再单独加以区分。

另 Android 系统采用的是 Linux-2.6.36 内核，其各个驱动程序的源代码位置和 Linux-2.6.38 是一致的，如表 7-1 所示。

表 7-1　驱动程序的源代码位置

序号	设备或其他	驱动程序源代码在内核中的位置	开发板上对应的设备名	备注
1	yaffs2 文件系统	Linux-2.6.38/fs/yaffs2		
2	Ubifs 文件系统	linux-2.6.38/fs/ubifs		
3	LCD FrameBuffer	linux-2.6.38/drivers/video/Samsung/s3c_mini6410.c	/dev/fb0	
4				
5	串口（含 4 个串口）	linux-2.6.38/drivers/tty/serial/samsung.c	/dev/ttySAC0、1、2、3	6410 自带 4 个串口
6	网卡驱动	Linux-2.6.38/drivers/net/dm9000.c		
7	音频驱动（ALSA 接口）	Linux-2.6.38/sound/soc/codecs/wm9713.c	/dev/dsp：放音或者录音 /dev/mixer：音量调节	
8	CPU 自带触摸驱动	Linux-2.6.38/drivers/input/touchscreen/mini6410-ts.c	/dev/touchsreen	
9	一线精准触摸驱动	Linux-2.6.38/drivers/input/touchscreen/mini6410_1wire_host.c	/dev/touchscreen-1wire	
10	SD 卡驱动	Linux-2.6.38/drivers/mmc/host/sdhci-s3c.c	/dev/mmcblk0	支持高速大容量 SD 卡，最大可达 32G
11	RTC 实时时钟驱动	Linux-2.6.38/drivers/rtc/rtc-s3c.c	/dev/rtc	
12	看门狗驱动	Linux-2.6.38/drivers/watchdog/s3c2410_wdt.c	/dev/watchdog	
13	LED 驱动	Linux-2.6.38/drivers/char/mini6410_leds.c	/dev/leds	
14	按键驱动	Linux-2.6.38/drivers/char/mini6410_buttons.c	/dev/buttons	

序号	设备或其他	驱动程序源代码在内核中的位置	开发板上对应的设备名	备注
15	PWM 控制蜂鸣器	Linux-2.6.38/drivers/char/mini6410_pwm.c	/dev/pwm	
16	ADC 驱动	Linux-2.6.38/drivers/char/mini6410_adc.c	/dev/adc	
17	LCD 背光驱动	Linux-2.6.38/drivers/video/mini6410_backlight.c	/dev/backlight-1wire	
18	I2C-EEPROM 驱动	Linux-2.6.38/drivers/i2c/busses/i2c-s3c2410.c	/dev/i2c/0	
19	万能 USB 摄像头	Linux-2.6.38/drivers/media/video/gspca	/dev/video0	
20	USB 无线网卡	Linux-2.6.38/drivers/net/wireless		Linux 内核已经包含了众多 USB 无线网卡驱动,但有些性能不太好,实际文件系统中采用的是第三方无线网卡驱动模块,此处的代码仅供参考
21	SD WiFi 驱动	Linux-2.6.38/drivers/net/wireless/libertas		该驱动源代码为 Linux 内核自带,效果还不错
22	USB 转串口驱动	Linux-2.6.38/drivers/usb/serial	/dev/ttyUSB0	Linux 内核已经自带了众多 USB 转串口驱动
23	USB 鼠标和键盘,扫描器	Linux-2.6.38/drivers/usb/hid	USB 鼠标: /dev/input/mice USB 键盘: /dev/input/	
24	SPI 驱动	Linux-2.6.38/drivers/spi/spi_s3c64xx.c		
25	多媒体驱动	Linux-2.6.38/drivers/media/video/Samsung 包含: 2D、3D、图像翻转、JPEG 硬编解码、MFC、摄像头、TV、PP(Post Processor)、CMM 等		在 Linux-2.6.36/38 内核中,多媒体驱动均为目标文件,不提供源代码
26	Nand Flash 驱动	Linux-2.6.38/drivers/mtd/nand		
27	Flash ECC 校验	Linux-2.6.38/drivers/mtd/nand/s3c_nand.c		
28	USB 蓝牙驱动	Linux-2.6.38/drivers/Bluetooth/整个目录		
29	3G 驱动	Linux-2.6.38/drivers/usb/serial		大部分 3G 上网卡其实都是基于 USB 接口的,并使用了 USB 转串口驱动;在通信时,它只是借用了串口的形式名称,以便使用 AT 命令拨号连接,实际的通信速率是 USB Slave 的速率,在 6410 中是 USB 2.0

7.4 配置和编译 busybox

一般从官方网站下载的 busybox 源代码需要根据需要重新配置一下,才可以编译使用,我们做了一个默认的配置文件：fa.config，无论是 2440 和 6410 均使用了此配置，通过它编译出的 busybox 可以满足绝大部分的需要，进入 busybox 源代码目录，执行：

```
#cp fa.config .config
#make
```

稍等一会，即可在当前目录编译生成 busybox 目标文件，和开发板预装的一样，一般 busybox 是不需要更新的，如图 7-2 所示。

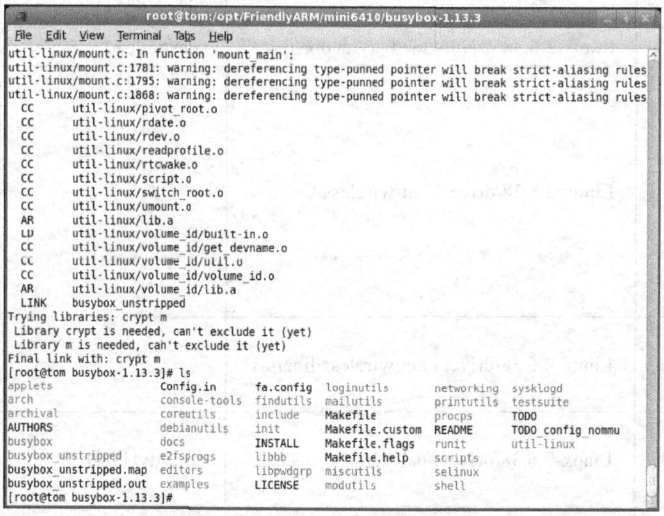

图 7-2

7.5 制作目标板文件系统映像

首先确认已经按照上面的步骤安装了 mktools 系列工具，它们可以将同一个目标文件系统目录压制为不同格式的映像文件，用于安装烧写到 Nand Flash 或者复制到 SD 卡中运行。其次请确认已经准备好了目标文件系统目录。

7.5.1 制作 UBIFS 格式文件系统映像

针对不同组织结构的 Nand Flash，分别有不同的压制工具，在此以三星 2 代 MLC Nand Flash 为例（如 K9GAG08U0E 等，以下简称 MLC2）。

进入工作目录/opt/FriendlyARM/mini6410/linux，执行以下命令：

```
#mkubimage-mlc2 rootfs_qtopia_qt4 rootfs_qtopia_qt4-mlc2.ub
```

将把 rootfs_qtopia_qt4 目录压制为 UBIFS 格式的 rootfs_qtopia_qt4-mlc2.ubi 映像文件，它适用于块页组织结构为 "1 Page= 8K Byte，1 Block=1M" 的 MLC2 Nand Flash，这个文件和光盘/images/Linux/目录下的同名文件是相同的，使用 SD 卡或者 USB 下载可以把它烧写到 Nand Flash 中，烧写步骤详见 "刷机指南"。

提示：如果使用的是 SLC Nand Flassh（如 K9F2G08，K9K8G08 等），请使用 mkubimage-slc 压制工具。

说明：也可以使用该命令工具把 rootfs_qtopia_qt4-s 目录压制为适用于串口触摸屏控制器的 ubifs 映像文件，在此不再赘述。

7.5.2　制作 yaffs2 文件系统映像

mkyaffs2image 及 mkyaffs2image-128M 压制工具目前仅适用于制作 SLC Nand Flash 的 yaffs2 文件系统映像，它并不是适合 MLC2 Nand Flash。

进入工作目录/opt/FriendlyARM/mini6410/linux，执行以下命令：

`#mkyaffs2image-128M rootfs_qtopia_qt4 rootfs_qtopia_qt4.img`

将把 rootfs_qtopia_qt4 目录压制为 yaffs2 格式的 rootfs_qtopia_qt4.img 映像文件，它适用于块页组织结构为 "1 Page= 2KB，1 Block=128K" 的 SLC Nand Flash（如 K9F2G08，k9K8G08 等），使用 SD 卡或者 USB 下载可以把它烧写到 Nand Flash 中，烧写步骤详见"刷机指南"。

说明：也可以使用该命令工具把 rootfs_qtopia_qt4-s 目录压制为适用于串口触摸屏控制器的 ubifs 映像文件，在此不再赘述。

7.5.3　制作 ext3 文件系统映像

进入工作目录/opt/FriendlyARM/mini6410/linux，执行以下命令：

`#mkext3image rootfs_qtopia_qt4 rootfs_qtopia_qt4.ext3`

将把 rootfs_qtopia_qt4 目录压制为 EXT3 格式的 rootfs_qtopia_qt4.ext3 映像文件，参考之前相关章节的说明，把它复制到 SD 卡就可以直接使用它运行系统了。

说明：也可以使用该命令工具把 rootfs_qtopia_qt4-s 目录压制为 ext3 映像文件，在此不再赘述。

7.6　嵌入式 Linux 应用程序示例

本节内容通过嵌入式 Linux 开发最简单的例子，介绍了编写和编译 Linux 应用程序，并下载到开发板运行的基本方法。

嵌入式 Linux 资源丰富，我们不可能介绍到每一个细节，本文旨在提供一些嵌入式 Linux 经常用到的方法，为读者打开奇妙世界的大门。

注意：以下示例程序所使用的编译器为 arm-linux-gcc-4.5.1-v6-vfp，如果使用了其他版本的交叉编译器，编译完有可能无法在开发板上运行。

检查交叉编译器的版本类型，可在终端运行命令：arm-linux-gcc –v，如图 7-3 所示。

图 7-3

7.6.1 Hello，World

Hello，World 源代码位于位于/opt/FriendlyARM/mini6410/linux/examples/hello 目录，其源代码如下：

```
#include <stdio.h>
int main(void) { printf("hello, FriendlyARM!\n"); }
```

Step1：编译 Hello，World。

进入源代码目录，并执行 make：

```
#cd /opt/FriendlyARM/mini6410/linux/examples/hello
#make
```

最后将生成 hello 可执行文件，使用 file 命令可以检查生成的 hello 可执行文件是否为 ARM 体系和格式版本，能在开发板上正常运行的可执行文件一般如图 7-4 所示。

图 7-4

Step2：把 Hello，World 下载到开发板运行。

将编译好的可执行文件下载到目标板目前主要四种方式：

第一种：通过 ftp 传送文件到开发板（推荐使用）。

第二种：复制到介质（如优盘）。

第三种：通过串口传送文件到开发板。

第四种：通过 NFS（网络文件系统）直接运行。

下面分别进行介绍。

1. 使用 ftp 传送文件（推荐使用）

使用 ftp 登录目标板，把编译好的程序上传；然后修改上传后目标板上的程序的可执行属性，并执行。

首先，在 PC 端执行，如图 7-5 所示。

图 7-5

204

然后，在目标板一端执行，如图 7-6 所示。

图 7-6

2. 使用优盘

先把编译好的可执行程序复制到优盘，再把优盘插到目标板上并挂载它，然后把程序拷贝到目标板的可执行目录/bin。步骤如下：

（1）复制程序到优盘。

把优盘插到 PC 的 USB 接口，执行以下命令把程序复制到优盘

```
#mount /dev/sda1 /mnt  ; 挂接优盘
#cp hello /mnt  ; 将编译好的程序复制到优盘
#umount /mnt  ; 卸载优盘
```

（2）把程序从优盘拷贝到目标板并执行。

把优盘插入开发板的 USB Host 接口，优盘会自动挂载到/udisk 目录，执行以下命令就可以运行 hello 程序了，如图 7-7 所示。

```
#cd /udisk
#./hello  ; 执行 hello 程序
```

注意：如果此时强行拔出优盘，需要退回到根目录，再执行 umount /udisk 方可为下一次做好自动挂载的准备。

图 7-7

3. 通过串口传送文件到开发板

在前面的章节我们学习了如何通过串口传送文件到开发板，也可以通过相同的方法传送

hello 可执行程序，具体步骤在此不再详细描述，记得传送完毕把文件的属性改为可执行才能正常运行。

```
#chmod +x hello
```

说明：有些用户使用 USB 转串口线，如果转接器性能不太好，有时会出现"传输超时"或者根本无法传输到开发板的现象，因此建议使用 ftp 传送到开发板。

4. 通过网络文件系统 NFS 执行

Linux 中最常用的方法就是采用 NFS 来执行各种程序，这样可以不必花费很多时间下载程序。虽然在此下载 hello 程序时不多，但是当应用程序变得越来越大，就会发现使用 NFS 运行的方便所在。

如同前面所讲述的那样，请先按照上一节搭建好 NFS 服务器系统，然后在命令行输入以下命令（假定服务器的 IP 地址为 192.168.1.111）：

```
#mount-t nfs-o nolock 192.168.1.111:/opt/FriendlyARM/mini6410/linux/rootfs_qtopia_qt4 /mnt
```

挂接成功，就可以进入 /mnt 目录进行操作了，在 PC Linux 终端把 hello 复制到 opt/FriendlyARM/mini6410/linux/rootfs_qtopia_qt4 目录，然后在开发板的串口终端执行

```
#cd /mnt
#./hello
```

7.6.2　LED 测试程序

程序源代码说明见表 7-2。

表 7-2　程序源代码说明

驱动源代码所在目录	/opt/FriendlyARM/mini6410/linux/linux-2.6.38/drivers/char
驱动程序名称	mini6410_leds.c
设备类型	misc
设备名	/dev/leds
测试程序源代码目录	/opt/FriendlyARM/mini6410/linux/examples/leds
测试程序名称	led.c
测试程序可执行文件名称	led
测试程序在开发板中的位置	
说明：LED 驱动已经被编译到默认内核中，因此不能再使用 insmod 方式加载	

程序清单：

```
#include <stdio.h>
#include <stdlib.h>
#include <unistd.h>
#include <sys/ioctl.h>
int main(int argc, char **argv)
{
    int on;
    int led_no;
    int fd;
    /* 检查 led 控制的两个参数，如果没有参数输入则退出。*/
    if (argc != 3 || sscanf(argv[1], "%d", &led_no) != 1 || sscanf(argv[2],"%d", &on) != 1 || on < 0 || on >
1 || led_no < 0 || led_no > 3)
```

```
    { fprintf(stderr, "Usage: leds led_no 0|1\n"); exit(1); }
    /*打开/dev/leds 设备文件/
    fd = open("/dev/leds0", 0);
    if (fd < 0) { fd = open("/dev/leds", 0); }
    if (fd < 0) { perror("open device leds"); exit(1); }
    /*通过系统调用 ioctl 和输入的参数控制 led*/
    ioctl(fd, on, led_no);
    /*关闭设备句柄*/
    close(fd);
    return 0;
}
```

可以按照上面的 hello 程序的步骤编译出 led 可执行文件，然后下载到开发板运行。

7.6.3　测试按键

程序源代码说明见表 7-3。

表 7-3　程序源代码说明

驱动源代码所在目录	/opt/FriendlyARM/mini6410/linux/linux-2.6.38/drivers/char
驱动程序名称	Mini6410_buttons.c
设备类型	misc
设备名	/dev/buttons
测试程序源代码目录	/opt/FriendlyARM/mini6410/linux/examples/buttons
测试程序源代码名称	buttons_test.c
测试程序可执行文件名称	buttons
测试程序在开发板中的位置	
说明：按键驱动已经被编译到默认内核中，因此不能再使用 insmod 方式加载	

程序清单：

```
#include <stdio.h>
#include <stdlib.h>
#include <unistd.h>
#include <sys/ioctl.h>
#include <sys/types.h>
#include <sys/stat.h>
#include <fcntl.h>
#include <sys/select.h>
#include <sys/time.h>
#include <errno.h>
int main(void)
{
    int buttons_fd;
    char buttons[6] = {'0', '0', '0', '0', '0', '0'};
    buttons_fd = open("/dev/buttons", 0);
    if (buttons_fd < 0) { perror("open device buttons");exit(1); }
for (;;)
{
    char current_buttons[6];
    int count_of_changed_key;
```

207

```
        int i;
        if (read(buttons_fd, current_buttons, sizeof current_buttons) != sizeof current_buttons)
        { perror("read buttons:"); exit(1); }
    for (i = 0, count_of_changed_key = 0; i < sizeof buttons / sizeof buttons[0]; i++)
    {
        if (buttons[i] != current_buttons[i])
        {
        buttons[i] = current_buttons[i];
        printf("%skey %d is %s", count_of_changed_key? ", ": "", i+1, buttons[i] == '0' ? "up" : "down");
        count_of_changed_key++;
        }
    }
    if (count_of_changed_key) { printf("\n"); }
    }
    close(buttons_fd);
    return 0;
    }
```

可以按照上面的 hello 程序的步骤编译出 buttons 可执行文件，然后下载到开发板运行。

7.6.4　PWM 控制蜂鸣器编程示例

程序源代码说明见表 7-4。

表 7-4　程序源代码说明

驱动源代码所在目录	/opt/FriendlyARM/mini6410/linux/linux-2.6.38/drivers/char
驱动程序名称	Mini6410_pwm.c
设备类型	misc
设备名	/dev/pwm
测试程序源代码目录	/opt/FriendlyARM/mini6410/linux/examples/pwm
测试程序源代码名称	pwm_test.c
测试程序可执行文件名称	Pwm_test
测试程序在开发板中的位置	
说明：PWM 控制蜂鸣器驱动已经被编译到默认内核中，因此不能再使用 insmod 方式加载	

程序清单：

```
#include <stdio.h>
#include <termios.h>
#include <unistd.h>
#include <stdlib.h>
#define PWM_IOCTL_SET_FREQ    1
#define PWM_IOCTL_STOP    2
#define ESC_KEY        0x1b
static int getch(void)
{
    struct termios oldt,newt;
    int ch;
    if (!isatty(STDIN_FILENO)) {fprintf(stderr, "this problem should be run at a terminal\n"); exit(1); }
    // save terminal setting
    if(tcgetattr(STDIN_FILENO, &oldt) < 0) { perror("save the terminal setting"); exit(1); }
```

```
        // set terminal as need
        newt = oldt;
        newt.c_lflag &= ~( ICANON | ECHO );
        if(tcsetattr(STDIN_FILENO,TCSANOW, &newt) < 0) { perror("set terminal"); exit(1); }
        ch = getchar();
        // restore termial setting
        if(tcsetattr(STDIN_FILENO,TCSANOW,&oldt) < 0) { perror("restore the termial setting"); exit(1); }
        return ch;
}
static int fd = -1;
static void close_buzzer(void);
static void open_buzzer(void)
{
        fd = open("/dev/pwm", 0);
        if (fd < 0) { perror("open pwm_buzzer device"); exit(1); }
        // any function exit call will stop the buzzer atexit(close_buzzer);
}
static void close_buzzer(void)
{ if (fd >= 0) { ioctl(fd, PWM_IOCTL_STOP); close(fd); fd = -1; }
}
static void set_buzzer_freq(int freq)
{
        // this IOCTL command is the key to set frequency
        int ret = ioctl(fd, PWM_IOCTL_SET_FREQ, freq);
        if(ret < 0) { perror("set the frequency of the buzzer"); exit(1); }
}
static void stop_buzzer(void)
{ int ret = ioctl(fd, PWM_IOCTL_STOP);
        if(ret < 0) { perror("stop the buzzer"); exit(1); }
}
int main(int argc, char **argv)
{
        int freq = 1000 ;
        open_buzzer();
        printf( "\nBUZZER TEST ( PWM Control )\n" );
        printf( "Press +/- to increase/reduce the frequency of the BUZZER\n" ) ;
        printf( "Press 'ESC' key to Exit this program\n\n" );
        while( 1 )
        {
            int key;
            set_buzzer_freq(freq);
            printf( "\tFreq = %d\n", freq );
            key = getch();
            switch(key)
            {
                case '+': if( freq < 20000 )
                freq += 10;
                break;
                case '-':
                if( freq > 11 )
                freq -= 10 ;
```

209

```
            break;
        case ESC_KEY:
        case EOF:
            stop_buzzer();
            exit(0);
        default:
            break;
        }
    }
}
```

也可以按照上面的 hello 程序的步骤编译出 buttons 可执行文件，然后下载到开发板运行。

7.6.5 I2C-EEPROM 编程示例

程序源代码说明见表 7-5。

表 7-5 程序源代码说明

驱动源代码所在目录	/opt/FriendlyARM/mini6410/linux/linux-2.6.38/drivers/i2c/busses
驱动程序名称	I2c-s3c2410.c
设备类型	字符设备
设备名	/dev/i2c/0
测试程序源代码目录	/opt/FriendlyARM/mini6410/linux/examples/i2c
测试程序源代码名称	eeprog.c 24cXX.c
测试程序可执行文件名称	i2c
测试程序在开发板中的位置	
说明：IIC 驱动已经被编译到默认内核中，因此不能再使用 insmod 方式加载	

程序清单：（注意：以下程序还需同目录下 24cXX.c 程序的支持。）

```
#include <stdio.h>
#include <fcntl.h>
#include <getopt.h>
#include <unistd.h>
#include <stdlib.h>
#include <errno.h>
#include <string.h>
#include <sys/types.h>
#include <sys/stat.h>
#include "24cXX.h"
#define usage_if(a) do { do_usage_if( a , __LINE__); } while(0);
void do_usage_if(int b, int line)
{
    const static char *eeprog_usage =
    "I2C-24C08(256 bytes) Read/Write Program, ONLY FOR TEST!\n"
    "FriendlyARM Computer Tech. 2009\n";
    if(!b)
    return;
    fprintf(stderr, "%s\n[line %d]\n", eeprog_usage, line);
    exit(1);
}
```

```c
#define die_if(a, msg) do { do_die_if( a , msg, __LINE__); } while(0);
void do_die_if(int b, char* msg, int line)
{
    if(!b)
    return;
    fprintf(stderr, "Error at line %d: %s\n", line, msg);
    fprintf(stderr, " sysmsg: %s\n", strerror(errno));
    exit(1);
}
static int read_from_eeprom(struct eeprom *e, int addr, int size)
{
    int ch, i;
    for(i = 0; i < size; ++i, ++addr)
    {
        die_if((ch = eeprom_read_byte(e, addr)) < 0, "read error");
        if( (i % 16) == 0 )
         printf("\n %.4x| ", addr);
         else if( (i % 8) == 0 )
         printf(" ");
         printf("%.2x ", ch);
         fflush(stdout);
    }
    fprintf(stderr, "\n\n");
    return 0;
}
static int write_to_eeprom(struct eeprom *e, int addr)
{
    int i;
    for(i=0, addr=0; i<256; i++, addr++)
    {
        if( (i % 16) == 0 )
        printf("\n %.4x| ", addr);
        else if( (i % 8) == 0 )
        printf(" ");
        printf("%.2x ", i);
        fflush(stdout);
        die_if(eeprom_write_byte(e, addr, i), "write error");
    }
    fprintf(stderr, "\n\n");
    return 0;
}
int main(int argc, char** argv)
{
    struct eeprom e;
    int op;
    op = 0;
    usage_if(argc != 2 || argv[1][0] != '-' || argv[1][2] != '\0');
    op = argv[1][1];
    fprintf(stderr, "Open /dev/i2c/0 with 8bit mode\n");
    die_if(eeprom_open("/dev/i2c/0", 0x50, EEPROM_TYPE_8BIT_ADDR, &e) < 0,
            "unable to open eeprom device file " "(check that the file exists and that it's readable)");
```

```
        switch(op)
    {
        case 'r':
        fprintf(stderr, " Reading 256 bytes from 0x0\n");
        read_from_eeprom(&e, 0, 256);
        break;
        case 'w':
        fprintf(stderr, " Writing 0x00-0xff into 24C08 \n");
        write_to_eeprom(&e, 0);
        break;
        default:
        usage_if(1);
        exit(1);
    }
        eeprom_close(&e);
        return 0;
}
```

7.6.6　串口编程示例

程序源代码说明见表 7-6。

表 7-6　程序源代码说明

驱动源代码所在目录	/opt/FriendlyARM/mini6410/linux/linux-2.6.38/drivers/serial/
驱动程序名称	S3c6400.c
设备名	/dev/ttySAC0，1，2，4
测试程序源代码目录	/opt/FriendlyARM/mini6410/linux/examples/comtest
测试程序源代码名称	comtest.c
测试程序可执行文件名称	armcomtest
测试程序在开发板中的位置	
说明：测试程序编译后可得到 x86 版本和 arm 版本，其源代码是完全一样的	

程序清单：

```
# include <stdio.h>
# include <stdlib.h>
# include <termio.h>
# include <unistd.h>
# include <fcntl.h>
# include <getopt.h>
# include <time.h>
# include <errno.h>
# include <string.h>

static void Error(const char *Msg)
{    fprintf (stderr, "%s\n", Msg);
     fprintf (stderr, "strerror() is %s\n", strerror(errno));
     exit(1);
}
static void Warning(const char *Msg)
```

```c
{   fprintf (stderr, "Warning: %s\n", Msg);
}
static int SerialSpeed(const char *SpeedString)
{   int SpeedNumber = atoi(SpeedString);
    # define TestSpeed(Speed) if (SpeedNumber == Speed) return B##Speed
    TestSpeed(1200);
    TestSpeed(2400);
    TestSpeed(4800);
    TestSpeed(9600);
    TestSpeed(19200);
    TestSpeed(38400);
    TestSpeed(57600);
    TestSpeed(115200);
    TestSpeed(230400);
    Error("Bad speed");
    return -1;
}
static void PrintUsage(void)
{
    fprintf(stderr, "comtest - interactive program of comm port\n");
    fprintf(stderr, "press [ESC] 3 times to quit\n\n");
    fprintf(stderr, "Usage: comtest [-d device] [-t tty] [-s speed] [-7] [-c] [-x] [-o] [-h]\n");
    fprintf(stderr, "     -7 7 bit\n");
    fprintf(stderr, "     -x hex mode\n");
    fprintf(stderr, "     -o output to stdout too\n");
    fprintf(stderr, "     -c stdout output use color\n");
    fprintf(stderr, "     -h print this help\n");
    exit(-1);
}
static inline void WaitFdWriteable(int Fd)
{
    fd_set WriteSetFD;
    FD_ZERO(&WriteSetFD);
    FD_SET(Fd, &WriteSetFD);
    if (select(Fd + 1, NULL, &WriteSetFD, NULL, NULL) < 0) { Error(strerror(errno)); }
}
int main(int argc, char **argv)
{
    int CommFd, TtyFd;
    struct termios TtyAttr;
    struct termios BackupTtyAttr;
    int DeviceSpeed = B115200;
    int TtySpeed = B115200;
    int ByteBits = CS8;
    const char *DeviceName = "/dev/ttyS0";
    const char *TtyName = "/dev/tty";
    int OutputHex = 0;
    int OutputToStdout = 0;
    int UseColor = 0;
    opterr = 0;
for (;;)
```

```c
{
    int c = getopt(argc, argv, "d:s:t:7xoch");
    if (c == -1)
    break;
    switch(c)
    {
        case 'd':
        DeviceName = optarg;
        break;
        case 't':
        TtyName = optarg;
        break;
        case 's':
        if (optarg[0] == 'd') { DeviceSpeed = SerialSpeed(optarg + 1); }
        else if (optarg[0] == 't') { TtySpeed = SerialSpeed(optarg + 1); }
    else
TtySpeed = DeviceSpeed = SerialSpeed(optarg);
break;
case 'o':
OutputToStdout = 1;
break;
case '7':
ByteBits = CS7;
break;
case 'x':
OutputHex = 1;
break;
    case 'c':
    UseColor = 1;
    break;
    case '?':
    case 'h':
    default:
    PrintUsage();
    }
}

    if (optind != argc)
    PrintUsage();
    CommFd = open(DeviceName, O_RDWR, 0);
    if (CommFd < 0)
    Error("Unable to open device");
    if (fcntl(CommFd, F_SETFL, O_NONBLOCK) < 0)
    Error("Unable set to NONBLOCK mode");
    memset(&TtyAttr, 0, sizeof(struct termios));
    TtyAttr.c_iflag = IGNPAR;
    TtyAttr.c_cflag = DeviceSpeed | HUPCL | ByteBits | CREAD | CLOCAL;
    TtyAttr.c_cc[VMIN] = 1;
    if (tcsetattr(CommFd, TCSANOW, &TtyAttr) < 0)
    Warning("Unable to set comm port");
    TtyFd = open(TtyName, O_RDWR | O_NDELAY, 0);
    if (TtyFd < 0)
```

```
            Error("Unable to open tty");
            TtyAttr.c_cflag = TtySpeed | HUPCL | ByteBits | CREAD | CLOCAL;
            if (tcgetattr(TtyFd, &BackupTtyAttr) < 0)
            Error("Unable to get tty");

    for (;;)
    {
            unsigned char Char = 0; fd_set ReadSetFD;
            void OutputStdChar(FILE *File)
            { char Buffer[10]; int Len = sprintf(Buffer, OutputHex ? "%.2X " : "%c", Char);
            fwrite(Buffer, 1, Len, File); }
            FD_ZERO(&ReadSetFD);
            FD_SET(CommFd, &ReadSetFD);
            FD_SET( TtyFd, &ReadSetFD);
            # define max(x,y) ( ((x) >= (y)) ? (x) : (y) )
            if (select(max(CommFd, TtyFd) + 1, &ReadSetFD, NULL, NULL, NULL) < 0) { Error(strerror(errno));}
            # undef max
            if (FD_ISSET(CommFd, &ReadSetFD))
            { while (read(CommFd, &Char, 1) == 1)
                { WaitFdWriteable(TtyFd);
                if (write(TtyFd, &Char, 1) < 0) { Error(strerror(errno)); }
                if (OutputToStdout) {
                 if (UseColor)
                 fwrite("\x1b[01;34m", 1, 8, stdout);
                 OutputStdChar(stdout);
                 if (UseColor)
                 fwrite("\x1b[00m", 1, 8, stdout);
                 fflush(stdout);
                 }
               }
            }
            if (FD_ISSET(TtyFd, &ReadSetFD))
            {    while (read(TtyFd, &Char, 1) == 1)
               { static int EscKeyCount = 0;
                 WaitFdWriteable(CommFd);
                 if (write(CommFd, &Char, 1) < 0) { Error(strerror(errno)); }
                 if (OutputToStdout) {
                 if (UseColor)
                 fwrite("\x1b[01;31m", 1, 8, stderr);
                 OutputStdChar(stderr);
                 if (UseColor)
                 fwrite("\x1b[00m", 1, 8, stderr);
                 fflush(stderr);
                 }
            if (Char == '\x1b') { EscKeyCount ++; if (EscKeyCount >= 3)goto ExitLabel; }
                 else    EscKeyCount = 0;
                 }
             }
    }
            ExitLabel:
            if (tcsetattr(TtyFd, TCSANOW, &BackupTtyAttr) < 0)
```

```
        Error("Unable to set tty");
        return 0;
}
```

7.6.7   UDP 网络编程

程序源代码说明见表 7-7。

表 7-7   程序源代码说明

驱动源代码所在目录	/opt/FriendlyARM/mini6410/linux/linux-2.6.38/drivers/net/
驱动程序名称	dm9000.c
该驱动的主设备号	无
设备名	eth0 （网络设备并不在/dev 目录中出现）
测试程序源代码目录	/opt/FriendlyARM/mini6410/linux/examples/udptak
测试程序源代码名称	udptalk.c
测试程序可执行文件名称	udptalk.c
说明：测试程序编译后可得到 x86 版本和 arm 版本，其源代码是完全一样的	

1. 程序原理分析

TCP/IP 提供了无连接的传输层协议：UDP（User Datagram Protocol，即用户数据报协议）。
UDP 与 TCP 有很大的区别，无连接的 socket 编程与面向连接的 socket 编程也有很大的差异。
由于不用建立连接，因此每个发送和接收的数据报都包含了发送方和接收方的地址信息。

在发送和接收数据之前，先要建立一个数据报方式的套接字，该 socket 的类型为
SOCK_DGRAM，用如下的调用产生：

```
sockfd=socket(AF_INET, SOCK_DGRAM, 0);
```

由于不需要建立连接，因此产生 socket 后就可以直接发送和接收了。当然，要接收数据报
必须绑定一个端口，否则发送方无法得知要发送到哪个端口。Sendto 和 recvfrom 两个系统调用
分别用于发送和接收数据报，其调用格式为：

```
int sendto(int s, const void *msg, int len, unsigned int flags, const struct sockaddr *to, int tolen);
int recvfrom(int, s, void *buf, int len, unsigned int flags, struct sockaddr *from, int fromlen);
```

其中"s"为所使用的 socket；"msg"和"buf"分别为发送和接收的缓冲区指针；"len"为
缓冲区的长度；"flags"为选项标志，此处还用不到，设为 0 即可。"to"和"from"就是发送
的目的地址和接收的来源地址，包含了 IP 地址和端口信息。"tolen"和"fromlen"分别是"to"
和"from"这两个 socket 地址结构的长度。这两个函数的返回值就是实际发送和接收的字节数，
返回-1 表示出错。

使用无连接方式通信的基本过程如图 7-8 所示。

图 7-8

2. UDP 通信的基本过程

上图描述的是通信双方都绑定自己地址端口的情形，但在某些情况下，也可能有一方不用绑定地址和端口。不绑定的一方的地址和端口由内核分配。由于对方无法预先知道不绑定的一方的端口和 IP 地址（假设主机有多个端口，这些端口分配了不同的 IP 地址），因此只能由不绑定的一方先发出数据报，对方根据收到的数据报中的来源地址就可以确定回送数据报所需要的发送地址。显然，在这种情况下，对方必须绑定地址和端口，并且通信只能由非绑定方发起。

与 read（）和 write（）相似，进程阻塞在 recvfrom（）和 sendto（）中也会发生。但与 TCP 方式不同的是，接收到一个字节数为 0 的数据报是有可能的，应用程序完全可以将 sendto（）中的 msg 设为 NULL，同时将 len 设为 0。

程序清单：

```
/* udptalk: Example for Matrix V ;说明：本程序同样适用于 mini2440 Copyright (C) 2004 capbily-
friendly-arm capbily@hotmail.com    */
#include <sys/types.h>
#include <sys/socket.h>
#include <arpa/inet.h>
#include <stdio.h>
#define BUFLEN 255
int main(int argc, char **argv)
{
    struct sockaddr_in peeraddr, /*存放谈话对方 IP 和端口的 socket 地址*/
    localaddr;/*本端端 socket 地址*/
    int sockfd;
    char recmsg[BUFLEN+1];
    int socklen, n;
    if(argc!=5){
        printf("%s <dest IP address><dest port><source IP address><source port>\n", argv[0]);
        exit(0);
    }
    sockfd = socket(AF_INET, SOCK_DGRAM, 0);
    if(sockfd<0){ printf("socket creating err in udptalk\n"); exit(1); }
    socklen = sizeof(struct sockaddr_in);
    memset(&peeraddr, 0, socklen);
    peeraddr.sin_family=AF_INET;
    peeraddr.sin_port=htons(atoi(argv[2]));
    if(inet_pton(AF_INET, argv[1], &peeraddr.sin_addr)<=0)
        { printf("Wrong dest IP address!\n"); exit(0); }
    memset(&localaddr, 0, socklen);
    localaddr.sin_family=AF_INET;
    if(inet_pton(AF_INET, argv[3], &localaddr.sin_addr)<=0)
        { printf("Wrong source IP address!\n"); exit(0); }
    localaddr.sin_port=htons(atoi(argv[4]));
    if(bind(sockfd, &localaddr, socklen)<0)
        {
    printf("bind local address err in udptalk!\n");exit(2); }
    if(fgets(recmsg, BUFLEN, stdin) == NULL) exit(0);
    if(sendto(sockfd, recmsg, strlen(recmsg), 0, &peeraddr, socklen)<0)
        { printf("sendto err in udptalk!\n"); exit(3); }
```

```
for(;;){
    /*recv&send message loop*/
    n = recvfrom(sockfd, recmsg, BUFLEN, 0, &peeraddr, &socklen);
    if(n<0){ printf("recvfrom err in udptalk!\n"); exit(4); }
        else{ /*成功接收到数据报*/ recmsg[n]=0; printf("peer:%s", recmsg); }
    if(fgets(recmsg, BUFLEN, stdin) == NULL) exit(0);
    if(sendto(sockfd, recmsg, strlen(recmsg), 0, &peeraddr, socklen)<0){ printf("sendto err in
udptalk!\n");
        exit(3);
        }
    }
}
```

3. 测　试

将 udptalk.c 编译好后就可以运行了。/opt/FriendlyARM/mini6410/linux/examples/udptalk 目录下的 Makefile 指定了两个编译目标可执行文件，一个用于在主机端的 x86-udptalk，一个用于开发板的 arm-udptalk，运行 make 命令将这两个程序一起编译出来。可以把 arm-udptalk 用上面介绍的方法下载到开发板中（预装的 Linux 不含该程序）。假设主机的 IP 地址为 192.168.1.108，开发板的 IP 地址为 192.168.1.230。

在主机的终端上输入：

`#./x86-udptalk 192.168.1.230 2000 192.168.1.108 2000`

在开发板上的终端输入：

`#arm-udptalk 192.168.1.108 2000 192.168.1.230 2000`

则运行结果分别如图 7-8、图 7-9 所示。

图 7-8　在主机上运行 x86-udptalk

图 7-9　在开发板上运行 arm-udptalk

7.6.8　数学函数库调用示例

程序源代码说明见表 7-8。

表 7-8　程序源代码说明

测试程序源代码目录	/opt/FriendlyARM/mini6410/linux/examples/math
测试程序源代码名称	mathtest.c
测试程序可执行文件名称	mathtes

程序清单：（注意：使用数学函数的关键是要包含其头文件 math.h，并且在编译的时候加入数学函数库 libm。）

```
#include <stdio.h>
#include <stdlib.h>
#include <math.h>;注意：一定要包含此头文件
int main(void)
{
    double a=8.733243;
    printf("sqrt(%f)=%f\n", a, sqrt(a));
    return 0;
}
Makefile 内容：
CROSS=arm-linux-
all: mathtest
#注意：该处包含了数学函数库 libm,
mathtest:
$(CROSS)gcc -o mathtest main.c -lm
clean:
@rm -vf mathtest *.o *~
```

可以按照上面的 hello 程序的步骤编译出 mathtest 可执行文件，然后下载到开发板运行。

7.6.9 线程编程示例

程序源代码说明见表 7-9。

表 7-9 程序源代码说明

测试程序源代码目录	/opt/FriendlyARM/mini6410/linux/examples/pthread
测试程序源代码名称	pthread_test.c
测试程序可执行文件名称	pthread_test

程序清单：（注意：使用线程的关键是要包含其头文件 pthread.h，并且在编译的时候加入线程库 libpthread。）

```
#include<stddef.h>
#include<stdio.h>
#include<unistd.h>
#include"pthread.h";注意：一定要包含此头文件
void reader_function(void);
void writer_function(void);
char buffer;
int buffer_has_item=0;
pthread_mutex_t mutex;
main()
{
    pthread_t reader;
    pthread_mutex_init(&mutex,NULL);
    pthread_create(&reader,NULL,(void*)&reader_function,NULL);
    writer_function();
}
```

```
void writer_function(void)
{    while(1)
{ pthread_mutex_lock(&mutex);
if(buffer_has_item==0) { buffer='a'; printf("make a new item\n"); buffer_has_item=1; }
pthread_mutex_unlock(&mutex);
}
void reader_function(void)
{    while(1)
    {
    pthread_mutex_lock(&mutex);
    if(buffer_has_item==1) { buffer='\0'; printf("consume item\n"); buffer_has_item=0; }
    pthread_mutex_unlock(&mutex);
    }
}
Makefile 内容
CROSS=arm-linux-
all: pthread
#注意：该处包含了线程库 libphread,
pthread:
$(CROSS)gcc -static -o pthread main.c -lpthread
clean:
@rm -vf pthread *.o *~
```
可以按照上面的 hello 程序的步骤编译出 pthread 可执行文件，然后下载到开发板运行。

7.6.10　管道应用编程示例-网页控制 LED

程序源代码说明见表 7-10。

表 7-10　程序源代码说明

测试程序源代码目录	/opt/FriendlyARM/mini6410/linux/examples/led-player
测试程序源代码名称	led-player.c
测试程序可执行文件名称	led-player

1. 原理说明

开机后可以通过网页发送命令控制开发板上的 LED 闪烁模式,其实这是进程间通信共享资源的一个典型例子，进程间通信就是 IPC（InterProcess Communication），进程间通信的目的一般有：

（1）数据传输。

（2）共享数据。

（3）通知事件。

（4）资源共享。

（5）进程控制。

Linux 支持多种 IPC 机制，信号和管道是其中的两个。关于更详细的进程间通信的介绍，一般 Linux 编程的书上都有介绍，在此不再赘述。

通过网页来控制 LED 的闪烁模式就是通过管道机制来实现的，其中 LED 是共享资源，led-player 是一个后台程序，它启动的时候会创建一个命名管道/tmp/ led-control（当然该管道也可以通过命令 mknod 来创建，那样程序就要改写了，有兴趣的可以自己尝试），并一直监测输入该管道的数据，根据不同的参数（模式 type 和周期 period）来改变 LED 的显示模式。leds.cgi 是一个网关程序，它接收从网页发送过来的字符形式指令（ping 代表跑马灯模式或者乒乓模式，counter 代表计数器模式，stop 代表停止模式，slow 代表周期为 0.25 min，normal 代表周期为 0.125 min，fast 代表周期为 0.062 5 min），并对这些指令进行赋值转换为实际数字，然后调用 echo 命令输送到管道/tmp/ led-control 以此实现对 LED 的控制，以下是各自的程序清单。

  2. 程序清单

```c
#include <stdio.h>
#include <stdlib.h>
#include <unistd.h>
#include <sys/ioctl.h>
#include <sys/types.h>
#include <sys/stat.h>
#include <fcntl.h>
#include <sys/select.h>
#include <sys/time.h>
#include <string.h>
static int led_fd;
static int type = 1;
static void push_leds(void)
{
    static unsigned step;
    unsigned led_bitmap;
    int i;
    switch(type)
    {   case 0:
        if (step >= 6) { step = 0; }
        if (step < 3) { led_bitmap = 1 << step; } else { led_bitmap = 1 << (6 - step); }
           break;
        case 1:
        if (step > 255) { step = 0; }
        led_bitmap = step;
        break;
        default:
       led_bitmap = 0;
    }
step++;
for (i = 0; i < 4; i++) { ioctl(led_fd, led_bitmap & 1, i); led_bitmap >>= 1; }
}
int main(void)
{
    int led_control_pipe;
    int null_writer_fd; // for read endpoint not blocking when control process exit
    double period = 0.5;
    led_fd = open("/dev/leds0", 0);
    if (led_fd < 0) { led_fd = open("/dev/leds", 0); }
    if (led_fd < 0) { perror("open device leds"); exit(1); }
    unlink("/tmp/led-control");
```

```c
        mkfifo("/tmp/led-control", 0666);
        led_control_pipe = open("/tmp/led-control", O_RDONLY | O_NONBLOCK);
        if (led_control_pipe < 0) { perror("open control pipe for read"); exit(1); }
        null_writer_fd = open("/tmp/led-control", O_WRONLY | O_NONBLOCK);
        if (null_writer_fd < 0) { perror("open control pipe for write"); exit(1); }
    for (;;) {
        fd_set rds;
        struct timeval step;
        int ret;
        FD_ZERO(&rds);
        FD_SET(led_control_pipe, &rds);
        step.tv_sec = period;
        step.tv_usec = (period - step.tv_sec) * 1000000L;
        ret = select(led_control_pipe + 1, &rds, NULL, NULL, &step);
        if (ret < 0) { perror("select"); exit(1); }
      if (ret == 0) { push_leds(); }
      else if (FD_ISSET(led_control_pipe, &rds)) {
            static char buffer[200];
        for (;;) {
            char c;
            int len = strlen(buffer);
            if (len >= sizeof buffer - 1) {memset(buffer, 0, sizeof buffer); break; }
            if (read(led_control_pipe, &c, 1) != 1) {break; }
            if (c == '\r') { continue; }
            if (c == '\n') {
            int tmp_type;
            double tmp_period;
            if (sscanf(buffer,"%d%lf", &tmp_type,
            &tmp_period) == 2) { type = tmp_type; period = tmp_period; }
            fprintf(stderr, "type is %d, period is %lf\n", type, period);
            memset(buffer, 0, sizeof buffer);
            break;
                }
                buffer[len] = c;
            }
        }
    }
}
    close(led_fd);
    return 0;
    }
```

　　使用 make 指令可以直接编译出 led-player 可执行文件，它被作为一个服务器放置在开发板的/sbin 目录中。

　　Leds.cgi 网关程序源代码（该程序在开发板上的位置：/www/leds.cgi），可见该网关程序其实就是一个 shell 脚本，它被网页 leds.html 调用为一个执行"action"，该脚本清单如下：

```sh
#!/bin/sh
type=0
period=1
case $QUERY_STRING in *ping*)
type=0
```

```
;;
*counter*)
type=1
*stop*)
type=2
;;
esac
case $QUERY_STRING in *slow*)
period=0.25
;;
*normal*)
period=0.125
;;
*fast*)
period=0.0625
;;
esac
/bin/echo $type $period > /tmp/led-control
echo "Content-type: text/html; charset=gb2312"
echo
/bin/cat led-result.template
exit 0
```

7.6.11　基于 C++的 Hello，World

程序源代码说明见表 7-11。

表 7-11　程序源代码说明

测试程序源代码目录	/opt/FriendlyARM/mini6410/linux/examples/c++
测试程序源代码名称	cplus.c++
测试程序可执行文件名称	cplus

程序清单：

```
#include <iostream>
#include <cstring>
using namespace std;
class String
{
    private:
    char *str;
    public:
    String(char *s)
    { int lenght=strlen(s);
    str = new char[lenght+1];
    strcpy(str, s);
    }
~String()
{
    cout << "Deleting str.\n";
    delete[] str;
```

```
}
void display()
    { cout << str <<endl; }
};
int main(void)
{
    String s1="I like FriendlyARM.";
    cout << "s1=";
    s1.display();
    return 0;
    double num, ans;
    cout << "Enter num:";
}
```

可以按照上面的 hello 程序的步骤编译出 cplus 可执行文件，然后下载到开发板运行。

7.7 嵌入式 Linux 驱动程序示例

上一节介绍了一个简单的 Linux 程序 "Hello，World"，它是运行于用户态的应用程序，现在先从一个运行于内核态的 "Hello，World" 程序开始，介绍驱动程序的编写和使用。

7.7.1 "Hello，Module-" 嵌入式 Linux 驱动程序模块

程序源代码说明见表 7-12。

表 7-12　程序源代码说明

源代码所在目录	/opt/FriendlyARM/mini6410/linux/linux-2.6.38/drivers/char
源代码文件名称	Mini6410_hello_module.c
该驱动的主设备号	无
设备名	无
测试程序源代码目录	无
测试程序名称	无
测试程序可执行文件名称	无
说明：该驱动装载后不会在 dev 下创建任何设备节点	

程序清单：

```
#include <linux/kernel.h>
#include <linux/module.h>
static int __init mini6410_hello_module_init(void)
{
    printk("Hello, Mini6410 module is installed !\n");
    return 0;
}
static void __exit mini6410_hello_module_cleanup(void)
{
    printk("Good-bye, Mini6410 module was removed!\n");
}
```

```
module_init(mini6410_hello_module_init);
module_exit(mini6410_hello_module_cleanup);
MODULE_LICENSE("GPL");
```
（1）把"Hello, Module"加入内核代码树，并编译。

一般编译 2.6 版本的驱动模块需要把驱动代码加入内核代码树，并做相应的配置，步骤如下：（注意：实际上以下步骤均已经做好，只需要打开检查一下直接编译就可以了。）

Step1：编辑配置文件 Kconfig，加入驱动选项，使之在 make menuconfig 的时候出现打开 linux-2.6.38/drivers/char/Kconfig 文件，如图 7-10 所示添加代码。

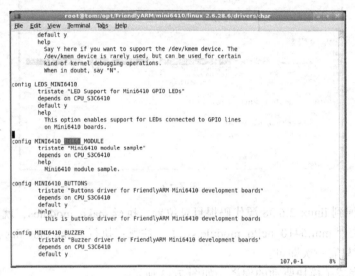

图 7-10

保存退出，这时在 linux-2.6.38 目录位置运行 make menuconfig，就可以在 Device Drivers →Character devices 菜单中看到刚才所添加的选项了。按下空格键将会选择为<M>，意为把该选项编译为模块方式。再按下空格会变为<*>，意为把该选项编译到内核中，在此选择<M>，如图 7-11 所示。如果没有出现，请检查是否已经装载了默认的内核配置文件。

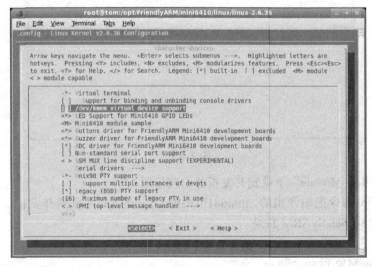

图 7-11

Step2：通过上一步，我们虽然可以在配置内核的时候进行选择，但实际上执行编译内核还是不能把 mini6410_hello_module.c 编译进去。此时还需要在 Makefile 中把内核配置选项和真正的源代码联系起来，打开 linux-2.6.38/drivers/char/Makefile，如图 7-12 所示，添加代码并保存退出。

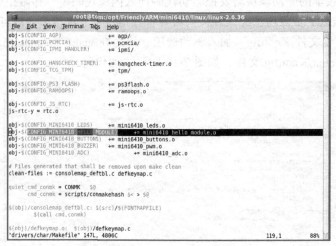

图 7-12

Step3：这时回到 linux-2.6.38 源代码根目录位置，执行 make modules，就可以生成我们所需要的内核模块文件 mini6410_hello_module.ko 了。注意：执行 make modules 之前，必须先执行 make zImage，只需一次即可。

至此，已经完成了模块驱动的编译，如图 7-13 所示。

图 7-13

（2）把"Hello，Module"下载到开发板并安装使用。

在此使用 ftp 命令把编译出的 mini6410_hello_module.ko 下载到开发板，并把它移动到 /lib/modules/2.6.38-FriendlyARM 目录。

现在执行：

```
#modprobe mini6410_hello_module
```

可以看到该模块已经被装载了。(注意：使用 modprobe 命令加载模块不需要加"ko"尾缀。)
再执行以下命令，可以看到该模块被卸载：

```
#rmmod mini6410_hello_module
```

注意：要能够正常卸载模块，必须把模块放入开发板的/lib/modules/2.6.38-FriendlyARM
目录。

另外需要注意的是：因为内核有时会升级更新，如果内核版本已经改变，请依照具体的内
核版本重新建立一个模块存放目录，在此为/lib/modules/2.6.38-FriendlyARM。

整个过程如图 7-14 所示。

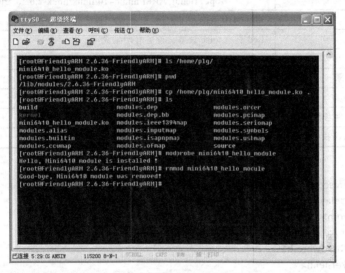

图 7-14

7.7.2　LED 驱动程序

上一小节介绍了最简单的"Hello，Module"驱动程序模块，它只是从串口输出一些信息，
并未对板上的硬件进行操作。在嵌入式 Linux 系统中，大部分硬件都需要类似的驱动才能操作，
比如触摸屏、网卡、音频等。这里介绍的是一些简单典型的例子，实际上复杂的驱动都有参考
代码，不必从头写驱动。从本小节开始，将介绍一些和硬件密切相关的驱动，它们才是真正的
嵌入式 Linux 驱动。

要写实际的驱动，就必须了解相关的硬件资源，比如用到的寄存器、物理地址、中断等。
这里例举的 LED 是一个很简单的例子，开发板上所用到的 4 个 LED 的硬件资源，涉及的硬件
资源如表 7-14 所示。

表 7-14　LED 的硬件资源

LED	对应的 IO 寄存器名称	对应的 CPU 引脚
LED1	GPK4	R23
ED2	GPK5	R22
LED3	GPK6	R24
LED4	GPK7	R25

要操作所用到的 IO 口，就要设置它们所用到的寄存器，需要调用一些现成的函数或者宏。

227

在此用到的是 readl 和 writel，它们将直接对相应的寄存器执行读取和写入的操作。在下面的驱动程序清单中，可以看到它们被调用的情况。除此之外，可能还需要调用一些和设备驱动密切相关的基本函数，如注册设备 misc_register，填写驱动函数结构 file_operations，以及像 "Hello, Module" 中那样的 module_init 和 module_exit 函数等。随着对 Linux 驱动开发的进一步了解，读者会发现有些函数并不是必须的。

更多的程序源代码说明见表 7-15。

表 7-15　程序源代码说明

驱动源代码所在目录	/opt/FriendlyARM/mini6410/linux/linux-2.6.38/drivers/char
驱动程序名称	Mini6410_leds.c
设备号	Led 属于 misc 设备，设备自动生成
设备名	/dev/leds
测试程序源代码目录	/opt/FriendlyARM/mini6410/linux/examples/leds
测试程序名称	led.c
测试程序可执行文件名称	led
说明：LED 驱动已经被编译到默认内核中，因此不能再使用 insmod 方式加载	

程序清单：

```
#include <linux/miscdevice.h>
#include <linux/delay.h>
#include <asm/irq.h>
//#include <mach/regs-gpio.h>
#include <mach/hardware.h>
#include <linux/kernel.h>
#include <linux/module.h>
#include <linux/init.h>
#include <linux/mm.h>
#include <linux/fs.h>
#include <linux/types.h>
#include <linux/delay.h>
#include <linux/moduleparam.h>
#include <linux/slab.h>
#include <linux/errno.h>
#include <linux/ioctl.h>
#include <linux/cdev.h>
#include <linux/string.h>
#include <linux/list.h>
#include <linux/pci.h>
#include <asm/uaccess.h>
#include <asm/atomic.h>
#include <asm/unistd.h>
#include <mach/map.h>
#include <mach/regs-clock.h>
#include <mach/regs-gpio.h>
#include <plat/gpio-cfg.h>
#include <mach/gpio-bank-e.h>
#include <mach/gpio-bank-k.h>
#define DEVICE_NAME "leds"
```

```c
static long sbc2440_leds_ioctl(struct file *filp, unsigned int cmd, unsigned long arg)
{
    switch(cmd)
    {
        unsigned tmp;
        case 0:
        case 1:
        if (arg > 4) { return -EINVAL; }
        tmp = readl(S3C64XX_GPKDAT);
        tmp &= ~(1 << (4 + arg));
        tmp |= ( (!cmd) << (4 + arg) );
        writel(tmp, S3C64XX_GPKDAT);
        //printk (DEVICE_NAME": %d %d\n", arg, cmd);
        return 0;
        default:
        return -EINVAL;
    }
}
static struct file_operations dev_fops = {
    .owner = THIS_MODULE,
    .unlocked_ioctl = sbc2440_leds_ioctl,
    };
static struct miscdevice misc = {
    .minor = MISC_DYNAMIC_MINOR,
    .name = DEVICE_NAME,
    .fops = &dev_fops,
    };
static int __init dev_init(void)
{
    int ret;
    {
        unsigned tmp;
        tmp = readl(S3C64XX_GPKCON);
        tmp = (tmp & ~(0xffffU<<16))|(0x1111U<<16);
        writel(tmp, S3C64XX_GPKCON);
        tmp = readl(S3C64XX_GPKDAT);
        tmp |= (0xF << 4);
        writel(tmp, S3C64XX_GPKDAT);
    }
    ret = misc_register(&misc);
    printk (DEVICE_NAME"\tinitialized\n");
    return ret;
}
static void __exit dev_exit(void)
{
    misc_deregister(&misc); }
    module_init(dev_init);
    module_exit(dev_exit);
    MODULE_LICENSE("GPL");
    MODULE_AUTHOR("FriendlyARM Inc.");
```

7.7.3 按键驱动程序

程序源代码说明见表 7-16。

表 7-16　程序源代码说明

驱动源代码所在目录	/opt/FriendlyARM/mini6410/linux/linux-2.6.38/drivers/char
驱动程序名称	Mini6410_buttons.c
该驱动的主设备号	Misc 设备，设备号将自动生成
设备名	dev/buttons
测试程序源代码目录	/opt/FriendlyARM/mini6410/linux/examples/buttons
测试程序源代码名称	buttons_test.c
测试程序可执行文件名称	buttons
说明：按键驱动已经被编译到默认内核中，因此不能再使用 insmod 方式加载	

开发板所用到的按键资源见表 7-17。

表 7-17　开发板所用到的按键资源

按键	对应的 IO 寄存器名称	对应的中断
K1	GPN0	EINT0
K2	GPN1	EINT1
K3	GPN2	EINT2
K4	GPN3	EINT3
K5	GPN4	EINT4
K6	GPN5	EINT5
K7	GPL11	EINT19
K8	GPL12	EINT20

程序清单：

```
#include <linux/module.h>
#include <linux/kernel.h>
#include <linux/fs.h>
#include <linux/init.h>
#include <linux/delay.h>
#include <linux/poll.h>
#include <linux/irq.h>
#include <asm/irq.h>
#include <asm/io.h>
#include <linux/interrupt.h>
#include <asm/uaccess.h>
#include <mach/hardware.h>
#include <linux/platform_device.h>
#include <linux/cdev.h>
#include <linux/miscdevice.h>
```

```c
#include <mach/map.h>
#include <mach/regs-clock.h>
#include <mach/regs-gpio.h>
#include <plat/gpio-cfg.h>
#include <mach/gpio-bank-n.h>
#include <mach/gpio-bank-l.h>
#define DEVICE_NAME        "buttons"
struct button_irq_desc
{    int irq;
     int number;
     char *name;
};
static struct button_irq_desc button_irqs [] = {
     {IRQ_EINT( 0), 0, "KEY0"},
     {IRQ_EINT( 1), 1, "KEY1"},
     {IRQ_EINT( 2), 2, "KEY2"},
     {IRQ_EINT( 3), 3, "KEY3"},
     {IRQ_EINT( 4), 4, "KEY4"},
     {IRQ_EINT( 5), 5, "KEY5"},
     {IRQ_EINT(19), 6, "KEY6"},
     {IRQ_EINT(20), 7, "KEY7"},
};
static volatile char key_values [] = {'0', '0', '0', '0', '0', '0', '0', '0'};
static DECLARE_WAIT_QUEUE_HEAD(button_waitq);
static volatile int ev_press = 0;
static irqreturn_t buttons_interrupt(int irq, void *dev_id)
{    struct button_irq_desc *button_irqs = (struct button_irq_desc *)dev_id;
     int down;
     int number;
     unsigned tmp;
   udelay(0);
     number = button_irqs->number;
     switch(number) {
         case 0: case 1: case 2: case 3: case 4: case 5:
         tmp = readl(S3C64XX_GPNDAT);
         down = !(tmp & (1<<number));
         break;
         case 6: case 7:
         tmp = readl(S3C64XX_GPLDAT);
         down = !(tmp & (1 << (number + 5)));
         break;
         default:
         down = 0;
     }
if (down != (key_values[number] & 1)) {
     key_values[number] = '0' + down; ev_press = 1;
     wake_up_interruptible(&button_waitq);
     }
     return IRQ_RETVAL(IRQ_HANDLED);
}
static int s3c64xx_buttons_open(struct inode *inode, struct file *file)
```

```c
{    int i;
     int err = 0;
     for (i = 0; i < sizeof(button_irqs)/sizeof(button_irqs[0]); i++) {
         if (button_irqs[i].irq < 0) { continue; }
         err = request_irq(button_irqs[i].irq, buttons_interrupt, IRQ_TYPE_EDGE_BOTH,
         button_irqs[i].name, (void *)&button_irqs[i]);
         if (err)
         break;
         }
if (err) {
     i--;
     for (; i >= 0; i--) {
     if (button_irqs[i].irq < 0) { continue;}
     disable_irq(button_irqs[i].irq);
     free_irq(button_irqs[i].irq, (void *)&button_irqs[i]);
   }
   return -EBUSY;
}
ev_press = 1;
return 0;
}
static int s3c64xx_buttons_close(struct inode *inode, struct file *file)
{    int i;
     for (i = 0; i < sizeof(button_irqs)/sizeof(button_irqs[0]); i++) {
     if (button_irqs[i].irq < 0) { continue; }
     free_irq(button_irqs[i].irq, (void *)&button_irqs[i]);
     }
     return 0;
}
static int s3c64xx_buttons_read(struct file *filp, char __user *buff, size_tcount, loff_t *offp)
{    unsigned long err;
     if (!ev_press) {
     if (filp->f_flags & O_NONBLOCK)
     return -EAGAIN;
     else
     wait_event_interruptible(button_waitq, ev_press);
     }
     ev_press = 0;
    err = copy_to_user((void *)buff, (const void *)(&key_values), min(sizeof(key_values), count));
     return err ? -EFAULT : min(sizeof(key_values), count);
}
static unsigned int s3c64xx_buttons_poll( struct file *file, struct poll_table_struct *wait)
{    unsigned int mask = 0;
     poll_wait(file, &button_waitq, wait);
     if (ev_press)
     mask |= POLLIN | POLLRDNORM;
     return mask;
}

static struct file_operations dev_fops = {
     .owner = THIS_MODULE,
```

```
        .open = s3c64xx_buttons_open,
        .release = s3c64xx_buttons_close,
        .read = s3c64xx_buttons_read,
        .poll = s3c64xx_buttons_poll,
        };
static struct miscdevice misc = {
        .minor = MISC_DYNAMIC_MINOR,
        .name = DEVICE_NAME,
        .fops = &dev_fops,
        };
static int __init dev_init(void)
{    int ret;
        ret = misc_register(&misc); printk (DEVICE_NAME"\tinitialized\n");
        return ret;
}
static void __exit dev_exit(void)
{    misc_deregister(&misc);
}
module_init(dev_init);
module_exit(dev_exit);
MODULE_LICENSE("GPL");
MODULE_AUTHOR("FriendlyARM Inc.");
```

7.8 编译 Qtopia-2.2.0

7.8.1 解压安装源代码

可参考相关章节。

7.8.2 编译和运行 x86 版本的 Qtopia-2.2.0

注意：使用的软件开发和测试全部基于 Fedora9 平台做开发，所有的配置和编译脚本也
基于此平台，没有在其他平台上测试过。如果对 Linux 开发很熟悉，相信读者会根据错误提
示逐步找到原因并解决，它们一般是选用的平台缺少了某些库文件或者工具等原因造成的。
建议初学者使用和本书一致的平台，即 Fedora 9（全称为：Fedora-9-i386-DVD.iso），可以
在其官方网站下载。安装时请务必参考相关手册提供的步骤，以免遗漏一些开发时所需要
的组件。

Linux 的发行版本众多，无法为此一一编写文档解释安装方法，请谅解。

进入工作目录，执行以下命令：

```
#cd /opt/FriendlyARM/mini6410/linux/x86-qtopia
#./build-all //该过程比较长，需要运行大概 30 分钟左右
```

说明：./build-all 将自动编译完整的 Qtopia 和嵌入式浏览器，还可以先后执行./build
和./build-konq 脚本命令分别编译它们。

运行刚刚编译出的 Qtopia 系统十分简单，在刚刚编译完的命令终端下输入如下命令：

```
#./run; //注意，"/"前面有个"."，这表示在当前目录执行
```

这时可以看到如图 7-18 所示界面。

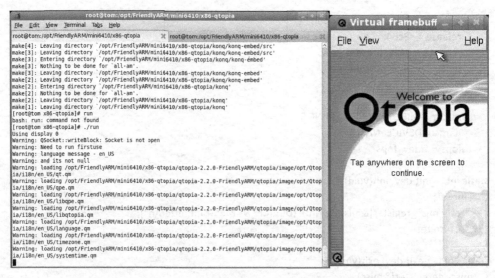

图 7-18

按照提示点击运行就可以看到 Qtopia 系统了，如图 7-19 所示。

图 7-19

7.8.3　编译和运行 arm 版本的 Qtopia-2.2.0

确认所使用的编译器版本为 arm-linux-gcc-4.4.1，运行平台为 Fedora 9，进入工作目录，执行以下命令：

```
#cd /opt/FriendlyARM/mini6410/linux/arm-qtopia
#./build-all (该过程比较长，需要运行大概 30 分钟左右)
#./mktarget (制作适用于根文件系统的目标板二进制映像文件包，将生成 target-qtopia-konq.tgz)
```

说明：./build-all 将自动编译完整的 Qtopia 和嵌入式浏览器，编译生成的系统支持 Jpeg、GIF、PNG 等格式的图片，还可以先后执行./build 和./build-konq 脚本命令分别编译它们。

删除开发板中原有的 Qtopia 系统，只要把/opt 目录下的所有文件都删除就可以了。然后把刚刚生成的 target-qtopia-konq.tgz 通过优盘或者其他方式解压到开发板的根目录。假定已经通过

ftp 把它传到了/home/plg 目录下，然后在开发板命令终端执行：

```
#tar xvzf /home/plg/target-qtopia-konq.tgz –C /
```

其中"C"是 Change 的意思，"C"后面的"/"代表要解压到根目录下。执行完毕，重启开发板，就可以看到所有的界面都已经变为英文的，并且"FriendlyARM"标签下只有一个浏览器程序，这就是编译得到的整个 Qtopia 系统，如图 7-20 所示。

注意：新系统可能会使用预装系统的触摸屏校正参数/etc/pointercal，也可以在删除旧系统时一并删除它，这样开机后就会进入校正界面，如图 7-21 所示。

图 7-20

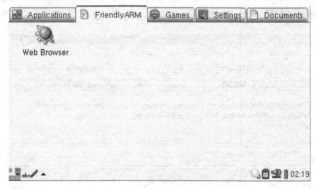

图 7-21

上面的过程看似很简单，其实所有的秘密都在 build-all 脚本中，网上也有很多关于移植的文章，但本质的步骤都在脚本中有所记录。读者可以使用记事本工具打开脚本自行查看。

7.9 编译与安装 arm 版本的 QtE-4.8.5

和 Qtopia-2.2.0 十分类似，QtE-4.8.5 的编译也有现成的脚本 build.sh，进入源代码目录执行：

```
#cd /opt/FriendlyARM/mini6410/linux/arm-qte-4.8.5
#./build.sh
```

这个过程将十分漫长，根据机器配置不同，会有不同的编译时间，请耐心等待。执行完毕，运行 mktarget 脚本，将会从编译好的目标文件目录中，提取出必要的 QtE-4.8.5 库文件和可执行二进制示例，并打包为 target-qte-4.8.5-to-devboard.tgz 和 target-qte-4.8.5-to-hostpc.tgz。

读者也可以直接使用光盘上编译好的二进制包，在 Linux 目录下，名称为 target-qte-4.8.5-

to-devboard.tgz 和 target-qte-4.8.5-to-hostpc.tgz。

其中 target-qte-4.8.5-to-devboard.tgz 是用于部署在开发板上的版本，为了节省空间该版本删除了开发工具只保留运行程序所需的库文件。target-qte-4.8.5-to-hostpc.tgz 则适用于安装在 PC 上，带有 qmake 等 Qt 工具以及编译所需的头文件等，可用于配置 Qt Creator 开发工具。

开发板在出厂时已预装了 QtE-.4.8.5，重新安装 QtE-4.8.5 到开发板的方法如下。

（1）把 target-qte-4.8.5-to-devboard.tgz 在开发板的根目录下解压，假设压缩包放在 SD 卡根目录，则用如下命令即可：

```
# rm-rf /usr/local/Trolltech/QtEmbedded-4.8.5-arm
# tar xvzf /sdcard/target-qte-4.8.5-to-devboard.tgz-C /
```

（2）安装 QtE-4.8.5 到 PC 上的方法如下：

把 target-qte-4.8.5-to-hostpc.tgz 在 PC 的根目录下解压，命令如下：

```
# tar xvzf target-qte-4.8.5-to-hostpc.tgz-C /
```

QtE-4.8.5 会安装到目录 /usr/local/Trolltech/QtEmbedded-4.8.5-arm/ 下，它里面包含了运行所需要的所有库文件和可执行程序。

7.10 在 Qtopia-2.2.0 环境下测试 Qt 程序

要运行 QtE-4.8.5 的示例程序，需要先停止正在运行的 Qtopia-2.2.0，点击"设置"中的"关机"，出现如图 7-22 所示界面，点击"Terminate Server"即可关闭 Qtopia-2.2.0 系统。

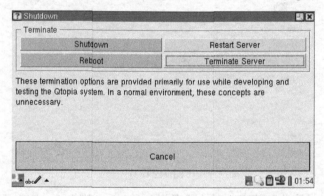

图 7-22

关闭 qtopia-2.2.0 之后，在命令行输入"qt4"命令，即可启动刚刚解压安装的 QtE-4.8.5 了，如图 7-23 所示。

图 7-23

236

如果想运行自己编写的 Qt4 程序，需要先设置相关的环境变量，可以使用 /bin/setqt4env 这个脚本设置，参考/bin/qt4 脚本的例子。

7.11 开机自动运行 Qt4 程序

开机运行一个 QtE-4.8.5 开发的程序，并禁用 Qtopia2.2.0，步骤如下：

（1）编辑启动脚本/etc/init.d/rcS，将 qtopia 启动项删除，然后添加一行/bin/qt4&到末尾。

（2）再编辑/bin/qt4 这个脚本，将最后两行：

cd /usr/local/Trolltech/QtEmbedded-4.8.5-arm/demos/embedded/fluidlauncher

./fluidlauncher -qws

改成自己的程序，例如程序放在/opt/目录下，名为 helloworld，则改成：

cd /opt./helloworld -qws

重新启动系统即可。

7.12 Qt4 程序的屏幕旋转

如果需要旋转 Qt4 程序的屏幕显示，比如由横屏改为竖屏，可编辑开发板上的 /bin/setqt4env 脚本，将以下的一行内容：

export QWS_DISPLAY=：1

改为：

export QWS_DISPLAY=Transformed：Rot90：1

然后重新启动 Qt4 程序即可，上面的定义是旋转 90 度，也可以选择旋转 180 度和 270 度，默认值 export QWS_DISPLAY=：1 表示不旋转。

7.13 在 Python 中访问和操作硬件

本开发板已在 Linux 系统中安装了 Python2.7.2 版本，并在/opt/python 目录下提供了一个可直接运行的测试程序 /opt/python/pwm.py。

Python 的优点是功能强大，无需编译，集成了系统级的 API，访问硬件也没有压力，例如 ioctl，下面的代码演示操作蜂鸣器，直接在开发板上编写代码运行即可，无需编译，对调试驱动等应该很有帮助，配合 python webserver，实现远程硬件控制相信也是可行的。

7.13.1 用 python 控制蜂鸣器

用 vi 将下面的内容保存成文件，命名为 pwm.py：

```
#!/usr/bin/python
mport fcntl
fd = open('/dev/pwm', 'r')
fcntl.ioctl(fd, 1, 100)
```

用 chmod 755 ./pwm.py 使之有可执行权限，然后在命令行上输入./pwm.py，应该能听到蜂鸣器响了，该程序在出厂时已预置在/opt/python 目录，可直接运行。

要停止蜂鸣器，将程序中 "fcntl.ioctl（fd，1，100）" 改为 "fcntl.ioctl（fd，0，100）"，再运行即可。

237

7.13.2 用 python 中调用 c/c++

先将光盘 A/Linux 目录下的 python-friendlyarm.tgz 在 PC Linux 系统上解压一份，命令如下：

```
cd /opt/
mkdir python-arm
cd python-arm
tar xvzf ~/python-friendlyarm.tgz
```

然后写一个 c++文件 api.cpp：

```
#include <Python.h>
class MyClass {
public:
    int add(int x,int y) { return x+y; }
};
extern "C" int add(int x,int y)
{
    MyClass obj;
    return obj.add(x,y);
}
```

将上面的程序编译成动态库：

```
arm-linux-g++  -fPIC  api.cpp  -o  api.so  -shared  -I/opt/python-arm/include/python2.7
-I/opt/python-arm/lib/python2.7/config
```

将编译生成的 api.so 复制到 SD 卡上，在 python 脚本中就可以调用它了：

```
#!/usr/bin/python
import ctypes
plib = ctypes.CDLL('/sdcard/api.so')
print "result: %d" %(plib.add(1,2))
```

7.14 在 PC 上通过 ssh 远程访问开发板

本开发板在 Linux 系统中集成了 ssh，可以在 PC 上通过网络进入开发板上的字符终端进行操作，方法如下：

（1）在开发板上连接以太网线开机（或者连接 USB WiFi），然后在串口终端上用 ifconfig 命令查看一下开发板的 IP 地址，如果没有连接串口终端，也可以在 LCD 上进入网络设置应用，设置一个 IP 地址，例如 192.168.1.230。

（2）回到 PC，在 PC Linux 命令行下，假设开发板的 IP 地址是 192.168.1.230，则输入命令"ssh root@192.168.1.230"，然后输入密码"fa"即可进入开发板的字符终端，如果 PC 是 Windows 系统，可使用 putty 软件来登录。

开发板的 root 默认的密码是 fa，可通过 passwd root 命令更改密码。

7.15 Qt 版本的选择

对于开发板平台而言，需要一套完整的桌面系统（Qtopia 就是手持设备的桌面系统），以便适合于在各种分辨率的 LCD 上都可以有不错的显示效果，用于展示开发板的各项功能。因此基于 Qtopia-2.2.0 开发了一些小程序，并实现了和 Qtopia4、QtE-4.8.5 等的共存和自由切换。

这些实现实质上并没有采用很新的技术，它们都是比较基本的 Linux C 或 C++编程，图形界面只不过是个外壳，但这已经达到需求。

如果应用不需要整套的桌面系统，只是单独的应用程序，推荐使用 QtE-4.7 或更高版本，因为它们的跨平台开发性更好，更容易掌握和移植。需要说明的是，单独的 QtE-4.7 应用程序占用的空间并不是很大。

7.16 开源的 Qt4 视频播放器（支持电视同步输出）

本示例使用 Qt4 来编写用户界面，然后通过调用 mplayer 来进行视频播放。除了简单的视频播放和控制外，视频播放器还支持电视输出功能，实用性很强。读者可以参考这个示例，开发产品所需的视频播放器等。视频播放器所支持的视频格式与 SMPlayer 相同，一般的视频要进行视频转换后方可播放（注：为了方便测试，在开发板的/usr/local/ads 目录下我们放了一些视频，可供进行播放测试）。

关于播放器的编程说明文档已经集成到"基于 MPlayer 的多媒体应用开发指南.pdf"手册中，可在光盘中找到。

开发文档位于：光盘 A\开发文档和教程\专题 06 基于 MPlayer 的多媒体应用开发指南。

源代码位于:光盘 A\开发文档和教程\专题 06 基于 MPlayer 的多媒体应用开发指南\源代码。

要启动视频播放器程序，只要在"友善之臂"程序组中，找到 MyPlayer 的图标点击即可，如图 7-24 所示。

图 7-24

运行效果如图 7-25 所示。

图 7-25

以下是同步输出到电视的效果图 7-26 所示。

图 7-26

7.17 开源的"广告机"示例程序

与上一章节的播放器一样，本示例也是使用 Qt4 来编写用户界面，然后通过调用 mplayer 来进行广告的播放，除了简单的视频播放和控制外，示例程序中还将演示如何使用 overlay 技术（多 framebuffer）来实现 logo 或者字幕在视频上的叠加显示，实用性很强，读者可以参考这两个示例，开发产品所需的广告机程序或者专用的视频播放器等。

关于广告机和播放器的编程说明文档已经集成到"基于 MPlayer 的多媒体应用开发指南.pdf"手册中，可在光盘的以下位置找到：

开发文档位于光盘 A\开发文档和教程\专题 06 基于 MPlayer 的多媒体应用开发指南。

源代码位于光盘 A\开发文档和教程\专题 06 基于 MPlayer 的多媒体应用开发指南\源代码。

要启动广告机程序，只要在"友善之臂"程序组中，找到 AdsDemo 的图标点击即可，如图 7-27 所示。

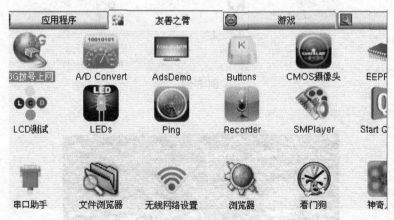

图 7-27

要退出广告机程序，点击视频窗口即可（注：广告机示例所播放的视频存放在/usr/local/ads 目录下）。

第 8 章 Tiny6410 下 WindowsCE 6.0 系统移植与开发

本章中使用的光盘文件，来自 http://www.arm9.net/提供的基于 Tiny6410 或 mini6410 核心板与开发板 FriendlyARM-Tiny6410-DVD-A、FriendlyARM-Tiny6410-DVD-B 的相关资料。请读者自行下载安装。

8.1 配置和编译 WindowsCE 6.0 内核及 Bootloader

因为 WindowsCE 6.0 的内核配置比较复杂，很容易因配置不对而导致无法编译通过，众所周知 WindowsCE 平台的编译是十分耗时的，因此制作了内核工程示例，以便参考。读者按照下面的步骤直接打开编译就可以了，光盘中 images\WindowsCE6 目录中有相应的编译好的内核映像文件。

8.2 编译缺省内核示例工程

启动 VS2005 来编译刚刚安装的 mini6410 BSP，第一次启动 VS2005 时有些事项要注意，步骤如下：

Step1：点击"开始"→"程序"→"Microsoft Visual Studio 2005"→"Microsoft Visual Studio →2005"（下称 VS2005），如图 8-1 所示。

Step2：这时会出现如图 8-2 所示提示窗口，请先不要点击"Continue"，在这里微软建议采用管理员身份运行该程序，因此点击"Exit Visual Studio"退出。

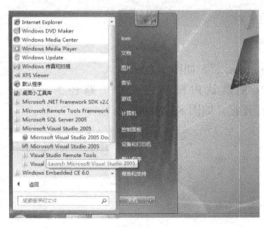

图 8-1

图 8-2

Step3：我们先将 VS2005 设置为管理员执行权限，点击"开始"→"程序"→"VS2005"→"VS2005"，然后右键出现如图 8-3 所示菜单，点击"属性"。

Step4：出现如图 8-4 所示窗口，点击"兼容性"选项卡，并作如图勾选，点击"确定"返回。

图 8-3   图 8-4

Step5：这时再点击"开始"→"程序"→"VS2005"→"VS2005"，又会出现刚才的提示窗口，如图 8-5 所示，点击"Contonue"继续，此时将以管理员身份运行 VS2005。

Step6：出现图 8-6 所示界面，这是 VS2005 的工作界面，在此就不再对该界面赘述了，请读者参考常用的 VS2005 资料即可。

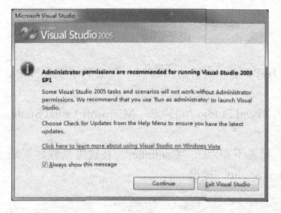

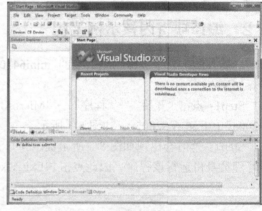

图 8-5   图 8-6

Step7：点击"File"→"Open"→"Project/Solution…"，如图 8-7 所示。

Step8：出现文件选择窗口，找到 mini6410 的默认内核项目文件（路径为：C：\WINCE600\OSDesigns\Mini6410），点击"Open"打开它，如图 8-8 所示。

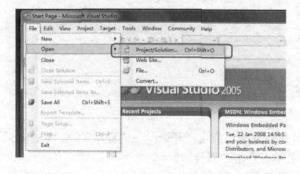

图 8-7   图 8-8

Step9：稍等片刻，mini6410 的默认内核项目被载入工作区，出现如图 8-9 所示界面。

Step10：点击"Build"→"Advanced Build Commands"→"Clean Sysgen"点开始编译内核，如图 8-10 所示，此过程较长，请耐心等待。

图 8-9

图 8-10

Step11：编译完毕，结果如图 8-11 所示，此时会生成内核映像文件 NK.bin 和 NK.nb0，路径为：C：\WINCE600\OSDesigns\Mini6410\Mini6410\RelDir\Mini6410_ARMV4I_Release。

图 8-11

8.3 在 BSP 中修改 LCD 类型及串口输出功能

BSP 目前支持以下型号的液晶屏（最新支持列表请自行查看 BSP 中的配置列表）。

（1）NEC 4.3″LCD 带触摸。

（2）统宝 3.5″LCD 带触摸。

（3）群创 7″LCD 带触摸。

（4）Sharp 8″LCD（或兼容）带触摸。

（5）LCD2VGA 转接模块：分别有 1024×768，800×600，640×480 三种分辨率。

（6）EZVGA：一种简易的 VGA 转接板，支持 800×600（或以内）分辨率输出。

通过修改\SMDK6410\SRC\INC\options.h 头文件中 LCD_TYPE 的定义，可以选择相应的 LCD 类型：

```
#define LCD_N43 //默认适用于 NEC4.3" LCD
//#define LCD_T35
//#define LCD_L80
//#define LCD_A70
//#define LCD_VGA1024768
//#define LCD_VGA800600
//#define LCD_VGA640480
//#define LCD_EZVGA
```

在 options.h 文件中，用户也可以修改串口的输出功能，作为普通串口功能或者调试输出（仅限于串口 1），定义如下：

```
// --- by customer
#define KITL_NONE//默认设置
//#define KITL_SERIAL_UART0
//#define KITL_SERIAL_UART1
```

这里默认的定义是作为普通串口功能（目前 COM1 作为普通串口尚有问题），如果要把串口 1 作为调试信息输出使用，则应该定义为：

```
//#define KITL_NONE
#define KITL_SERIAL_UART0
//#define KITL_SERIAL_UART1
```

8.4 在 BSP 中配置使用一线精准触摸屏

为了达到更好的触摸效果，特意设计了一线精准触摸电路，并集成到 LCD 的驱动板上，它采用专业的触摸屏控制芯片 ADS7843（或兼容），配合一个单片机，构成一个独立的四线电阻触摸屏采集电路，可以实现更好的数据采集，去抖处理，最后通过一个普通的 GPIO 口把处理过的数据发送出去。在开发板上与之相连的是 PWM1 口，实际上只使用了它的 GPIO 功能，也就是 GPF15。

一线精准触摸的驱动程序已经被做成 dll 文件（文件名为 touch_1wire.dll）放在 BSP 中，但还需要在编译之前修改相关的设置，才可以让编译出的 WinCE 内核支持一线精准触摸，可以按照下面的步骤修改 BSP 中的相关设置。

打开"C：\WINCE600\PLATFORM\SMDK6410\SMDK6410.bat"，找到如下定义项，大概在第 15 行：

```
set BSP_NOTOUCH=
set BSP_NOTOUCH_ADC=1
set BSP_NOTOUCHCOM=1
set BSP_NOTOUCH_1WIRE=
```

当定义项设置为空时，表示系统将支持该定义项；当设置为"1"时，表示编译出的系统将不支持此项，因此，如果打算使用 ARM 本身自带的触摸屏控制，可以这样定义：

```
set BSP_NOTOUCH=
set BSP_NOTOUCH_ADC=
set BSP_NOTOUCHCOM=1
set BSP_NOTOUCH_1WIRE=1
```

如果打算使用串口触摸屏控制，则需要这样定义：

```
set BSP_NOTOUCH=
set BSP_NOTOUCH_ADC=1
```

```
set BSP_NOTOUCHCOM=
set BSP_NOTOUCH_1WIRE=1
```
在此默认为支持一线精准触摸。

为了和不支持一线精准的 WinCE 系统内核文件区分开来，我们为其加上"-i"尾缀，如光盘中的 NK_A70-i.bin 等，也可以自己编译出支持串口触摸屏控制器的内核文件，以"-s"结尾作为区分。

为了测试触摸效果，可以使用系统中自带的"画笔"软件（在桌面上就可以找到），文件名为"Painter"，测试效果如图 8-12 所示，可以看到书写十分平滑，没有抖动。

图 8-12

8.5 关于 BootLoader

在 Mini2440 系统中，WindowsCE5/6 所用的 Bootloader 为 Nboot，它是用 ADS 软件来编译的；而在 Mini6410 中，依然把 Bootloader 命名为 Nboot，但它的源代码是和 BSP 放在一起的，需要通过 VS2005 来编译。

Nboot 源代码位置：C：\WINCE600\PLATFORM\SMDK6410\SRC\BOOTLOADER，该目录下包含了两个 Nboot。

（1）nbootRAM128：适用于内存为 128M 的开发板平台。

（2）nbootRAM256：适用于内存为 256M 的开发板平台。

这 2 个 Nboot 将会一起编译出来。

在功能上来讲，Mini6410 所用的 Nboot 和 Mini2440 很相似，它们都是一个十分简单的 bootloader，其大小不超过 8k（Mini2440 的 Nboot 不超过 4k），一般被烧写到 Nand Flash 的 Block 0 位置用来启动 WinCE 内核。Nboot 原由三星公司提供，之后做了很多改进，目前有如下特色功能。

（1）支持开机画面快速显示。

（2）支持加载 WinCE 内核的动态进度条。

（3）快速启动 WinCE。

需要注意的是，Nboot 并不具备烧写功能，它只能读取已经烧写处理好的文件：开机画面（BootLogo）和 WinCE 内核。

Nboot 具有很方便的定制性，可以通过头文件定义修改开机画面的显示位置、背景，以及进度条的颜色、位置、长宽等，这些定义位于 options.h 文件中，该头文件是和 BSP 共用的，它位于 SMDK6410\SRC\INC 文件夹中。

在上面的步骤中，我们已经编译好了 Nboot，可用的目标文件为：Nboot.nb0，它的格式和 ADS 编译出的 bin 格式是一样的，因此需要把它烧写到开发板中。该文件位于：C：\WINCE600\OSDesigns\mini6410\mini6410\RelDir\Samsung_SMDK6410_Release 目录中。

编译一次 WinCE 内核所花的时间是很久的，可以单独编译 Nboot，在如图 8-13 所示的浏览栏中，找到 Nboot 的源代码目录，右键点击"Build"即可单独编译了。

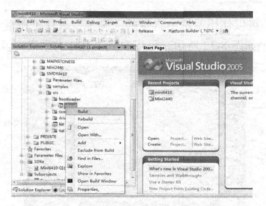

图 8-13

可以把生成的 Nboot.nb0 通过 USB 下载或者 SD 卡把它烧写到 Nand Flash 中使用，详见相关章节的步骤。

8.6 创建 SDK

当开发主机只安装了 VS2005，但没有安装 WindowsCE 6.0 的 PlatformBuilder 插件时，开发人员如果想通过 VS2005 开发 min64140 的应用程序，就需要一个 SDK，它类似于 Embedded Visual C++所需的 SDK。

编译完默认内核，可以通过 VS2005 平台创建相应的 SDK。注意，这里的 SDK 仅适用于 VS2005 开发环境，它不能安装到 EVC，也不能安装到 VS2008，下面是创建 SDK 的详细步骤。

Step1：运行 VS2005 并打开已经编译过的默认内核示例工程 mini6410，找到如图 8-14 所示的位置，用右键点击"Mini6410-CE6-SDK"出现菜单，点击"Build"开始创建 SDK。

Step2：稍等片刻，SDK 创建完毕，如图 8-15 所示。

图 8-14

图 8-15

Step3：在 C：\WINCE600\OSDesigns\mini6410\mini6410\SDKs\mini6410sdk 目录下，可以看到已经生成 Mini6410-CE6-SDK.msi 安装文件，如图 8-16 所示。

图 8-16

8.7 安装 SDK

提示：如果不想自己制作生成 SDK，光盘中已经包含了现成的 SDK 安装程序：WindowsCE6\Mini6410-SDK.msi。

用 VS2005 为 mini6410 开发应用程序，需要先安装刚才生产的 SDK，步骤如下。

Step1：双击运行 Mini6410-SDK.msi，出现如图 8-17 所示界面，点击"Next"继续。

Step2：如图 8-18 所示，选择"I accept"，点击"Next"继续。

图 8-17

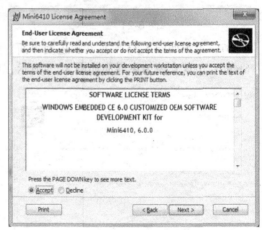

图 8-18

Step3：出现如图 8-19 所示界面，输入用户名和公司名，点击"Next"继续。

Step4：出现如图 8-20 所示界面，点击"Complete"继续。

图 8-19   图 8-20

Step5：出现如图 8-21 所示界面，点击 "Next" 继续。

Step6：出现如图 8-22 所示界面，点击 "Install" 继续。

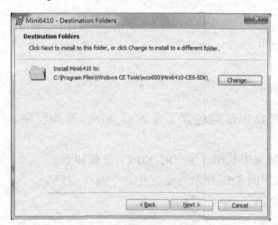

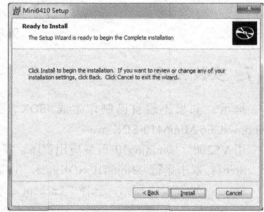

图 8-21   图 8-22

Step7：出现如图 8-23 所示安装进度界面，稍等片刻。

Step8：出现安装结束界面如图 8-24 所示，点击 "Finish" 结束。

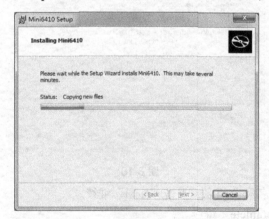

图 8-23   图 8-24

至此，SDK 已经安装完毕。

8.8　体验 WindowsCE6

WindowsCE6 的烧写文件位于光盘\images\WindowsCE6 目录中。

按照"刷机指南"中的方法和步骤下载烧写所需要的系统(此示例中烧写的是 NK_T43-i.bin，它适用于采用一线精准触摸的 4.3″LCD)，安装完毕，把开发板的 S2 开关设置为 Nand Flash 启动系统，系统启动时的画面如图 8-25 所示（请以实物为准）。

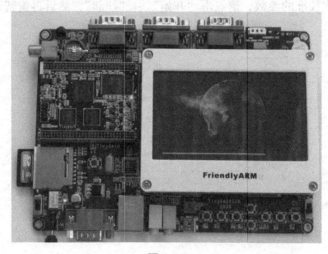

图 8-25

8.8.1　触摸屏校正

默认安装的 wince 系统的触摸屏校正参数一般适用于 NEC 4.3″LCD，但因为每个触摸屏的物理特性不同，有时可能不太准确，特别是不同尺寸的时候，这时就需要重新校正，步骤如下。

接上 USB 鼠标，点击"开始"→"设置"→"控制面板"，找到"笔针"图标，双击打开"笔针属性"窗口，如图 8-26 所示，点击"校准"选项卡的"再校准"按钮，开始重新校正。

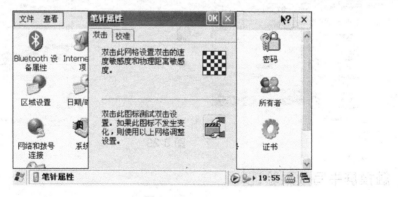

图 8-26

根据系统提示，使用五点校正法用触摸笔开始校正，校正完毕，将会跳出如图 8-27 所示窗口，这时随便点一个位置即可返回"笔针属性"窗口，点击"OK"保存退出。

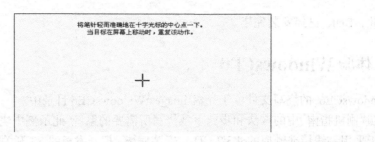

图 8-27

如果想保存本次校准的参数，请点击"开始"→"挂起"，然后再重新开机就可以了（见图 8-28）。

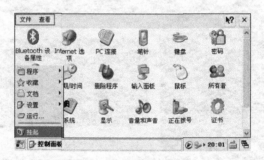

图 8-28

8.8.2 屏幕旋转

打开桌面的"友善之臂"程序组，如图 8-29 所示，并找到"Rotate"，双击运行启动程序，然后就可以通过点击界面上的 Rotate 按钮来进行屏幕旋转。

图 8-29

8.8.3 触摸屏书写效果验证

默认安装的 WinCE 系统，桌面上有个画笔（Painter）程序，如图 8-30 所示，可以使用它来测试触摸屏的准确性。因为采用了一线精准触摸，可以看到书写的效果是很准确的，没有毛刺，也不会抖动。

图 8-30

8.8.4 查看系统信息

点击"开始"→"设置"→"控制面板"→"系统",可以打开查看系统信息,如图 8-31 所示。也可以在桌面右键点击"我的设备"→"属性"(触摸笔常按不放,可实现右键效果)。

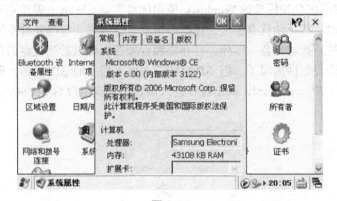

图 8-31

8.8.5 设置实时时钟并保存

点击任务栏右下角的时间,出现时间设置窗口,如图 8-32 所示,根据提示进行设置就可以了,设置完毕,点击"OK"退出,设置时间不需要点击"挂起"保存。

图 8-32

8.8.6　用户存储空间

打开"我的设备"可以看到一个名为"NandFlash"的磁盘驱动器，可以把要保存的数据放在里面，该目录里面的内容掉电不会丢失，如图 8-33 所示。

图 8-33

8.8.7　使用优盘和 SD 卡

在 WinCE 中使用优盘和标准的 Windows 使用优盘类似，WinCE 系统启动以后，把优盘插入 USB Host 接口时，板子给优盘供电，优盘的指示灯会闪烁，等待几秒系统就自动加载优盘了。这时双击桌面的"我的设备"图标，打开资源管理器，可以看到优盘的盘符：硬盘，双击硬盘即可进入优盘进行数据读写了。把 SD/MMC 卡插入板上的 SD 插槽，资源管理器中可以看到 SD 卡的盘符：Storage Card，双击打开进入该目录，就可以对 SD/MMC 卡进行读写了，如图 8-34 所示。

图 8-34

8.8.8　播放 mp3

使用 WinCE 自带的 MediaPlayer 播放器可以播放 mp3，如图 8-35 所示。

图 8-35

252

8.8.9 测试 LED

打开桌面的"友善之臂"程序组，并找到"LED-Test"，双击运行它，会出现如图 8-36 所示界面，可以通过点击界面上的按钮来控制板上 4 个 LED 的亮灭。

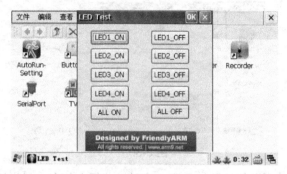

图 8-36

8.8.10 测试按键

打开桌面的"友善之臂"程序组，并找到"Buttons"，双击运行它，出现如图 8-37 所示界面，此时按下开发板上的按键，可以看到程序界面上相应的图标变为蓝色。

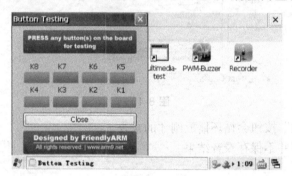

图 8-37

8.8.11 测试 PWM 控制蜂鸣器

打开桌面的"友善之臂"程序组，并找到"PWM-Buzzer"双击运行它，出现如图 8-38 所示界面，点击"Start"按钮可以测试蜂鸣器，点击"Stop"可以停止蜂鸣器发出声音。

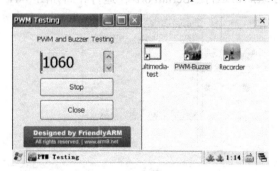

图 8-38

8.8.12 录音测试

打开桌面的"友善之臂"程序组，并找到"PWM-Buzzer"，双击运行它，出现如图 8-39 所示界面。

图 8-39

根据提示，点击"录音"按钮开始录音，这时对着板上的麦克风说话，程序开始录音，点击"停止"按钮结束录音，如图 8-40 所示。

图 8-40

此时可以点"播放"按钮会循环播放刚才的录音。

说明：该录音程序并不保存录音结果。

8.8.13 串口助手

本开发板提供的 BSP 包含三个串口的标准驱动，分别是 COM2、3、4，而 COM1 的普通串口功能驱动尚不可用，要测试这三个串口，需要使用交叉串口线连接开发板上 COM1、2、3 的三个 DB9 插座。

在"友善之臂"程序组点击运行"SerialPort"，运行界面如图 8-41 所示。

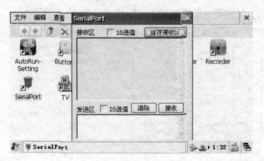

图 8-41

254

点击"设置"按钮，打开设置窗口，设置串口号为"COM2"，波特率为"115200"，其他设置如图所示，点"确定"返回主窗口。

同时，连接扩展板的 COM2 到 PC 端，并在 PC 端把相应的串口作相同的设置。在主窗口中点击"打开端口"按钮，此时该按钮会变为"关闭端口"，在"发送区"输入一些字符，点击"发送"按钮，如图 8-42 左下图所示，这时会在 PC 端的串口终端接收到从开发板发送来的字符，如图 8-42 右下图所示。

然后，在串口调试助手的主窗口点击"接收"按钮（该按钮会将变为"不接收"），在 PC 端的串口终端输入一些字符（通过超级终端是无法看到的），在输入的同时，会看到输入的字符在开发板串口调试助手的接收区显示，如图 8-43 所示。

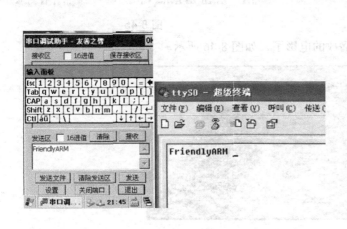

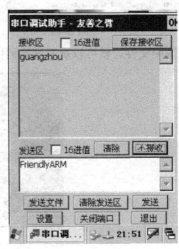

图 8-42   图 8-43

还可以使用同样的方法测试 COM3、COM4，在此就不做详细说明了。

8.8.14　硬解码播放器

大部分 6410 开发板演示多媒体公司播放采用的是"钢铁侠""史瑞克""刺客联盟"之类影片，并且没有声音输出，因为片源是三星公司提供的测试程序，采用的是特殊格式的高清片，仅仅用于测试视频解码，无法直接正常播放。在 6410 平台上实现了更为强大通用的硬解码播放器，它可以支持 720×480 30 fps 或 720×576 25 fps 硬解码播放 Mpeg4、H264、H263 等视频，效果非凡。

和同名其他版本的播放器相比，此版本的优势在于：

（1）可以自动识别 Mpeg4、H264、H263 格式的影片，并自动切换为硬解码播放，也就是说，如果 6410 平台驱动中没有硬解码驱动支持，也是可以播放的，只是播放效果不够好；

（2）播放某些影片时没有花屏的现象；

（3）采用 DirectDraw 技术绘制最终画面，效果更佳。

该播放器现在已经集成到默认安装的 WinCE 系统中，为了方便用户测试，专门提供了 2 个测试视频，它们在"光盘 B\测试视频"目录中，可以拷贝到 SD 卡中使用，其中一个是 H.264 格式编码的视频，另一个采用 MPEG4 格式。

打开桌面的"超级播放器"程序，如图 8-44 所示。

注意：新安装的 WinCE 系统在第一次打开此程序时会比较慢。

点击"文件"→"打开文件"找到 SD 卡或其他视频文件，如图 8-45 所示。

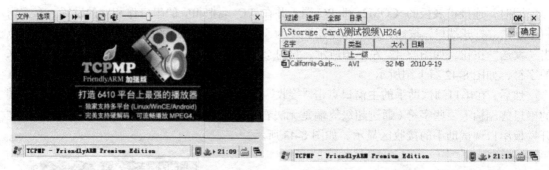

图 8-44   图 8-45

选中文件，就可以观看硬解码播放的电影了，如图 8-46 所示。

图 8-46

使用注意事项：因为 6410 最大仅支持 720×480 的硬解码播放，所以在 7″全屏时会稍微有点卡，此时可以点击"选项"→"缩放"→"100%"和"选项"→"画面比例"→"原始"，再点全屏按钮即可，当使用 4.3″LCD 或其他分辨率的 LCD 播放时，请自行根据实际情况选择缩放，直至达到最佳效果。

8.8.15 TV-OUT 测试

打开桌面的"友善之臂"程序组，并找到"multimedia-test"，双击运行它，如图 8-47 所示。

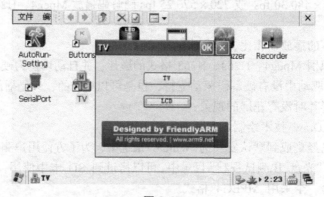

图 8-47

此时把电视输入设置为 CVBS，并与目标板之间使用黄色的视频线连接好，点击"TV"，则 LCD 上的输出消失，画面转到了 TV，如图 8-48 所示。

图 8-48

在这个画面上，再点击打开"TV"测试程序，选择"LCD"即可恢复到 LCD 显示。

8.8.16 设置以太网 MAC 地址

由于 min6410 上的 DM9000 以太网卡没有 MAC 地址，因此强烈建议重新烧写系统后，在第一次使用网络之前，手动设置一次 MAC 地址，避免由于局域网内出现多个相同的 MAC 地址而导致网络不稳定。特别是如果购置了多块开发板，并将它们同时接在同一局域网的情况下，更应该设置 MAC 地址，因为它们出厂时的 MAC 地址是一样的。

使用 MAC 地址设置工具设置 MAC 地址后，这个 MAC 地址会保存到注册表中，除非重新烧写了系统，否则只需要设置一次即可。

点击以下"iMAC"图标启动 MAC Address 地址设置工具，如图 8-49 所示。

图 8-49

MAC Address 地址设置工具启动后，界面如图 8-50 所示，界面上"Old"后面的文本框显示的是当前的 MAC 地址，要修改 MAC 地址，在"New"后面的文本框输入新的 MAC 地址即可。为方便起见，该工具提供了一个"Gen"按钮，点击它将会随机产一个 MAC 地址，这个 MAC 地址使用时间作为随机种子，所以一般来说不会重复。

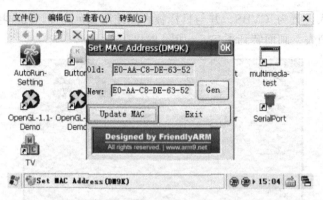

图 8-50

图 8-51 是点击"Gen"按钮后的效果，在"New"文本框中产出了一个新的 MAC 地址。

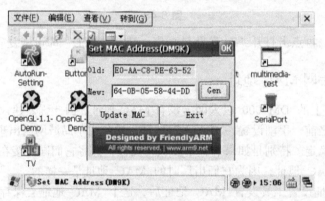

图 8-51

在图 8-52 点击"Update MAC"按钮将保存 MAC 地址到注册表，并提示重新启动开发板。

图 8-52

将开发板重新启动后，MAC 地址就会生效了。

8.8.17 设置网络参数以连接互联网

只有正确设置了 IP 地址和网关以及 DNS 等参数，才可以将开发板连接到互联网或者局域网。

设置网络参数的步骤和标准的 Windows 系统十分相似，点击"开始"→"控制面板"，找到网络设置选项，并找到相应的网卡 DM9CE1，如图 8-53 所示。

双击打开"DM9CE1"图标，如图 8-54 所示。在这里，可以设置静态 IP 地址，也可以设置动态获取 IP 地址，按照所在网络环境实际参数填写即可。图中为默认的设置参数。

图 8-53   图 8-54

确定网络设置参数无误，就可以打开浏览器浏览互联网了，如图 8-55 所示。

图 8-55

8.8.18   使用 SD 无线网卡

开机之前，SD-WiFi 模块先接到开发板的 SDIO 排针座上，即 CON11，如图 8-56 所示。

系统启动后，SD WiFi 模块上的绿色灯会不停闪烁，如果附近有无线网接入点，系统会自动出现无线网设置窗口，如图 8-57 所示。

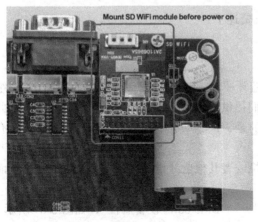

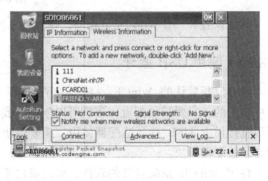

图 8-56   图 8-57

选中一个无线网络，点击"connect"，开始设置无线网，根据实际情况选择加密类型，并输入密码，如图 8-58 所示。

点击右上角的"OK"返回，设置窗口会出现连接成功提示信息，如图 8-59 所示。

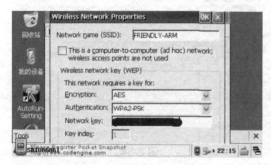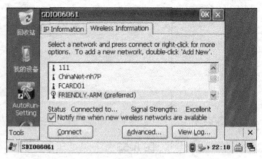

图 8-58   图 8-59

8.8.19 使用 USB 无线网卡

本开发板默认的 WinCE 系统集成了 Ralink RT2070/RT3070 的 USB 无线网卡驱动，可以直接插上使用，设置界面和 SD WiFi 是完全相同的，当插入 USB 无线网卡时，出现如图 8-60 所示设置界面。

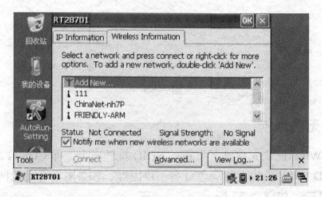

图 8-60

其他设置和 SD WiFi 完全相同，在此就不再赘述了。

8.8.20 使用 USB 蓝牙

本开发板默认的 WinCE 系统集成了 USB 蓝牙驱动，它不是第三方驱动，而是 WinCE 组件中自带的，只要稍稍配置一下就可以使用。我们提供的示例工程已经加入该配置选项，因此可以直接插上 USB 蓝牙适配器使用。需要说明的是，该驱动有一定的局限性，并不支持所有的蓝牙适配器模块。

使用 WinCE 系统自带的软件，可以通过手机或者其他蓝牙设备向开发板发送文件，下面介绍详细的使用步骤。

把蓝牙模块插到开发板上，打开"控制面板"→"Bluetooth 设备属性"，如图 8-61 所示。

点击"Scan Device"开始扫描附近的蓝牙设备，结果如图 8-62，这里找到的手机设备。

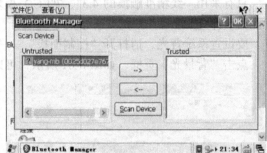

图 8-61　　　　　　　　　　　　　　　　图 8-62

点"->"把此设备加入信任列表，会出现如图 8-63 所示的对话框。

点击"是"，会出现一个 PIN 验证对话框，随便输入几个数字，如"111"，此时在手机端会出现一个请求对话框，输入同样的"111"，则信任设备被加入右边列表，如图 8-64 所示。

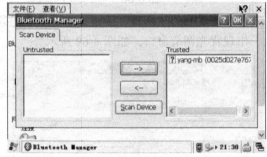

图 8-63　　　　　　　　　　　　　　　　图 8-64

这样，就建立起了开发板和手机之间的信任通道。此时，从手机端发送一个文件给开发板，在开发板上会出现这样的接收请求，如图 8-65 所示。

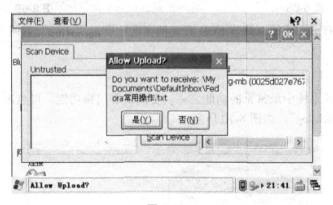

图 8-65

点击"是"接受发送请求，文件将被接收到开发板的"Documents\DefaultInbox"目录中。

8.8.21　背光调节控制

如果系统预装的是 WinCE6，或许读者已经注意到，如果在半分钟左右没有点击触摸屏，LCD 的背光会逐渐熄灭，这正是默认系统内置的功能。

只有采用一线精准触摸的 4.3″、7″LCD 模块，才具有背光调节电路，在 WinCE 系统中，背光调节部分的驱动采用的是标准的系统接口，方便通过编程控制它们。

要设置系统背光，请打开"控制面板"→"显示"，如图 8-66 所示。

点击"背景光"页框，如图 8-67 所示，可以设置背景光延迟关闭的时间，默认是 30 s。

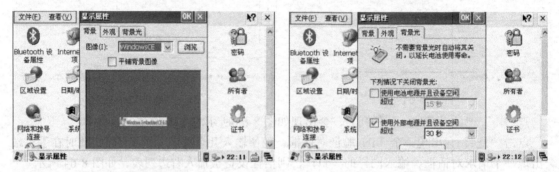

图 8-66   图 8-67

再点击下面的"高级"按钮（需要隐藏任务栏），如图 8-68 所示。

出现背光调节窗口，如图 8-69 所示。

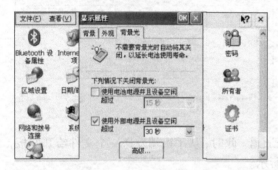 

图 8-68   图 8-69

在此，可以左右滑动按钮，调节 LCD 背光的亮度，点击"close"返回上一个界面。

8.8.22　看门狗

看门狗是嵌入式系统中最常见的功能之一。要测试看门狗功能，可点击"友善之臂"程序组，双击打开"Watchdog"，如图 8-70 所示。

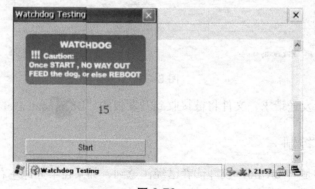

图 8-70

先不要点击"Start"按钮，注意红色区域的提示。

一旦启动了看门狗，它就无法停止了，只有不停地"喂养"它，否则系统就会复位重启，我们在此设定的倒数时间为 15 秒。

为了形象表示喂狗的动作，当"喂狗"时，会丢给它一只骨头，如果一直点击"Feed"按钮，狗就一直有骨头吃，这样系统也不会复位重启，如图 8-71 所示。

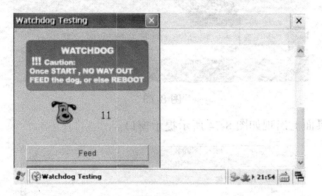

图 8-71

8.8.23 与 PC 同步（基于 Windows 7）

注意：在 Windows 7 系统中，无需安装 ActiveSync 软件，但需要保证所用的 Windows 7 能够上互联网，因为"Windows Mobile 设备中心"会自动从网络下载文件。

在 Windows 7 系统中，开发板与 PC 的同步是通过"Windows Mobile 设备中心"（下称"同步中心"）来实现并管理的，它类似于以前的 ActiveSync，其界面如图 8-72 所示。

图 8-72

"同步中心"并非在 Windows 7 中自带，而是首次连接移动设备时通过互联网下载安装的，下面是详细的步骤。

说明：如果开发板安装了 WinCE6，用户依然可以通过 Windows XP 系统的 ActiveSync 与之相连，具体步骤可以参考老版本的用户手册，在此介绍的步骤仅适用于 Windows 7 系统。

安装 Windows Mobile 设备中心实现 PC 同步。

开发板中安装并运行 WinCE6 系统后，第一次和基于 Windows 7 系统的 PC 通过 USB 连接时，会弹出如图 8-73 所示窗口。

图 8-73

很快，就会在桌面上出现如图 8-74 所示提示窗口。

图 8-74

保证此时的网络是和互联网连通的，系统会自动下载并安装配置相关的软件，如图 8-75 所示。

图 8-75

安装完毕，出现如图 8-76 所示界面，开始自动配置。

图 8-76

出现"软件许可协议"窗口，如图 8-77 所示，点击"接受"继续。

很快，PC 就和开发板设备连接成功了，如图 8-78 所示。

图 8-77   图 8-78

点击"不设置设备就进行连接"按钮，会出现如图 8-79 界面。

在图 8-79 中，点"文件管理"→"浏览设备上的内容"就会像打开目录一样打开开发板的根目录。如果开发板上插了优盘或者 SD 卡，也会出现相应的图标，如图 8-80 所示。

图 8-79   图 8-80

打开"\"文件夹，它表示了整个开发板的目录内容，如图 8-81 所示，这时可以通过拖放向开发板中复制文件，当然也可以从开发板中读取文件。

图 8-81

8.8.24　使用华为 EM775 模块进行 3G 拨号上网

在 WinCE 下使用 3G 拨号上网，需要为 Tiny6410 选购 EM775 模块，该模块的制式为 WCDMA，支持中国联通 3G，该模块通过一个小底板连接到 Tiny6410 的 SCON 接口上，如图 8-82 所示。

图 8-82

在 WinCE 下使用 EM775 模块进行 3G 拨号上网，只需在桌面上双击"拨号连接"，找到"EM775-USB3G"图标，长按这个图标，在弹出的菜单中选择"连接"即可。

EM775 模块插上开发板后，所使用的串口是 COM8，可以使用串口助理打开该串口，进行 AT 指令测试。

8.8.25　使用 GV310 模块进行 GPRS 拨号上网

在 WinCE 下使用 GPRS 拨号上网，需要为 Tiny6410 选购 GV310 模块，GV310 模块由以下部分组成。

（1）如图 8-83 所示的 GSM Modem（型号为：华为 EM310），该模块带语音功能，在 ANDROID 下支持语音电话拨打和短信功能。

图 8-83

（2）用于将 GSM Modem 安装在 Tiny6410 上的小底板，以及天线，如图 8-84 所示。

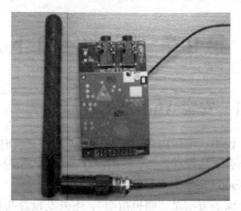

图 8-84

小底板带有 SIM 卡座及两个 3.5″的标准耳机插孔，分别连接 Mic 和 Speaker，用于电话语音的输入和输出，将小底板直接连接到 Tiny6410 底板上的 SCON 口即可，如图 8-85 所示。

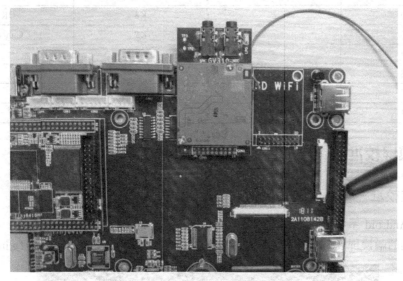

图 8-85

在 WinCE 下使用 GV310 模块进行拨号上网，只需在桌面上双击"拨号连接"，找到"EM310-GPRS"图标，长按这个图标，在弹出的菜单中选择"连接"即可。

GV310 模块插上开发板后，所使用的串口是 COM2，可以使用串口助理打开该串口，进行 AT 指令测试。

第9章　Tiny6410下Android系统移植与开发

9.1　安装Android

说明：使用内存容量为128M的开发板时，通过SD卡直接运行ext3格式的 Android 有时可能会无法顺利运行；使用内存容量为 256M 的开发板则没有问题，因此建议把 Android 烧写到 Nand Flash 中运行。

安装方法见"刷机指南"，本开发板总共有 8 个用户按键，它们在 android 系统中的定义如下表 9-1 所示。

表 9-1　用户按键在 android 系统中的定义

按键编号	功能定义	按键编号	功能定义
K6	上	K8	OK
K5	下	K7	Cancel
K4	左		
K3	右		
K2	Menu		
K1	Home		

9.2　触摸屏校准

9.2.1　首次校准

安装了 Android 系统后第一次使用时，会出现一个校准界面，如图 9-1 所示，校准程序会自动检测使用的触摸屏设备，如果采用了一线触摸，将显示"/dev/touchscreen-1wire"。

图 9-1

如果使用的是 ARM 本身带的触摸屏控制器，会显示"/dev/touchsreen"，如图 9-2 所示。

图 9-2

根据提示，依次点击十字中心点进行校准，直到进入系统，如果点击的位置比较偏，或校准时有抖动，将会进行循环校正。

使用电容屏时不需要校准，需要在烧写时，修改 FriendlyARM.ini，在 Android-CommandLine 后面加入"skipcali=y"以跳过校准。

9.2.2 使用过程中重新校准触摸屏

使用过程要重新校准触摸屏，只需要启动 iTest 应用程序，在图 9-3 的操作列表中滚动到最下方，选择"Recalibrate"，在弹出的确认提示框中选"Yes"，重启机器即可。

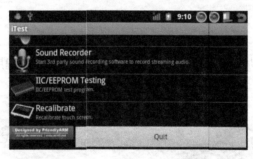

图 9-3

9.3 旋转屏幕显示

如前面所见，Android 2.3 在启动后是横屏显示的，要切换为竖屏显示，可以长按开发板的"Menu"按键（也就是 K2），横屏和竖屏的显示效果如图 9-4 所示。

图 9-4

269

目前开发板出厂时默认是横屏显示的，要想开机自动为竖屏显示，操作如下：

（1）打开文件系统根目录下的 init.rc。

（2）搜索 ro.sf.hwrotation，将该行前面的 "#" 号去掉：

Setprop ro.sf.hwrotation 270

如此即设置 LCD 的旋转角度为 270 度，修改完重启系统。

9.4 Android 状态栏上的快捷图标说明

在 Android2.2 的状态栏上增加了 4 个快捷图标，如图 9-5 所示，以方便使用触摸屏就能完成所有操作。

图 9-5

9.5 播放 mp3

Android 系统可以自动识别 SD 卡中的 mp3 文件，在 Android 程序组中找到音乐播放器，如图 9-6 所示。

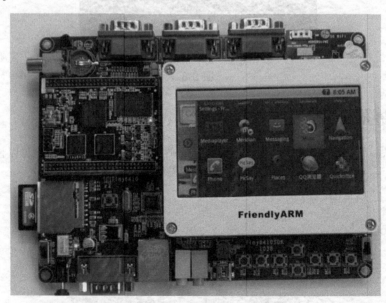

图 9-6

可以使用板子上的上下左右键选择，以及 OK，Cacel 键等打开或关闭程序，下面是播放时的界面，如图 9-7 所示。

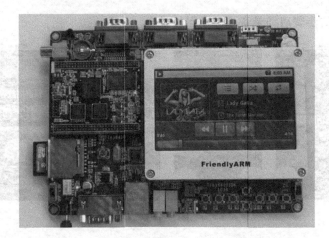

图 9-7

9.6 调节音量大小

任何时间，都可以点击状态栏上的两个小喇叭进行音量调节，如图 9-8 所示。

图 9-8

9.7 录音功能

在 Android 中内置了 DroidRecord 录音软件，可以用它进行录音与回放，程序图标如图 9-9 左边的图片所示，点击它即可启动录音程序。录音程序启动后，界面如图 9-9 右图所示。

图 9-9

请参考图 9-10 的步骤启动录音，以及回放录音。

图 9-10

9.8 使用 WiFi 无线上网

Mini6410 和 Tiny6410 支持 SD-WiFi 以及市面上大部分 USB WiFi 无线网卡，下面以 SD-WiFi 为例说明 WiFi 的设置方式，USB WiFi 的设置方法基本相同。

开机之前，把 SD-WiFi 模块连接到开发板的 SDIO 排针座上，也就是 CON11，如图 9-11 所示。

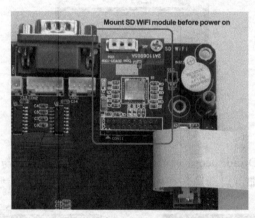

图 9-11

然后开机进入 Android 系统，按 Menu（K2）键点击"Setting"，出现如图 9-12 所示界面。

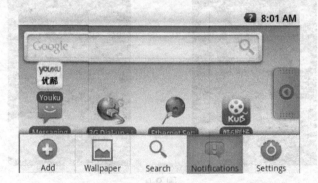

图 9-12

进入系统设置主菜单，如图 9-13 所示。

在图 9-13 所示界面菜单中点击无线网络设置选项 "Wireless & network"，也可以使用方向键选择，并点 OK 键（K8）进入图 9-14 所示界面。

图 9-13   图 9-14

点击 "Wi-Fi" 或按 OK 键确认（K8），就会开启 SD WiFi，如图 9-15 所示。

点 "Wi-Fi settings"，或用方向键选择它，按 OK 键（K8）进入如图 9-16 所示界面。

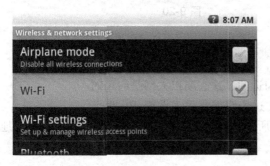

图 9-15   图 9-16

在图 9-16 可以看到已经搜索到的无线接入点，点击所选的连接，出现如图 9-17 所示的密码设置窗口，输入密码，点 "Connect" 开始连接。

连接成功，会在顶层任务栏出现 WiFi 的图标，如图 9-18 所示。

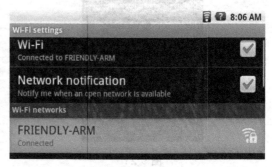

图 9-17   图 9-18

这时按 Home 按键返回 Android 主界面，点击浏览器，输入网址，就可以上网浏览了。

9.9 图形界面的有线网络设置

开发板预装的 Android 系统，在桌面有一个以太网设置程序，如图 9-19 所示。

点击进入，会自动连接网络（默认使用 DHCP 方式），稍等片刻就会连接完成，连接成功能后，点击绿色的 ICON，可查看网络信息，如图 9-20 所示。

图 9-19

（连接中...） （连接成功）（查看网络详情）

图 9-20

1. 手工设置 IP 地址等网络参数

在图 9-21 所示界面上点击"Settings"按钮，开始设置网络参数。

可以看到第一行"Ethernet Network"是被勾选的，这表明以太网是启用的。

将第二行"Use static IP"设置为勾选状态，这表明需要手工设置 IP 地址。

点击第三行的"IP address"，出现如图 9-22 所示设置窗口，根据网络环境设置相应的 IP 地址，点击"OK"返回。

图 9-21

图 9-22

按照同样的方法依次设置其他网络参数：Gateway、Netmask、DNS、注意，如果要连接互联网，一定要设置好 DNS。

设置完成后，按开发板的 K1 按键（Back）返回上一级界面，会自动重新连接网络。

2. 使用 DHCP 自动设置 IP 地址

在网络参数设置界面，"Use static IP"如果选项被勾选，此时点击它取消勾选，同时下面的提示文字也会变为 "Using DHCP"，如图 9-23 所示。

图 9-23

按开发板的 K1 按键（Back）返回上一级界面，会自动使用 DHCP 重新连接网络。

9.10 使用 3G 上网卡拨号上网

9.10.1 手动拨号上网

为了方便使用，特意为 Android 平台设计开发了 3G 拨号上网程序，它可以自动检测并支持 100 多种型号的 USB 上网卡，这主要是依据上网卡内部使用的芯片型号而定的，涵盖了 WCDMA、CDMA2000、TD-SCDMA 等多种制式的网络。

想了解 Mini6410 和 Tiny6410 支持哪些 USB 3G 网卡，可参考本章节后面列出的网卡型号清单。

下面以使用 HUAWEI E1750 连 WCDMA 网为例说明它的使用步骤，其他型号或网络制式请自行验证。

Step1：先把 SIM 卡装好，如图 9-24 所示。

Step2：把上网卡插到开发板上，并打开 3G 拨号程序，如图 9-25 所示。

图 9-24

图 9-25

Step3：在图 9-26 中，拨号程序将会自动检测到 E1750 上网卡，因为该卡适用于 "WCDMA"

275

网络，所以在程序中将其标识为"WCDMA"，点击该型号的图标继续。

Step4：在拨号程序界面图 9-27 中，可以看到一个带减号的橙色图标，这表示网络还没有连接，下面也有文字说明"Disconnected"，点击拨号程序下面的按钮"Connect"开始连接。

图 9-26

图 9-27

Step5：显示连接过程，请稍等片刻，如图 9-28 所示。

Step6：连接成功，橙色图标变为带钩的绿色，下面的文字变为"Connected"，同时会出现友善之臂网站的链接图标和网址，而系统顶层状态栏也会出现 3G 的图标，如图 9-29 所示。

图 9-28

图 9-29

Step7：点击绿色的图标，可以查看当前的网络连接信息，如图 9-30 所示。

Step8：在图 9-31 中，联网后可以点"Hide"按钮把拨号程序放在后台。

图 9-30

图 9-31

Step9：图 9-32 为浏览优酷所显示的内容。

也可以用 QQ 浏览器浏览网页，如图 9-33 所示。

276

图 9-32

图 9-33

Step10：要断开网络，可以在联网状态下，通过下拉滑动顶层状态栏，然后点击图 9-34 中的 3G Network Status 返回到拨号程序界面，在拨号界面中点 "Disconnect" 按钮断开网络连接。

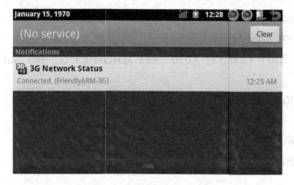

图 9-34

下面给出 Tiny6410 和 Mini6410 支持的 USB 3G 网卡的型号清单。推荐选购经过友善之臂测试过的型号。

1. 经过友善之臂测试 OK 的 USB 3G 网卡型号

Huawei E169 （CDMA2000）
Huawei E1750/E1550 （WCDMA）
ZTE AC581（CDMA2000）
ZTE AC8710（CDMA2000）
ZTE MU351（TD-SCDMA）

2. 其他支持的 USB 3G 网卡型号

ZTE 6535-Z
ZTE AC2710（EVDO）
ZTE AC2726
ZTE K3520-Z
ZTE K3565
ZTE MF110（Variant）
ZTE MF112
ZTE MF620（aka "Onda MH600HS"）

ZTE MF622（aka "Onda MDC502HS"）

ZTE MF628 ZTE MF638 （aka "Onda MDC525UP"）

ZTE WCDMA Stick from BNSL

HuaXing E600（NXP Semiconductors "Dragonfly"）

Huawei E1612 Huawei E1690

Huawei E180 Huawei E270+（HSPA+ modem）

Huawei E630 Huawei EC168C（from Zantel）

Huawei K3765 Huawei K4505 Huawei R201

Huawei U7510 / U7517

Huawei U8110（Android smartphone）

Onda MW833UP

A-Link 3GU

AT&T USBConnect Quicksilver（made by Option， HSO driver）

AVM Fritz!Wlan USB Stick N

Alcatel One Touch X020（aka OT-X020， aka MBD-100HU， aka Nuton 3.5G）， works with Emobile

D11LC Alcatel X200/X060S

Alcatel X220L， X215S

AnyDATA ADU-500A， ADU-510A， ADU-510L， ADU-520A

Atheros Wireless / Netgear WNDA3200

BSNL Capitel

BandLuxe C120

BandRich BandLuxe C170， BandLuxe C270

Beceem BCSM250

C-motech CGU-628 （aka "Franklin Wireless CGU-628A" aka "4G Systems XS Stick W12"）

C-motech CHU-629S

C-motech D-50 （aka "CDU-680"）

Cricket A600

EpiValley SEC-7089 （featured by Alegro and Starcomms / iZAP）

Franklin Wireless U210

Hummer DTM5731

InfoCert Business Key （SmartCard/Reader emulation）

Kyocera W06K CDMA modem

LG HDM-2100 （EVDO Rev.A USB modem）

LG L-05A

LG LDU-1900D EV-DO （Rev. A）

LG LUU-2100TI （aka AT&T USBConnect Turbo）

Motorola 802.11 bg WLAN （TER/GUSB3-E）

MyWave SW006 Sport Phone/Modem Combination

Nokia CS-10

Nokia CS-15

Novatel MC990D

Novatel U727 USB modem

Novatel U760 USB modem

Novatel Wireless Ovation MC950D HSUPA

ONDA MT505UP （most likely a ZTE model）

Olivetti Olicard 100 and others

Olivetti Olicard 145

Option GlobeSurfer Icon 7.2

Option GlobeSurfer Icon 7.2，new firmware （HSO driver）

Option GlobeTrotter EXPRESS 7.2 （aka "T-Mobile wnw Express II"）

Option GlobeTrotter GT MAX 3.6 （aka "T-Mobile Web'n'walk Card Compact II"）

Option GlobeTrotter HSUPA Modem （aka "T-Mobile Web'n'walk Card Compact III'）　Option
iCON 210

Option iCON 225 HSDPA

Philips TalkTalk （NXP Semiconductors "Dragonfly"）

Rogers Rocket Stick （a Sony Ericsson device）

Royaltek Q110 - UNCONFIRMED!

ST Mobile Connect HSUPA USB Modem

Sagem F@ST 9520-35-GLR

Samsung GT-B3730

Samsung SGH-Z810 USB （with microSD card）

Samsung U209

Sierra Wireless AirCard 881U （most likely 880U too）

Sierra Wireless Compass 597

Siptune LM-75 （"LinuxModem"）

Solomon S3Gm-660

Sony Ericsson MD300

Sony Ericsson MD400

Toshiba G450

UTStarcom UM175 （distributor "Alltel"）

UTStarcom UM185E （distributor "Alltel"）

Vertex Wireless 100 Series

9.10.2　开机自动 3G 拨号

新版本的 3G 拨号程序支持开机自动 3G 拨号功能，操作方法很简单。参照上一章节，手动拨号成功之后，在图 9-35 的界面上，钩选"3G Auto connection"这一选项即可，下次开机会自动进行 3G 拨号。

再次开机时，图 9-36 左上角出现 3G 的图标，即表示已自动拨号成功。

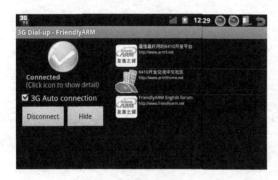

图 9-35　　　　　　　　　　　　　　　　　　　　图 9-36

注意：设置自动 3G 拨号后，再次自动拨号会使用当前的 3G 上网卡配置，所以如果更换了 3G 上网卡，则需要重新设置。

9.11　使用 3G 上网卡收发手机短信

使用 3G 上网卡收发手机短信，只需参照上一个章节设置为开机自动 3G 拨号即可，如图 9-37 所示。

再次开机，3G 上网卡会作为一个 Modem 工作在 Android 上，拉下状态栏，如果看到运营商名称则表示 3G 上网卡已经支持短信收发了，如图 9-38 所示。图 9-38 表示当前连接的运营商是中国联通。

图 9-37　　　　　　　　　　　　　　　　　　　　图 9-38

发送短信息的方法是打开 Android 系统的"信息"程序，如图 9-39 所示。

在图 9-40 中然后选择"新建信息"，接着输入接收者的电话号码和信息内容，再点击发送即可。

图 9-39　　　　　　　　　　　　　　　　　　　　图 9-40

9.12　使用 USB 蓝牙

因为 Linux 内核对蓝牙模块驱动的支持比较齐全，所以在 Android 系统中可以支持比较多型号的 USB 蓝牙适配器，而 WinCE 仅支持有限的一些型号。

Tiny6410 和 Mini6410 采用的软件是完全一样的，因此使用蓝牙的步骤和界面都是完全一样的，为了节省时间，在此借用了 Mini6410 下使用蓝牙的截图。

把 USB 蓝牙适配器，插入开发板的 USB Host 端口，如图 9-41 所示。

图 9-41

这时，系统不会有任何反应，按开发板的 K2 按键，出现 "Settings"，点击进入系统设置主界面，如图 9-42 所示。

 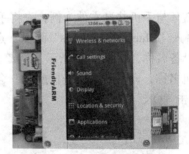

图 9-42

点击 "Wireless & networks" 进入无线网络设置界面，如图 9-43 所示。

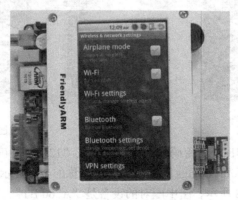

图 9-44

点击"Bluetooth settings",进入蓝牙相关的设置界面,如图 9-45 所示,在设置界面上,如果 Bluetooth 右边的钩没有打上,则表示蓝牙没有开启,点击 Bluetooth 右边的复选框开启蓝牙,开启后将自动搜索蓝牙设备,并自动列出搜索到的设备 (下图中列出了两个设备)。

图 9-45

9.12.1 与蓝牙设备进行配对

以通过蓝牙与手机共享文件为例,先将手机的蓝牙功能开启,并开启可查找属性,然后在 Android 上进入"Bluetooth settings"画面,点击"Scan for devices"搜索蓝牙设置,搜索完成后,将列出设备名称,如图 9-46 所示,笔者在测试时使用的手机显示为 A760 BT。

点击手机名称,即可与手机进行配对,会弹出图 9-47 所示的密码输入窗口,在其中输入"1234"后点击"OK"继续。

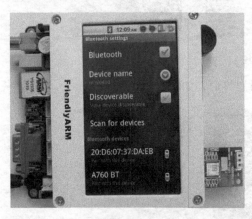
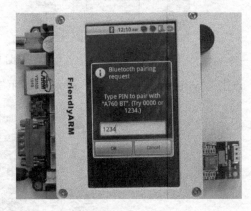

图 9-46   图 9-47

这时,请留意手机会弹出一个密码输入窗口,输入"1234"并确定。

完成操作后,在 Bluetooth settings 画面上,手机名称的下方显示"Paired but not connected"表示已配对成功,如图 9-48 所示,图中配对的设备是"A760 BT"。

图 9-48

9.12.2 使用蓝牙传送文件到手机

参考上一小节将手机与开发板进行配对，配对完成后，Android 应用程序将进入列表，如图 9-49 所示，在列表中点击"Bluetooth File Transfer"图标（右上角）。

将启动 Bluetooth File Transfer 应用程序，界面如图 9-50 所示。

图 9-49

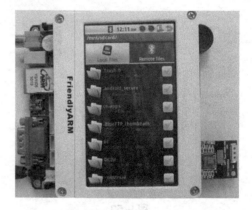

图 9-50

Bluetooth File Transfer 程序会自动列出 SD 卡中的文件，在文件列表中，将传输到手机上的文件在右边打钩，如图 9-51 所示，这里中了 1.png 文件。

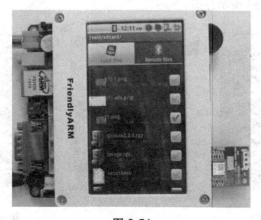

图 9-51

按下开发板的 K2 按键（Menu Key），出现如图 9-52 所示菜单，在菜单中点击 More，会展开下一级菜单。

图 9-52

在图 9-52 菜单中点击 "Send via Bluetooth（1 file）"，将弹出图 9-53 所示界面，界面上会列出所有搜索到的蓝牙设备，包括已配对或未配对的，已配对的右边的图标会是一个蓝色的打钩状态，选择如图的 A760 BT 设备。

在图 9-54 界面上点击所选的手机设备，会弹出 Please Wait 的对话框，不要理会它，点击 "OK" 即可。

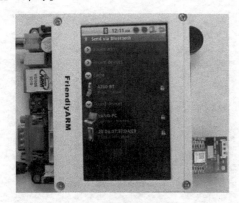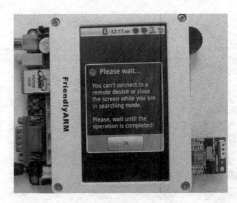

图 9-53   图 9-54

点击 "OK" 后，将弹出图 9-55 所示窗口，显示正在发送文件到所选择的手机。

这时手机上会提示是否接收来自 mini6410 的文件，点击 "是" 或者 "接收" 将开始接收。接收过程中，显示如图 9-56 所示界面。

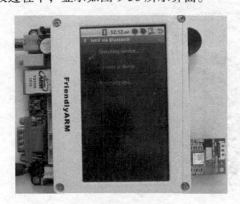

图 9-55   图 9-56

文件传送完成后，将显示如图 9-57 所示界面，至此，文件发送完成。

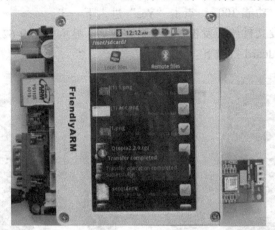

图 9-57

9.12.3　通过蓝牙传送文件到开发板

参考上一章节将手机与开发板进行配对。配对完成后，进入 Android 应用程序列表，如图 9-58 所示，在列表中点击 "Bluetooth File Transfer" 图标（右上角）。

此时将启动 Bluetooth File Transfer 应用程序，界面如图 9-59 所示。

图 9-58

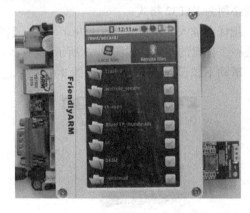

图 9-59

按下开发板的 K2 按键（Menu Key），出现图 9-60 所示菜单，在菜单中点击 "More"，会展开下一级菜单。

图 9-60

在图 9-60 所示菜单中点击"Discoverable",将弹出如图 9-61 所示界面,提示 mini6410 的蓝牙将开启"可被查找"功能 300 s,点击"Yes"进入下一步。

现在就可以用手机发文件给开发板了,发送完成后,显示如图 9-62 所示界面,提示接收了一个文件并保存到/mnt/sdcard 目录下。

图 9-61

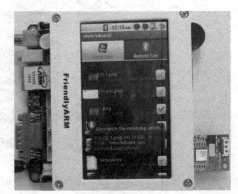
图 9-62

9.13 使用优盘

本开发板附带的 Android 系统可以支持优盘即插即用,可以支持最大 32G 优盘(注意,优盘必须为 FAT32 格式)。

把优盘插入开发板的 USB Host 端口,注意状态栏的提示信息,稍等片刻,就会在左上角出现一个优盘的图片,如图 9-63 所示。

滑动下拉顶层的任务栏,如图 9-64 所示。

图 9-63

图 9-64

可以看到优盘已经被挂载的状态信息,点击它进入,如图 9-65 所示。

此时,点击"Umount USB mass storage"可以安全卸载优盘,点击"Open folder brower"可以通过文件管理器打开浏览优盘内容。点击打开,如图 9-66 所示。

ES 文件浏览器默认显示的是/sdcard 下的文件,请点击图 9-67 最左边的图标切换到根目录,再点击最右边的图标将视图切换为列表视图,在列表上找到 udisk 文件夹,打开它,里面就是 U 盘的内容了。

图 9-65

图 9-66

图 9-67

9.14 背光调节设置

在使用 Android 系统的过程中,若一段时间内没有点击屏幕,背光会逐渐熄灭,在图 9-67 的系统设置主界面中,点击 "Sound & display"。

找到 "Display settings" 设置段,如图 9-68 所示。

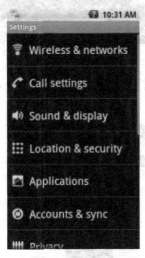

图 9-67

图 9-68

在图 9-69 中,点击 "Brightness",打开背光设置窗口,此时可以设置背光亮度。

在图 9-70 中,点击 "Screen timeout",在此窗口,可以设置背光延时关闭的时间。

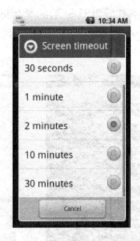

图 9-69   图 9-70

9.15   串口助手

要使用串口助手功能，可在图 9-71 首页上点击"iTest"的图标启动"iTest"程序。

在图 9-72 中，点击"Serial Port Assistant"启动串口助手，启动后，在左侧可设置串口的波特率等参数。

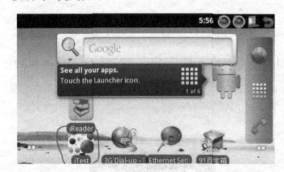

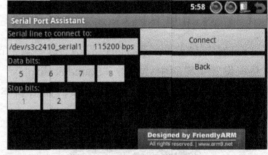

图 9-71   图 9-72

设置完成后，点击"Connect"按钮即可连接串口，连接成功后，会滚动显示从串口发送过来的信息，如图 9-73 所示。

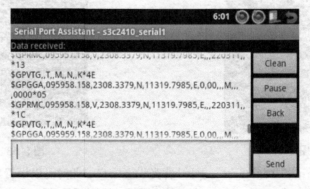

图 9-73

要发送数据到串口，可在 Send 左边的文本框进行输入，然后点击发送即可。"Pause"是暂停消息的滚动，"Clean"是清空接收到的消息。

9.16 LED 测试

要使用测试 LED，可在图 9-74 上点击 "iTest" 的图标启动 iTest 程序。

然后点击 "LED Testing" 将出现 LED 测试界面，如图 9-75 所示，直接点击按钮开关相应的 LED 即可。

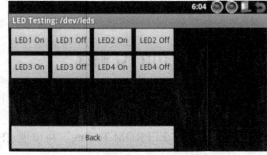

图 9-74   图 9-75

9.17 PWM 蜂鸣器测试

要使用测试 PWM，可在图 9-76 上点击 "iTest" 的图标启动 iTest 程序。

然后点击 "PWM Testing" 将出现 PWM 测试界面，如图 9-77 所示。

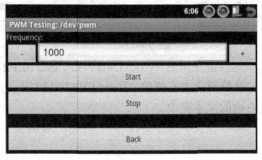

图 9-76   图 9-77

在此界面上，可以手动输入频率，然后点击 "Start" 令蜂鸣器发声，也可以通过 "+" 和 "-" 按钮调节频率。点击 "Stop" 将停止发声。

9.18 ADC 测试

要进行 ADC 测试，即查看 A/D 转换的结果，可在图 9-78 上点击 "iTest" 的图标启动 iTest 程序。

然后点击 "A/D Convert" 将出现 ADC 的转换结果显示界面，如图 9-79 所示。

图 9-78   图 9-79

9.19   IIC-EEPROM 测试

要进行 IIC-EEPROM 的读写测试，可在图 9-80 上点击 "iTest" 的图标启动 "iTest"
程序。

然后点击 "IIC/EEPROM Testing" 将出现 EEPROM 的测试界面，如图 9-81 所示。

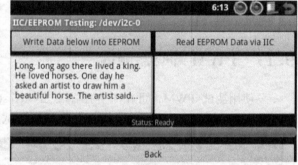

图 9-80   图 9-81

先点击左侧的 "Write Data below into EEPROM" 按钮将左侧文本框中的文字写入 EEPROM
中，然后再点击右侧的 "Read EEPROM Data via IIC" 的按钮可将 EEPROM 中的文字，并存放
在右边的文本框中。

可以在文本框中更改写入 EEPROM 的文字。

9.20   使用 USB 摄像头

Mini6410 与 Tiny6410 在软件上是一致的，下面是使用 Mini6410 来演示如何使用 USB
摄像头。

USB 摄像头是即插即用的，将 USB 摄像头插到 Tiny6410 的 USB HOST 接口中，在主
界面中找到 "Camera" 程序，如图 9-82 所示。

点击打开它即可预览图像了，如图 9-83 所示。

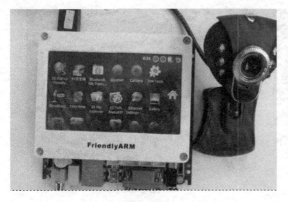

图 9-82   图 9-83

屏幕右下角的圆形按钮是快门，点击即可拍照，要查看已经拍摄的照片，可点击屏幕右上角的照片缩略图查看，如图 9-84 所示。

图 9-84

9.21 GPS 定位功能

Mini6410 与 Tiny6410 在软件上是一致的，下面是使用 Mini6410 来演示如何使用 GPS 功能。

友善之臂在 Android 2.3.4 中增加了串口 GPS 设备的支持，理论上也支持 USB GPS 设备，如果连接的是 USB GPS，则需要修改 GPS 的设备名称为 /dev/ttyUSB0，修改方法是编辑 init.rc 文件，通过增加属性 ro.kernel.android.gps 指向 GPS 设备名称即可。例如 setprop ro.kernel.android.gps/dev/ttyUSB0，默认使用的设备是 /dev/s3c2410_serial1。

下面以串口 GPS 设备为例说明如何在开发板上使用 GPS 定位功能。

首先将串口 GPS 设备连接到开发板上，如图 9-85 所示。

由于 QQ 地图或者 Google Map 都需要连网才能使用，因此，需要参考其他章节的方法连接网络，连接 WiFi 或者有线网络都可以。

连通网络后，在程序列表中找到 QQ 地图的图标，打开 QQ 地图，即可自动定位了，如图 9-86 所示。

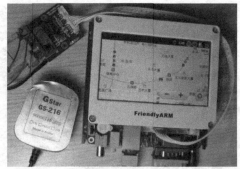

| 图 9-85 | 图 9-86 |

　　注意，GPS 在室内是很难搜到星的，最好到室外测试，或者将 GPS 设备伸出窗口去测试，并稍等片刻（初次使用可能需要 10 分钟左右）才能搜到星。

9.22　TV-Out 电视输出

　　TV-Out 功能支持将 Android 的画面同步输出到电视上，支持开机自动输出到电视，使用方法是找到 TVOut-Settings 程序并开启，如图 9-87 所示。

图 9-87

　　TVOut-Settings 运行界面如图 9-88 所示。

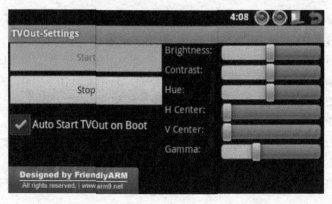

图 9-88

在图 9-88 中，点击"Start"启动电视输出，点击"Stop"停止输出，如果选中"Auto Start TVOut onBoot"，则下次开机会自动启动电视输出，界面右边的滑块可进行亮度对比度等调节。

电视输出的效果如图 9-89 所示。

图 9-89

9.23 使用 GV310 模块拨打电话和收发短信

9.23.1 GV310 模块简介

在软件上，由友善移植的 Android2.3.4 支持 GSM 电话功能，但在硬件上，Tiny6410 并没有直接在核心板或底板上内置 GSM 模块，因此，要使用电话功能，还需要为 Tiny6410 选购 GV310 模块，GV310 模块中由以下部分组成：

（1）如图 9-90 所示的 GSM Modem（型号为：华为 EM310）。

图 9-90

（2）用于将 GSM Modem 安装在 Tiny6410 上的小底板，以及天线，如图 9-91 所示。

图 9-91

小底板带有 SIM 卡座及两个 3.5″标准的耳机插孔，分别用于连接 Mic 和 Speaker，用于电话语音的输入和输出，小底板直接连接到 Tiny6410 底板上的 SCON 口即可，如图 9-92 所示。

图 9-92

由于 USB 3G 上网卡和 GSM 模块不能共存，默认设置下支持的是 USB 3G 上网卡，所以，要在 Android 上使用 GSM 模块，需要进行一些简单的设置，要为 rild 后台进程指定如下参数，见表 9-2。

表 9-2　rild 后台进程指定

rild.libpath	指定 Modem 实现的路径，需要指定为 /system/lib/libusb3gmodem-ril.so，libusb3gmodem-ril.so 是友善开发的一个 HAL，支持 USB 3G 和 EM310 Modem
rild.libargs	指定 Modem AT 通道所在的串口，EM310 Modem 在 Tiny6410 上使用的是串口 1，设备名为：/dev/s3c2410_serial1

9.23.2　在 Android 2.3.1 上配置电话功能

下面说明 Android2.3.4 上如何设置 GSM Modem。

修改 Android 2.3.4 源代码目录下的 vendor/friendly-arm/mini6410/init.rc，或者直接修改开发板上的/init.rc，将以下两行：

```
# service ril-daemon /system/bin/rild -l /system/lib/libusb3gmodem-ril.so -- -d dev/s3c2410_
serial1 service ril-daemon /system/bin/rild
```

294

修改成：

```
service ril-daemon /system/bin/rild -l /system/lib/libusb3gmodem-ril.so -- -d dev/s3c2410_serial1
```

如果是修改源代码，则需要重新编译 Android 源代码。

使用 Tiny6410 在 Android2.3.4 下进行电话拨号的效果如图 9-93 所示。

图 9-93

参考文献

[1] Samsung Electronics Co., Ltd. USER'S MANUAL S3C6410X RISC Microprocessor[Z]. 2008
（8）.

[2] Samsung Electronics Co.,Ltd.S3C2440A 32-BIT MOSMICROCONTROLLERUSER'S MANUAL[Z].
2004.

[3] 广州友善之臂计算机科技有限公司. Tiny6410 硬件说明手册[Z]. 2013（12）.

[4] 广州友善之臂计算机科技有限公司. Micro2440 用户手册[Z]. 2010（6）.

[5] 李泉林，郭龙岩. 综述 RFID 技术及其应用领域[J]. RFID 技术与应用，2006，1（1）: 51-62.

[6] 广州友善之臂计算机科技有限公司. Tiny6410 Linux 开发指南[Z]. 2013（12）.

[7] 广州友善之臂计算机科技有限公司. Tiny6410 Android 开发指南[Z]. 2013（12）.

[8] 广州友善之臂计算机科技有限公司. Tiny6410 WindowsCE 开发指南[Z]. 2013（12）.

[9] 刘连浩. 物联网与嵌入式系统开发[M]. 北京：电子工业出版社，2012.

[10] 杨维剑，王梅英. 嵌入式系统软硬件开发与应用实践[M]. 北京：北京航空航天大学出版
社，2010.